Unityユーザーのための

VR App Development
for Unity Users

VR
アプリ開発

著 國居 貴浩

秀和システム

没入したい

●自分が求めている世界に

　オーロラの下の雪原、国際宇宙ステーションの無重力空間、中世ヨーロッパの古城や地下室、暗い森で光るキノコや、蝶の羽を持つ妖精達に囲まれたい。

・Immersive Head Mounted Display

　没入型ヘッドマウントディスプレイ、VRゴーグルとも呼ばれるこの装置を使えば、その願望をほぼ実現できる。
　コンピュータにつながったディスプレイの、小さな覗き窓から眺めていた仮想空間は、VRゴーグルによって自分を包み込む世界へと変貌する。
　この感覚は体験した者しか共有できない。

●没入

　求めていた世界にフルダイブする。
　体験し、気に入り、装置を手に入れた。
　日々フルダイブし、自分が求める世界を探し続ける人は、いずれ安住の地を見つけるかもしれない。
　どれだけ探しても見つからない。
　本当に見つかるんだろうかと、不安に思っている人もいるだろう。
　自分が求める世界なぞ、商品としては絶対に提供されはしないと、確信している人もいるかもしれない。

●与えられないならどうする？

　自分で作るしかない。
　この本を手に取るということは、そう決意したということだ。
　世界の構築法を学ばなければならない。
　学ぶ方法は、探せばいくらでも見つかる。

　けれども、この世界はあまりにも複雑で広大だ。
　映像、音、物理、プログラミング、全方位に広がる知識の複合物なのだから。
　手をつける場所を、ネジをねじ込む先を決めなければならない。
　ねじ込むにしても、そのための知識が必要だ。
　水先案内人がいた方が効率がいい。
　この本は、そのために用意した。

読んだ人が、自分は次に何を学ぶ必要があるのか、自分で決められるほどには、知識が得られているようにしようと思っている。

　Unityと呼ばれるソフトウエアを使って、実際にVRゴーグルを使う没入型アプリ、いわゆるVRアプリを作る様子を、見よう見まねで実践できるレベルで案内する。

　具体的な作業環境としては、VRゴーグルにMeta Quest 2、開発環境にWindowsが動くインターネットにつながったPCを使っている。

　Vive XR Elite、VALVE INDEXといったVRゴーグルでも、何点か設定すれば、そのまま実践できるだろう。

　Unityなので、Macでも実践可能だ。

　開発効率でいえばWindowsの方がいいだろう。

　装置を一揃え持っている人なら、読みながら実践してほしい。

　ところどころで、どのような技術が使われ、どのような知識が必要かを紹介していく。

　VRアプリ開発の世界にフルダイブしよう。

　飛び込むには良い日だ。

2024年6月

國居貴浩

●サンプルデータの入手

　本書で紹介している制作事例は、サンプルデータを用意しています。以下URLよりダウンロードしてください。

ダウンロードURL：https://www.shuwasystem.co.jp/support/7980html/7068.html

●本書で使用しているパソコンについて

　本書はインターネットや3Dを扱うことができるパソコンを想定して解説しています。

　掲載している画面やソフトウェアの動作が紙面と異なる場合があります。原因としては①「PC仕様により異なる場合」(画面の見え方)、②「ソフトウェアの機能向上や改善による変更で異なる場合」(表示内容や表示項目の増減など)があります。

　パソコンのハードウェアやソフトウェアの仕様に関しては、各メーカーのWebサイトなどでご確認ください。本書は執筆時点の各仕様で著作しております。

●本書の著作にあたり下記のソフトウェアを使用しました

・**開発機1**
　OS 　：Windows 10 Pro
　CPU ：Core i9-11900K
　GPU ：RTX-2080Super

・**開発機2**
　OS 　：Windows 11 Pro
　CPU ：Core i9-14900K
　GPU ：RTX-4090

・**アプリケーション**
　Unity Editor 　：2023.3.28f1
　Blender 　：3.6.0、4.1.1
　MakeHuman 　：1.2.0

　パソコンの設定によっては同じ操作をしても画面イメージが異なる場合があります。

　WindowsやmacOSは常に更新されるので、紙面と実際の機能に相違が出る可能性があります。

●注意

(1) 本書は著者が独自に調査した結果を出版したものです。

(2) 本書は内容について万全を期して作成いたしましたが、万一、ご不備な点や誤り、記載漏れなどお気付きの点がありましたら、出版元まで書面にてご連絡ください。

(3) 本書の内容に関して運用した結果の影響については、上記(2)項にかかわらず責任を負いかねます。あらかじめご了承ください。

(4) 本書の全部、または一部について、出版元から文書による許諾を得ずに複製することは禁じられています。

(5) 本書で掲載されているサンプル画面は、手順解説することを主目的としたものです。よって、サンプル画面の内容は、編集部で作成したものであり、全て架空のものでありフィクションです。よって、実在する団体・個人および名称とはなんら関係がありません。

(6) 商標

　OS、CPU、ソフト名、企業名、サービス名は一般に各メーカー・企業の商標または登録商標です。

　なお、本文中では™および®マークは明記していません。

　書籍の中では通称またはその他の名称で表記していることがあります。ご了承ください。

Contents 目次

Chapter 1 VRアプリ開発を始める前に

Chapter 2 既存3DアプリのVR対応

Chapter 5　仮想空間に群衆を出現させる

Chapter 7

お祭り会場の設営とVRアプリ

VRアプリ開発を始める前に

この章では、どのようなVRアプリを本書で作るのかを説明し、想定する読者レベルや機材について説明する。

1-1 この章の目的

　本書はVRゴーグルを使った没入型アプリ、いわゆるVRアプリ開発の水先案内人を目指している。

　Unityと呼ばれる統合開発環境を使い、実際にVRアプリを作成する手順を案内し、その体験をとおして読者がVRアプリ開発についての知見を得ることを望んでいる。

　そのあとは、各自、Unity Learnを皮切りに、GitHub、Qiita、Stack Overflow、ResearchGateその他諸々のWebサイトに進んで行くことになるだろう。まずは、VRアプリ開発がどんなものであるかを、本書で体験してほしい。

　VRアプリ開発を実践するにあたり、予備知識として次の内容を案内しておく。

・VRアプリの特性
・本書で開発するVRアプリ
・想定読者
・本書を実践する際に必要とされる装備
・Unity
・VRゴーグルによる没入の仕組み

　加えて、本書で案内したソースファイルなどを提供するウェブページについて、本章のまとめのあとで説明する。

VRアプリの特性

　本書を読む人には、蛇足でしかないだろうが、本書で開発するVRアプリが目指す方向を確認するという意味で、VRアプリの特性について考えてみよう。それと、厳密にいうならば、VR＝Virtual Reality（バーチャル・リアリティ：実質的な現実、代替可能な現実）という単語だけでは、没入型かどうかは限定できない。曖昧さを避けるためには、Immersive（イマーシブ：没入型）なVRアプリと呼ぶべきだが、VRといえば没入型という認識が国内外で一般化したように思える。したがって、本書でも没入型とは断らず、VRアプリと呼ぶようにする。

　同様に、Meta Questや、PICO、Vive、VALVE INDEXといった製品で知られる、頭に装着するゴーグルタイプのディスプレイ装置は、HMD＝Head Mounted Display（ヘッド・マウンティッド・ディスプレイ：頭に置いた表示装置）とも呼ばれ、本書が対象とするHMDはImmersive（イマーシブ：没入型）と呼ばれるHMDとなるが、こちらもVRゴーグルと呼ぶようにする。

●没入感

VRゴーグルをとおして眺める3D仮想世界は、その没入感において、通常の2Dディスプレイでの3D仮想世界の眺めを圧倒する。そこには、スポーツをテレビで眺めるのと、実際に参加するくらいの違いがある。その絵空事ではないという体感を得られる特性から、VRアプリはゲーム以外でも利用が広がりつつある。

例えば、火災訓練では、実際に建物の中で煙や火を手軽に出すわけにはいかないが、VRアプリなら自由自在だ。場所も選ばないし、建物の倒壊さえ表現できる。また、動植物の標本表示としても、実際の大きさや立体感の再現という点でVRアプリの付加価値は高い。印刷物やビデオ再生で見るのでは、その映像がいかに精細であろうと、大きさという体感は得られない。

そういった理由から植物園や動物園があるわけだが、その安上がりな代用としてもVRアプリが利用できる。死滅した動物を動かし、その実際の大きさを体感したいなら、実物大の精巧なロボットを作るか、VRアプリしか実現する方法はないだろう。

> **3D**：3 Dimension（3ディメンション：3次元）の短縮名。本書では以後、3次元、2次元と書かずに3D、2Dと表現する。

●手や頭の動きのトレース

医療現場でも、訓練用アプリとして需要がありそうだ。

例えば、看護師が患者に点滴をおこなうときには、複雑な手順がある。そういった、注射器を持つ、患者の腕を取る、容器を確認するといった訓練を、実際にVRゴーグル付属のコントローラを使って、体を動かしながら何度でも練習できる。手順の忘れや器具操作の採点もできるだろうから、先輩看護師などの時間を割いてもらい、監督してもらう必要がなくなる。

スポーツの練習などにも利用できるだろう。例えば、ダンスのステップやポーズを、VRゴーグル装着者の体と重ね合わせるように半透明で例示したら、目の前で先生のポーズを見るよりはるかに理解しやすいのではないだろうか。

妥協点

VRゴーグルのディスプレイ解像度については考える必要がある。

2023年に、Appleが発表したVRゴーグルの「Vision Pro」が、当時の市販されているVRゴーグルに対して、倍近い解像度であったことや、そのデモでの反響からもわかるように、解像度は没入感を高める重要な要因であることは間違いない。しかし、そのぶん高額になることや、Vision Proの解像度をもってしても、肉眼を超えるレベルにはないということから、現状はある程度の妥協が必要となる。触感の再現もまだまだ発展途上だ。こういった制限はあるが、それでも、費用対効果を考えるとVRアプリの方が、他の代替案より割安な場合は多い。

1
開発

2
VR
対
応

3
VR
ア
プ
リ

4
3D
モ
デ
ル

5
仮
想
空
間

6
道
具

7
お
祭
り
会
場

本書で開発するVRアプリ

　先に述べたようにVRアプリが実寸表示において、他のメディアを圧倒する点は間違いない。その効果を体感できるように、本書で開発するVRアプリでは、T-Rexといった現存しない巨大生物の再現をしてみることにした。そうなると、比較対象物として建物も欲しい。そこで、T-Rexを祀る神社というのはどうだろうか。

　神社では、弓を使った神事はつきものだ。手や頭の動きのトレースも取り扱いたい。両手のコントローラを使って弓を弾くことができるようにしよう。

　Vision Proが示したような、VRゴーグル装着者の、指先の関節1つ1つの動きまでトレースする機能や、周辺の映像を取り込んで表示する機能は、他のVRゴーグルにも存在する。しかし、本書が開発するVRアプリでは、そこまでは立ち入らない。この点は、各自で調査を進めてほしい。このVRアプリの具体的な内容は、3章で説明する。

　次の2章では、まずUnityが提供する3Dアプリ（本書では、VRアプリと区別するために、2Dディスプレイを使った3D表示のアプリを3Dアプリ、または非VRアプリと呼ぶことにする）のサンプルを加工して、VRアプリにすることから始めてみよう。

想定読者

　想定する読者は、VRアプリ開発を考えているUnityプログラマー、デスクトップパソコンやノートブックパソコンを所有してVRゴーグルを買って、遊んでみて、自分でもVRアプリを作ってみたいと思う人にした。

　ただし、Unityの操作については、すでに理解されていることを前提とし、本書では初歩的な説明はしない。そのため、Unityの入門書を読んでいることが望ましいが、示した手順に従えば、開発はできるようにしている。

　また、3Dグラフィック関係の知識は、持っているにこしたことはないが、MeshやMaterial、Texture、Skinning（いまの時点では知らなくてもよい）については簡単な解説を付け加えるつもりでいる。

Chapter 1
1-2

本書を実践する際に 必要な装備

それでは、VRアプリの開発にとりかかろう。

実践したい人は次に示す開発機やソフトウエアが必要となる。

ハードウエア

● VRゴーグルとしてMeta Questシリーズを想定する
- 主にQuest 2を使い、作っているVRアプリが動くことを確認しつつ、3やProも試した。初代Questも、Quest 2に比べると動作は緩慢になるが利用できる
- 推奨はしないが、Meta Quest 2がなくてもシミュレータを使って開発は可能だろう

● 開発機としてWindows PCまたはMacを使う
- いまのところ、Meta Quest シリーズ単独でアプリを開発できるようにはなっていないため、参考として本書で使用した開発環境のスペックを以下に示す
  - CPU ：Core i9 11900
  - メモリ：64GB
  - ストレージ空き容量：1TB以上
  - GPU：NVIDIA RTX 2080 Super
- Core i5と内蔵GPU、メモリ16GB、ストレージ空き容量256GBでも、それなりの開発は可能

● インターネット常時接続環境
- Unityの開発では必須

● 開発機とMeta Quest 2の接続に、USBケーブルを使う
- 2章で説明するが、Windows機での開発ならUSB 3.0以上が望ましい

● スクロールホイール付き2ボタンマウス
- 安いものでいいから、用意した方がよい
- 使わない場合は、3Dモデル空間の操作で、かなりストレスを感じてしまう

ソフトウエア

無料版を使う。

インターネットからダウンロードしてインストールする。必須ではないQuestLink以外は、Windows/Macで動作する。

- ●Unity
  - VRアプリ開発に利用する総合開発環境
- ●Blender
  - 仮想体の3D形状を確認したり、編集したりするのに使う3Dモデラー
- ●Make Human
  - VRアプリ開発で使う人体モデルを作成するのに使う人体特化の3Dモデラー
- ●Quest Link
  - Meta Quest 2をWindows用のVRゴーグルとして動かし、開発中のプレビューにMeta Quest 2を利用するために使うユーティリティ
  - Macでは利用できない

●Unity

Unityは、主にUnity Hubと、Unity Editor、2つのソフトウエアで構成される。

▲Unity Hub

▲Unity Editor

アプリの開発にはUnity Editorを使う。

通常、1つのアプリに対し、1つのプロジェクトフォルダを用意して、その中に必要なファイル群を置きながら開発は進んでいく。

開発中もUnity Editorは進化しバージョンを更新している。そのまま連動してバージョンを上げていければよいが、アプリ開発においては、Unity公式が提供するソフトウエア以外を利用する場合も多く、どうしても古いバージョンのUnity Editorをそのまま使わざるを得ない場合も出てくる。また、そういった中で、最新バージョンのUnity Editorを使った別アプリの開発という状況が発生する場合も多々ある。

そのような、1台の開発機に複数のバージョンのUnity Editorをインストールしたり、どのプロジェクトに、どのバージョンのUnity Editorを使うかといった、管理作業を容易にするために、Unity Hubが使われる。

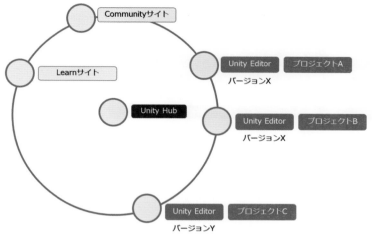

▲Unity Hubによるバージョン管理

●Unity Hubインストール時の考慮点

　まずは、Unityのホームページに進み、アカウント登録し、その後、画面の指示に従ってUnity Hubをインストールする。アカウント登録が済んでいないなら、先に登録を済ませておくのがいいだろう。

　❶ホームページ右上にあるアイコンをクリックすると、❷「Unity IDを作成」という表示が現れるのでクリックし、画面の案内に従って登録を済ませる。

　アカウント登録を済ませてUnity IDを手に入れたら、再びホームページに進み、❸画面に表示されたダウンロードをクリックし、❹画面の案内に従ってUnity Hubをダウンロードしインストールする。

▲Unityのトップページ

▲Unityのダウンロードのページ

Unityのホームページ
https://unity.com/ja

　ホームページからのインストールでは、まずUnity Hubがダウンロードされてインストールする。続けて、Unity Hubが現時点で最適なバージョンのUnity Editorをインストールするようになっている。

　インストールが終わると、Unity Hubはライセンスの追加 (Manage Licenses) やサインイン (Sign in) を要求してくるので、サインイン、ライセンスの追加を順に行えばよい。

　追加するライセンスについては、❹Get a free personal licenseを選べばいいだろう。過去12か月の収益や調達した資金が10万米ドル以下という条件で、無料でUnityを使えるライセンスとなっている。

本書で利用するUnity Editorのバージョンは2022.3.4から始まり、最終的に2022.3.30f1となった。Unityは頻繁に更新されるので、おそらく、この本が手元に届いた時点では、別のバージョンになっているだろう。2022.3.30f1以降であれば、基本的に問題ないとは思うが、ダメなようなら、Unity Hubは、あとから別のバージョンを入れることもできるようになっているので、まったく同じバージョンを追加インストールし、利用するといいだろう。

次に示すInstalls画面のInstall Editorボタンをクリックすると、別のバージョンのUnity Editorを追加インストールすることができる。Unityのバージョンが上がった場合には、こちらを利用してほしい。任意のバージョンでプロジェクトを作る方法も2章で説明している。

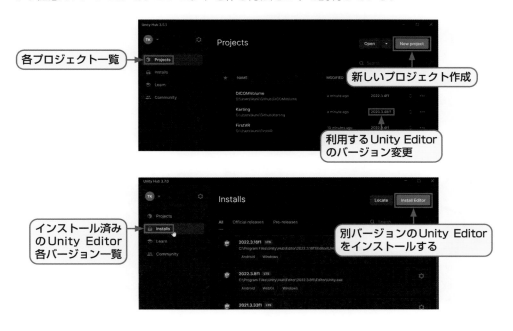

1-3 VRゴーグルによる 没入の仕組み

　ここでは、VRゴーグルを被ると、なぜコンピュータで計算し生成した仮想世界を、自身の全周囲に展開することができるのか、その仕組みを簡単に説明しておく。

　VRゴーグルによる没入の仕組みを知っている人や、仕組み自体には興味のない人は、Unity Hubがインストールできたら2章に進んでもらってかまわない。

動体視差と両眼視差

　VRアプリの基本的な仕組みは、スマホやPCの画面でのFPV＝First Person View（ファースト・パーソン・ビュー：一人称視点）ゲームと変わらない。スマホやPCの標準的なFPVゲームの場合は、ユーザーが指先、あるいはマウスやキーボードを操作し、視点位置や視線方向を決定して、見ている方向に現れるであろう仮想空間を、コンピュータに描かせ、2Dディスプレイに表示させる。これだけでもユーザーはそれなりの没入感を体験できる。

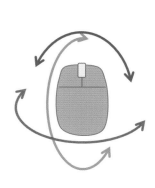
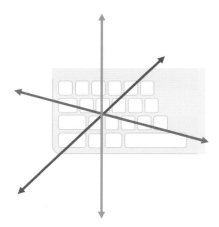

▲マウスやキーボードで視点や視線を変える

　対してVRアプリでは、VRゴーグルの機能を使い、視点位置や視線方向の入力をユーザーの頭の動きで代行させ、VRゴーグルの左右の2Dディスプレイに表示させるようにしている。

1
開発

2
VR対応

3
VRアプリ

4
3Dモデル

5
仮想空間

6
道具

7
お祭り会場

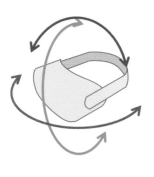
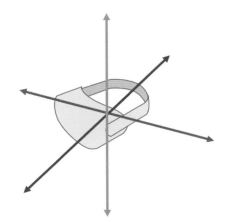

▲ユーザーの頭の動きで視点や視線を変える

　この結果、ユーザーは実世界での体験と同じように、頭を向けた方向の空間が目の前に表示されるので、現在見ている仮想世界を実世界と錯覚しやすくなる。

　2Dディスプレイに映し出される映像の遠近感、近くの物が大きく、遠くのものが小さくなる見え方が、実世界のそれに忠実であればあるほど、ユーザーは錯覚を引き起こす。

　VRゴーグルが左右の目、それぞれに2Dディスプレイを用意しているのも、この実世界の遠近感を忠実に再現するためで、左目用、右目用、それぞれの2Dディスプレイには、それぞれの目の位置から見た仮想世界を表示させるようになっている。

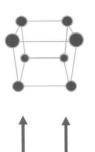
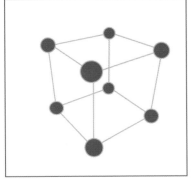
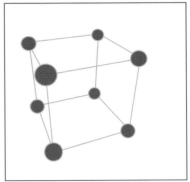

▲左目、右目の2Dディスプレイで実世界の遠近感を再現する

　両目が見える人は、頭を動かさずに左右の目を交互に閉じることで確認してほしい。右目と左目で見えている光景はわずかにずれるはずだ。

- VRゴーグルによって、ユーザーの頭が向いた方向を逐次把握する
- コンピュータはユーザーが向いた方向の仮想世界の画像を生成する
- 左右、2つの視点、それぞれの画像を生成する
- 生成する画像は、実世界の遠近感を忠実に再現する
- 生成された2つの視点での画像を、VRゴーグルのそれぞれの2Dディスプレイに表示する

以上を実現することで

- 見ている方向の光景が表示される
- 頭を動かすと、前の方の物体が早く動き、後ろがゆっくり動く（動体視差）
- 左右それぞれの視点から見た光景は少しずれている（両眼視差）

という実世界での現象が、仮想空間の光景として再現され、VRゴーグルを被ったユーザーの脳は、仮想空間を立体空間として錯覚し、その世界に没入することになる。この仕組みから、VRゴーグルが提供すべき必須機能は

- 求められたタイミングでの、頭の位置、姿勢の情報の提供
- 左目用の画像の左目用2Dディスプレイへの表示、右目用の画像の右目用2Dディスプレイへの表示

ということになり、残りの作業はVRゴーグルを使わないFPVゲーム同様、コンピュータ側（Meta Quest 2の場合、VRゴーグルに内蔵されている）の担当となる。

　以上のことからわかるように、VRアプリは、従来のFPVゲームを、VRゴーグルが提供する機能で拡張したものであるといえる。

　視点、姿勢位置入力方法が変わり、出力する画面の数が2つに増えただけだ。両手に持つコントローラによる、つかむ、物に当たったときの触覚再現なども、新しい装置への対応にすぎない。そのため、VRアプリの開発では、通常のFPVゲームの知識が活用されることになる。

✎ Point　UnityとMeta Questを採用したワケ

　Unityの他にUnreal Engineという候補もあったが、本書では、比較的情報の多いUnityを選択することにする。Unityに対してSDKを出しているVRゴーグルとしては、Meta Quest、ViveやPICOがあるが、このうち数万円で手に入るMeta Quest 2、PICOのうち比較的開発情報の多いMeta Quest 2を選択した。

1-4 まとめ

　この章では、今後、Unityを使ってどのようなVRアプリを作るつもりなのかを簡単に説明した。開発作業を実践するにあたり、必要な装備についても説明し、Unity Hub、Unity Editorのインストールも説明した。また、VRゴーグルによる没入の仕組みについても軽く触れ、いまからの作業が3Dアプリ開発から、さほど離れたものにはならない点を説明した。

　2章では、Unityが用意したサンプル3Dアプリを改造してVRアプリを作成する。

　3章では、本書で作成するVRアプリの概要を説明し、4～6章は、その機能別の説明をおこなう。そのさいに、MeshやTextureについての説明もおこなう。

　4～6章については、次のような内容になる。ある程度独立しているので、Unityでの3Dアプリ開発経験者なら、興味のあるものから進めてもらってよい。

　7章では、各章の機能の集結と調整をおこなう。

　UnityのAnimator ComponentやSkinningに詳しくない人は、4章から順に進めるのがいいだろう。

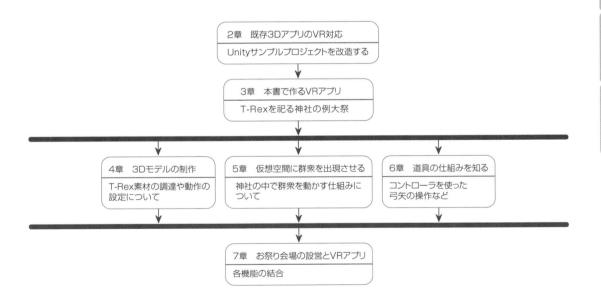

ダウンロードページについて

2章以降ではUnity Editorを使い、VRアプリを開発する。開発の際には自分で作成したり、外部から調達したりするファイルがいくつか出てくる。

6章までに登場するファイルのほとんどは、調達方法や作成方法を本文中で説明するので、それに従えば用意できるようにしている。しかし、紙面には限界があるので、それまでの知識で作れるものやパラメータ設定だけで作成できるものは、調整済みのファイルを次に示すダウンロードページから提供することにした。

▼ダウンロードページ

https://www.shuwasystem.co.jp/support/7980html/7068.html

紙面で説明されるファイルにしても、うまく調達できなかったり、作成できないときがあるかもしれない。案内される作業を省略したいときもあるだろう。

例えば、各章で作成するScriptファイルなどは、本文中の記述を書き写さず、提供するScriptファイルを使ってくれたらよいと思う。ダウンロードして活用してほしい。

既存3DアプリのVR対応

　この章では、Unityが提供している3Dアプリ用テンプレートプロジェクトを、VRアプリ用に変更する作業を案内する。

この章の目的

この章での案内を通して、次の内容について理解を深めてほしい。

- VRアプリは3Dアプリの拡張
- VRアプリに必要なプロジェクト設定
- VRアプリ特有の装置

開発対象にするVR装置は、OpenXRとし、実際の動作検証にはMeta Quest 2や3を使う。以後、Meta Quest 2や3は、Questと呼ぶ。

OpenXRについては、この章で説明する。VR装置を持たない人のために、PCによるVR装置シミュレータを使う方法も案内する。

この章でやること

- Quest用アプリを作るための準備
- Unity Hubでのプロジェクトテンプレートの選択
- 初期状態でのアプリ動作確認
- VR化
- Windows PCでのQuestの直接利用
- 空間内を移動できるようにする
- VR装置シミュレータの利用
- Colliderによる移動範囲の制限の確認
- Teleportation Areaを使った移動
- XR Grab Interactableによる仮想体のつかみ
- Activate Eventによる茶釜の振動

Unity提供のテンプレートUniversal 3D sampleで用意したプロジェクトを変更してQuest用VRアプリを作成する。

▲Unityがサンプルで用意した茶釜をつかめるようにする

　なお、このプロジェクトは、設定でPlatform（プラットフォーム：演壇。Unityではアプリ実行先という意味合いで使う）をWindowsに変更すれば、Windows用VRアプリにもなる。

Quest用アプリを作る ための準備

QuestのOSはAndroidベースなので、UnityでQuest用VRアプリを作る場合、作成するアプリのPlatformにはAndroidを指定することになる。

その場合、Unity Editorには追加でAndroidアプリ開発用モジュールが必要となる。Unity Hubでプロジェクトを作成する前に、この点を確認しておいてほしい。

必要なUnity Editor追加モジュール

Androidアプリの開発に必要となる追加モジュールは次の2点となる。この2つはAndroid Build Supportという名前でまとめられている。

●Android Build Support
- OpenJDK
- Android SDK & NDK Tools

●モジュールが追加済みであるかの確認
Unity Editorに追加済みかどうかは、次の手順で確認できる。

●手順
❶Unity HubでInstallsタブ画面を表示する
❷プロジェクトで利用するバージョンのUnity Editor項目右にあるギアアイコンをクリックする
❸表示されたメニューからAdd modulesを選ぶ

表示されたAdd modules画面で、Android Build Support内の2つの項目にチェックボックスが出ている項目は、追加されていない。

追加されている場合は、チェックボックスが表示されず、項目の右側に「Installed」と表示される。

●モジュールの追加

Android Build Supportの2つの項目が追加されていない場合は、次の手順で追加する。

●手順

❶Android Build Supportの2つの項目でチェックされていない項目にチェックを付ける
❷Continueをクリックする

必要なら追加

❸ライセンス関係の確認画面が表示されるので、同意して進めていく

📝 Point Microsoft Visual Studio Community 2022 が必要かどうか

　追加モジュールとして、自動的にチェックされているMicrosoft Visual Studio Community 2022は、この章の後半で紹介するScriptの編集用テキストエディタになる。自力で、自分が使いたいテキストエディタを設定できるならチェックは不要だが、「Scriptの編集用テキストエディタ」の意味がわからないなら、一緒に追加するといいだろう。その場合、インストール中に、Microsoft Visual Studio Community 2022側のインストーラが、Unity側のインストーラに隠されて、続行をクリックされるのを、裏で待っている場合がある点に注意する。気づかないと、いつまでもインストールが進まない。

　また、Microsoft Visual Studio Community 2022側のインストール中の画面でUnityによるゲーム開発にチェックをつけておくと、Unity用の機能が追加される。

Chapter 2
2-3

Unity Hubでのプロジェクトテンプレートの選択

1 開発

2 VR対応

3 VRアプリ

4 3Dモデル

5 仮想空間

6 道具

7 お祭り会場

準備ができたら、Unity Hubでプロジェクトを新規作成する。プロジェクトのテンプレートには、日本庭園や砂漠のオアシスといった仮想空間が用意されている、Universal 3D sampleを選ぶ。用意されるプロジェクトは、開発機上で動く3Dアプリを作るための設定になるので、これをVR対応させる。

> **📝Point　VR Coreテンプレートについて**
>
> Unityが提供しているプロジェクトテンプレートの中には、VR CoreというVRアプリ作成用テンプレートもある。今回は「既存の3Dアプリプロジェクトを、VRアプリ用に変更するために必要となる知識」を得たいので、こちらは利用しない。

Universal 3D sampleテンプレート

テンプレート名の3Dは、作成するアプリが3Dアプリであることを示し、Sampleは、先に述べた、サンプルとして日本庭園や砂漠のオアシスといったScene (シーン：光景、場面。Unityでは仮想空間を意味する)が用意されている事を示している。Unityでは、この仮想空間を、空間内に配置した仮想のカメラで覗いた映像として、2Dディスプレイ上に表示する。

最初のUniversalは、RP=Render Pipeline (レンダー・パイプライン：翻訳管路。Unityでは仮想空間を計算して、2Dディスプレイ上に描画するまでの工程を意味する)として、URP=Universal (ユニバーサル：普遍的) Render Pipelineを使うことを示す。

3DでありSample Sceneを提供するテンプレートには、他にHigh Definition 3D sampleがあり、こちらはRender PipelineとしてHD=High Definition (ハイ・デフィニション：高精細) Render Pipelineを使う。

本章の「3Dアプリ用プロジェクトをVRアプリ用に変更する手順」は、Unityが提供する、どのRender Pipelineにも適用できるので、どちらを選んでもよいが、後述するようにAndroidアプリ開発として適切なURP側を選んだ。

●Render Pipeline

Unityでは、コンピュータが仮想空間の数値データを元に、2Dディスプレイ上に画像表示するまでの工程をRender Pipelineと呼んでいる。そして、このRender Pipelineの工程を開発者側でより柔軟に加工できるようにしたものをScriptable（スクリプタブル：脚色可能）Render Pipelineと呼んでいる。

現在、Unity側から提供されているRender PipelineにはScriptable Render PipelineであるURPおよびHDRPと、これらが提供されるまで使われていた旧Render Pipelineと互換性のあるBuilt-inの3つがある。それぞれの位置付けは、次のとおり。

Render Pipeline	位置付け
Built-in	これまでの資産を継承できるよう最大限に配慮
URP	拡張性に富み、低性能な装置でも実用的に動作するよう配慮
HDRP	拡張性に富み、高性能な装置を使う前提で理想を追求

プロジェクトの作成

それではUniversal 3D sampleテンプレートを選んでプロジェクトを作成しよう。プロジェクト用フォルダの作成場所と名前は自由に決めてもらってかまわない。本章ではプロジェクト名をSample VRとした。以後、このプロジェクトをSample VRと呼ぶ。

プロジェクト名	目的
Sample VR	Unityが用意したサンプルをVR対応させる

●手順

❶Unity Hubを起動する

❷Projectsタブ画面を表示しNew projectをクリックする

❸All templatesまたはSampleタブを選び、テンプレート一覧を表示する

   ❸-1 複数のUnity Editorバージョンをインストールしていて、バージョンを選びたい場合は、画面

上部のバージョン表示部をクリックして、使いたいバージョンを選択する

❹ Universal 3D sampleを選ぶ

❺ 画面右にDownload templateが表示されているならクリックして、template（テンプレート：鋳型）をダウンロードしておく。対象のtemplateは1GB以上あるので、時間がかかるだろう

　❺-1 ダウンロード後、画面右で置き場所、名前を指定できるようになる

❻ 画面右で置き場所、名前を指定する。今回は使わないので、Connect to Unity Cloud、Use Unity Version Controlのチェックは外す（付けていてもかまわない）

❼ Create projectをクリックする

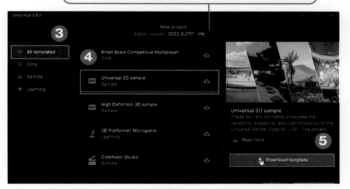

進捗画面が表示され、待っていると自動的にUnity Editorでプロジェクトが開かれる。

　URPを学ぶための案内画面が前面に出ているようなら、Closeをクリックして閉じる。アプリ開発に使うUnity Editorのウィンドウが前面にきたら、メニューバーからWindow➡Layouts➡Defaultを選んで、標準的な画面レイアウトに戻す（初期状態で出ている、URPを学ぶためのTutorials画面は今回参照しない）。

　もし、すでに自分で気に入った画面レイアウトを使っていて、各画面の役割も把握しているなら、それを使ってくれてかまわない。

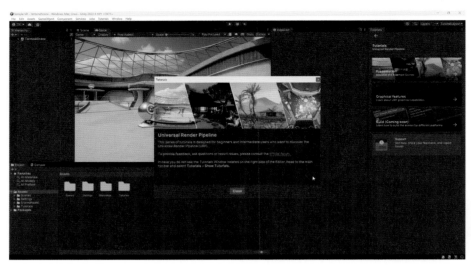

▲ Default画面構成に戻す

　サンプルテンプレートは、Unity側の都合で、いつ差し変わるかわからない。実際、ここで加工するサンプルテンプレートは2023年12月に差し変わったものだ。その点では、当面差し変わらないと思えるが、こればかりはこちらでコントロールしようがない。

　購読時に、サンプルテンプレートが切り替わっていた場合、この章の後半のサンプル改造の話は、実践はあきらめ、知識摂取として読み進めてほしい。もちろん、本章を読み込んで、差し変わったサンプルでチャレンジしてみてくれてもかまわない。前半のVR化の操作自体は、どのプロジェクトでも有効な話なので、そのまま別のプロジェクトでも適用できるだろう。

　3章以降は、サンプルに依存しないフルスクラッチ作業なので、利用するVR用機能に破壊的な変更が入らない限り、問題なく実践できるだろう。

Unity Editor

アプリ開発に使うUnity Editorは、複数の画面で構成されている。

各画面

それぞれの画面には、左上にタイトル付きタブが表示されている。

本書では、今後現れるUnity Editorの画面を特定するときには、Hierarchy画面、Scene画面というように｛タブに表示されるタイトル｝画面と呼ぶようにする。特に、次の図で示す画面は、今後頻繁に利用するので画面の構造と機能を暗記してほしい。

▲Unity Editor画面

タイトル	役割
❶Hierarchy（ヒエラルキー：階層）	仮想空間に存在する仮想体の階層構造を表示・編集する。
❷Scene（シーン：光景、場面）	仮想空間を、編集専用の仮想カメラの視野で表示する。仮想体を移動させたり、回転させたりできる。
❸Game（ゲーム：本番）	仮想空間を、仮想空間に置かれた仮想カメラの視野で表示する。この画像が、アプリ実行時に表示される画像となる。
❹Inspector（インスペクタ：調査）	他の画面で選ばれた項目の詳細を表示する。
❺Project（プロジェクト：計画）	アプリを作るために必要な、画像ファイルや仮想体情報ファイルといった資産を管理する。

　公式チュートリアルでは、Scene画面とGame画面をそれぞれScene View、Game Viewと呼び、その他をHierarchy Window、Inspector Window、Project Windowと呼び分けている。

　おそらく仮想カメラからの視野であるViewと、仮想体や部品などの一覧画面を区別する意味だと思うが、本書では「画面」で統一する。

Scene

　3Dアプリが表示する仮想空間は1つとは限らない。

　屋内、屋外、空の上、海の中というように場面が変わる場合、その場面ごとに仮想空間を用意する必要がある。Unityでは、場面ごとに用意された仮想空間を、Sceneと呼び、Project画面でAsset（アセット：資産）の1つとして管理する。そして、Sceneが持つ仮想空間が、どのように構成され、どのように見えるかを確認、編集するためにHierarchy画面やScene画面を利用する。Game画面は、Sceneが持つ仮想空間に置かれた、仮想カメラによって映し出される仮想空間を確認するために利用する。

　このサンプルプロジェクトも、5つのSceneを含んでいる。今回、VR化してみるのは日本庭園のデモなので、編集対象のSceneを、初期設定のTerminalSceneからGardenSceneに切り替えよう。

　Project画面でAssets ➡ Scenes ➡ Garden フォルダを選ぶと、右画面にGardenSceneが現れるのでダブルクリックする。

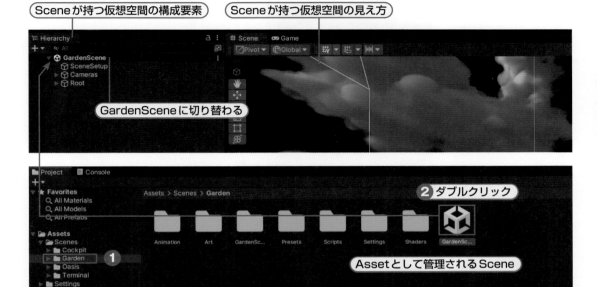

▲Project画面で管理されるSceneと、編集対象の切り替え

Game Object

　Unityでは、仮想空間内に存在する仮想体をGame Objectと呼ぶ。Game Object同士は親子関係を結べ、その階層状態はHierarchy画面で確認できる。現時点での、Hierarchy画面の表示は、GardenSceneという名前のSceneを最上位として、その仮想空間に存在するGame Objectを階層化して一覧している。

　Rootのような、デスクロージャの付いているGame Objectは、デスクロージャをクリックすると展開されて、子側のGame Objectを表示するようになっている。もう一度クリックすると折りたたまれる。

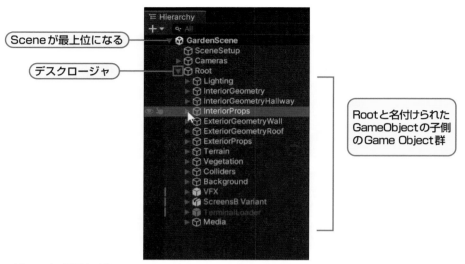

▲ Hierarchy画面（一部）

左図中の吹き出し：
- Sceneが最上位になる
- デスクロージャ
- Rootと名付けられたGameObjectの子側のGame Object群

　また、Hierarchy画面側のGame Objectをダブルクリックすると、そのGame ObjectがScene画面の中央になるように視点が変更される。便利なので覚えておくとよい。中央に視点変更後は、ダブルクリックのたびに、視点が近くに寄ったり離れたりする。

　試しに、Hierarchy画面のGardenSceneの中のRootの中のInteriorPropsの中のDecorative Teapot_01_Prefabをダブルクリックしてみるとよい。Scene画面中央に茶釜が表示されるだろう。

▲茶釜をScene中央に表示させる

> 　今後、Hierarchy画面で、入れ子になったGame Objectの場所を示すときは、上記のような「の中の」といった表現にかえ、「➡」を使ったRoot ➡ InteriorProps ➡ DecorativeTeapot_01_Prefabという表記を使うことにする。

Component

Game Objectは、それぞれに独自の振る舞いをさせることができる。

どのような振る舞いをするかは、機能別に提供されるComponent（コンポーネント：構成要素）の組合せで決定される。Game ObjectがどのようなComponentで構成されているかはInspector画面で確認できる。また、Componentが提供するProperty（プロパティ：属性）を、Inspector画面で設定することで、同じComponentを持つGame Objectでも、異なる振る舞いをする。

例えば、次の図のRoot ➡ ExteriorGeometryWall ➡ Gate_400_01_Prefab ➡ Gate_400_01_Mesh ➡ Gate_400_01_LOD0 Game Objectは、MeshFilter ComponentのMesh Propertyに、門の3D形状が設定されているので、Scene画面で門として表示されている。

同じようにMeshFilter Componentを取り付けられているRoot ➡ ExteriorProps ➡ BambooStructure_Top_01_Prefab(1) ➡ BambooStructure_Top_01_Mesh ➡ BambooStructure_Top_01_LOD0 Game Objectでは、Mesh Propertyに竹格子の3D形状が設定されているので竹格子として表示されている。

Game Objectに取り付けるComponentや、そのPropertyに設定する3D形状情報ファイルなどは、Asset（アセット）と呼んでProject画面で管理する。

▲それぞれの画面の役割と、表示される内容

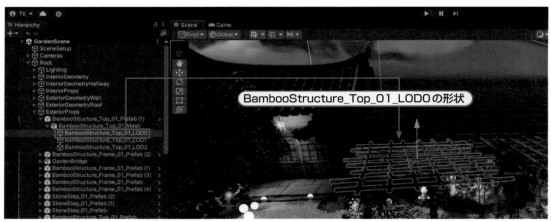

▲ BambooStructure_Top_01_LOD0の形状は竹格子

Scene画面の操作

　Scene画面は、マウスを使って色々な角度から仮想空間を眺められるようになっている。今後の作業のために、最低限の操作を紹介しておく。

●マウスでの視点操作

- [Alt]＋左ボタンでのドラッグで、Scene画面の中央を軸にして回転する
- [Ctrl]＋[Alt]＋左ボタンでのドラッグで、視点が上下左右に平行移動する

  注意）macOSでは[Alt]キーとして、Optionキーを使う

● Scene Gizmo

　Scene Gizmo（ギズモ：仕掛け）の操作でも視点を調整できる。仮想空間の座標軸に合わせた視点を得たいときに役立つ。

❶ Scene Gizmoの上で右クリックして表示されたメニューから視線方向を選べる。周辺の三角錐をクリックすると、クリックした三角錐の方向からの視点となる

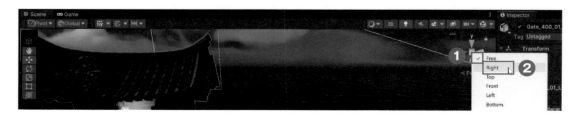

▲Scene Gizmo操作による視点変更

　Scene Gizmoは視点以外に、投影法も変更できる。透視投影は、人間の視覚と同じように、視点から
の距離で物体の大きさが変わる。平行投影は変わらない。平行投影は設計図などで利用される投影方法
で、視線方向からの位置関係を確認しやすい。

- Scene Gizmoの上で右クリックして、表示されたメニューのPerspectiveにチェックを付けると
  透視投影、チェックを外すと平行投影となる
- 中心の立方体をクリックすると透視投影、平行投影が切り替わる

▲透視投影

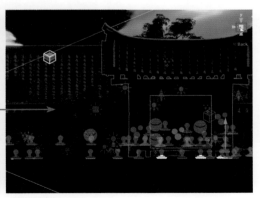

▲平行投影

本書でおこなうUnity Editorでの作業

これから行う作業は、「Componentを組み合わせてどのような振る舞いのGame Objectを作るか」「それをどこに配置するか」「どのGame Objectの子供にするか、あるいはしないのか」などといったことをUnity Editorを使って指定していき、自分が作るアプリの振る舞いを決定する作業となる。そこにアプリ自体は、どういった環境で動くのか、という指定作業が追加される。

初期状態でのアプリ動作確認

ここで、現在のアプリの動作をGame画面で確認してみよう。メニューバー下の中央にあるPlayアイコンをクリックすれば、作成中のアプリの動作を確認できる。Playアイコン❶をクリックしたあとに、Game画面上でマウスを動かせば向きが変わり、図で示すキーボードのキーを押し下げると仮想空間中を移動できる。そして、キーボードやマウス操作をやめて、何もせずに眺めていれば、自動的に園内をウォークスルーし始める。動作を確認できたら、もう一度Playアイコンをクリックして停止させる。

以後、このPlayアイコンをクリックする操作は「Playする」「Playを止める」と表現する。

プロジェクトの終了と再開

今回作成したSample VRプロジェクトは、メニューバーからFile ➡ Exitを選ぶか、クローズボックスをクリックすれば終了できる。 プロジェクトは自動的にUnity Hubにも登録されるので、次にプロジェクトをUnityEditorで開きたいときは、Unity HubでSample VRの項目をクリックすればよい。

▲Unity Hubに登録済みのSample VR

2-6 VR化の前準備

Playしてわかるように、このアプリは日本庭園らしい仮想空間の中を移動し、配置された庭先や茶釜、花瓶などを眺めるものだ。

このアプリの作り出す仮想空間を、Questで眺められるようにし、日本庭園内を移動し、ヤカンや花瓶をQuestのコントローラでつかめるようにするのが、本章での作業となる。

Quest用アプリにするためのプロジェクト設定

初期状態では、作成するアプリの実行先には、開発機のOS（WindowsやmacOS）が設定されている。これに対し、QuestのOSはAndroidベースなので、アプリ実行先をAndroidに変更する必要がある。Build Settings画面でアプリ実行先をAndroidに変更しよう。

●手順

❶メニューバーからFile➡Build Settings…を選びBuild Settings画面を表示させる
❷Platform一覧からAndroidを選択する
❸Switch Platformをクリックする。完了したらBuild Settings画面は閉じてよい。

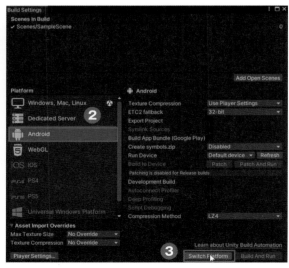

> **⚠️ Point　Android Platformへの切り替えについての注意点**
>
> 切り替えには、しばらくかかる。特に、進捗画面が消えて、一瞬終わったように見えるが、右下の処理中を示すインジケータは動き続けていて、実際に切り替えが完了するのは、Switch PlatformボタンがBuildに変わり、クリック可能に変わったときだ。切り替わるまでしばらく待とう。

Questで試す

これで、Androidで実行できるアプリが作れるようになったので、Questを持っている人は、このアプリをQuestにインストールして実行してみよう。持っていない人は、このあと出てくる「2-7 VR化」までを、読み飛ばしてくれてよい。

●必要な作業

QuestにUnityで作ったアプリをインストールするには、次の作業が必要となる。

- Questを開発者モードにする
- Questを開発機につなぐ

●Questを開発者モードにする

他のAndroid機と同様、Questも開発者モードにしないと、自分が作成したアプリをインストールできない。Questを購入し、始めて動かすときにスマホのMeta QuestアプリでQuestを登録したと思うが、その同じアプリを使い、Questを開発者モードに設定できるようになっている。

●手順

❶スマホのMeta Questアプリを起動する

❷アプリの下部バーにあるMenuをタップし、メニュー画面を表示させる

❸デバイスをタップし、デバイス画面を表示する

❹デバイス画面で自分のQuestをタップする

❺デバイスを管理グループ内のヘッドセットの設定をタップする

❻開発者モードをタップする

　❻-1 ここで、もし開発者用Webページに飛ばされたなら、そのページで開発者のアカウントを新規
　　　登録する

❼開発者モード画面で開発者モードを有効にする

Questを開発機につなぐ

Unityは、USBケーブルで開発機とつないだAndroid機に、アプリをインストールできるようになっている。Questについても同じことができる。利用するケーブルはQuest付属のケーブルでかまわない。

Questの電源を入れ、ケーブルをつなぎ、Questを装着すると、Quest側に「USBデバッグを許可しますか？」、「接続したデバイスにファイルへのアクセスを許可しますか？」といった確認画面が表示されるので、どちらも許可する。

▲ Questと開発機をUSBケーブルでつなぐ

⚡Point　ケーブルはUSB3.0仕様以上を推奨する

開発機がWindows機の場合、USB 3.0以上のケーブルが望ましい。その場合、QuestはWindows機のVRアプリ用にも利用できる。Macではできない。この手順は、あとで説明する。

ケーブルはあとから交換してもいいので、手元にUSB 3.0以上のケーブルがなければ、とりあえずQuest付属のケーブルを使うのでもよい。

▲ USBデバッグの確認画面

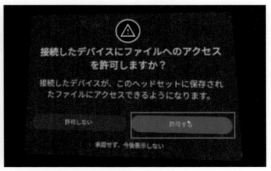

▲ファイルアクセスの確認画面

これで、作ったアプリをUnityでインストールできるようになる。今後、この状態をインストール可能状態と呼ぶ。

アプリをインストールして実行させる

　Questでは、非VRアプリも実行できる。試しに、現状のアプリをそのままQuestにインストールして実行してみよう。

　ケーブルでつないだQuestはBuild Settings画面でインストール先として現れる。インストール先としてつないだQuestを指定し、Build And Runをクリックすればアプリがビルドされ、Quest側にインストールされて実行される。

●手順

❶開発機とQuestをUSBケーブルでつなぎ、インストール可能状態とする
❷メニューバーからFile➡Build Settings…を選び、Build Settings画面を表示させる
❸Run Device横の項目をクリックし、表示される一覧から自分のQuestを選択する
❹見つからなければRefreshをクリックして、一覧を再度表示してみる

 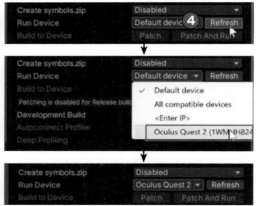

❺画面上部のScenes in Buildには、複数のSceneが登録されているが、実行されるのはチェックが付いた中で一番上のSceneとなる

❻日本庭園のScenes/Garden/GardenSceneだけチェックを残して、他のチェックは外しておいてほしい。

❼Build And Runをクリックする

❽パッケージファイル出力先を聞かれるので、適当な場所とパッケージ名を指定して実行する

　　❽-1出力先やパッケージ名は任意でよい

　　❽-2ここではSample VRフォルダを出力先、パッケージファイル名にもSample VRを指定した

ビルドが終わるとQuestにインストールされて実行される。Questでの実行画面は次のようになる。

- 画面上をレーザーポイントして動かせば、画面の向きを変えられる
- 平面板に表示された3D画像なので没入感はない
- クローズボタンを押せ（レーザーポイントして、トリガーを引く）ばアプリは終了する

▲アプリの実行画面

▲×（クローズ）ボタンを押せば終了

●インストールされたアプリの再起動

インストールされたアプリは提供元不明のアプリとされて、いつでも再起動できる。

フィルタから「提供元不明」を選ぶ

一覧に並んだSample VRを選ぶ

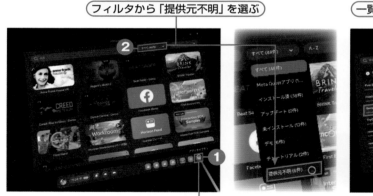

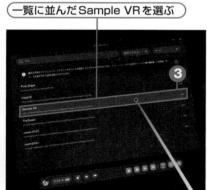

ライブラリボタンを選んでアプリ一覧を出す

VR化

Questへの非VRアプリのインストールと実行は確認できた。

次は現行プロジェクトをVR対応させよう。Unityの3Dアプリプロジェクトは、次の2点の作業でVRに対応できる。

- プロジェクトへのXR Plug-in Managerのインストール
- XR Plug-inが利用するVR装置の指定

プロジェクトへのXR Plug-in Managerのインストール

Unityのプロジェクトは、XR Plug-in ManagementをインストールするとVR対応となる。

●手順

❶メニューバーからEdit➡Project Settings…を選び、Project Settings画面を表示させる
❷Project Settings画面でXR Plug-in Managerタブ画面を表示させる
❸表示されたXR Plug-in Managerタブ画面でInstall XR Plug-in Managementをクリックする

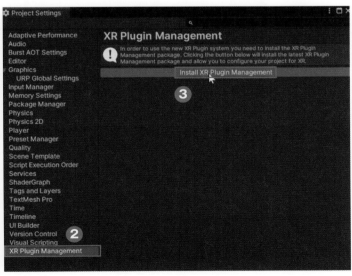

XR Plug-in が利用する VR 装置の指定

　XR Plug-in Manager がインストールされたら、XR Plug-in が利用する VR 装置を指定する。本書ではOpenXRを指定する。

OpenXRについて

　半世紀前は、マウスやキーボードでさえ、メーカ各社で駆動方法がまちまちで、使う装置ごとに設定が必要だった。USB規格はそのような、わずらわしさを解消するために、有名メーカー各社が協力して用意した統一規格だ。そのおかげでマウスやキーボードは、USBの規格に従った駆動方法になり、どのメーカーの製品でも、USBコネクタに差し込めば動かせるようにまでなった。VR装置については、OpenXRがこのような統一規格として有力視されている。Questだけでなく、Vive XR Elite、VALVE INDEXなど、様々なVR装置がOpenXRへの対応を表明している。

　OpenXRを対象にVRアプリを作っておけば、将来、Quest以外のVR装置への対応を迫られたときでも、比較的容易に移植が完了するだろう。そのため、本書ではXR Plug-inが使うVR装置として、QuestではなくOpenXRを対象に指定するようにした。

> **✎Point　VR装置としてQuestを指定することもできる**
>
> VR装置としてOpenXRでなくQuestを指定していても、ほとんどの機能は利用できるようになっている。

　ただ、初期状態では、Android Platformタブ画面にOpenXRの項目は現れない。PC Platform用VRアプリを作る予定がない場合でも、一度、PC Platformタブ画面でOpenXRを指定する必要がある。PC PlatformでOpenXRを指定すると、Android PlatformにもOpenXRの項目が現れるので、そのあとでOpenXRを指定する。

●手順
❶ Project Settings画面でXR Plug-in Managementタブ画面を表示させる
❷ 表示されたXR Plug-in Managementタブ画面でPC Platformタブを選択する
❸ PC Platformタブ画面のOpenXRにチェックを付ける
　❸-1　自動的に設定処理が動き出すので完了まで待つ
❹ 設定されると自動的にタブ画面がXR Plug-in Management➡Project Validationタブ画面に切り替わり、PC PlatformでのOpenXR利用時の注意などが表示される

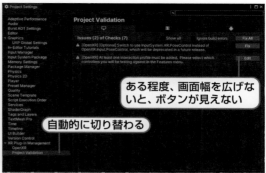

❺PC PlatformでのOpenXR利用には、いくつか追加作業が必要なことが読み取れるが、現時点では PC Platformを利用しないので、あらためてXR Plug-in Managementタブを選ぶ

❻表示された画面のPC Platformタブ画面での注意は無視して、Android Platformタブ画面に切り替える

❼OpenXRが現れているのでチェックを付ける

OpenXRの設定

OpenXRをチェックしたあとは、OpenXRが扱うVR装置の特性を設定する。

●手順

❶チェックを付けたOpenXRの横に「検証で問題発見」を意味する！マークが表示されるので、「！」をクリックする

　❶-1 自動でProject Validationタブ画面に切り替わり、問題の詳細が一覧で表示される

❷Fix Allをクリックすると、右にFixボタンが表示されている項目は、自動で問題を解決してくれる

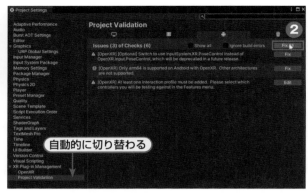

- 問題を解決するまで、数分かかる場合がある
- 途中で止まったように見えたりして非常に紛らわしいが、右下の処理中を示すインジケータが止まるまでは待つとよい
- Editボタン表示以外の問題は自動で解決してくれる
- 解決しない場合は、メッセージを読んで対応をとるしかない
- Editボタンの付いた問題については、手動で編集する必要があり、今回の場合は「OpenXRとして使うVR装置はどれか」を指定する必要があることをメッセージで示している

❸Editをクリックすると、OpenXRタブ画面に自動で切り替わる
❹OpenXRタブのAndroid Platformタブ画面で、Interaction Profiles一覧の＋をクリックする
❺表示される装置一覧から、対象とするVR装置としてOculus Touch Controller Profileを追加する
❻もしQuest Proも使う予定なら、同じ要領でMeta Quest Touch Pro Controller Profileも追加する
- すべてのController Profileを加えても問題はないが、加えたProfileによっては追加設定を要求される
❼同じ画面のOpenXR Feature GroupsにあるMeta Quest Supportにチェックを付ける

　ここまでの作業で次のような状態（Quest Proのコントローラも加えている）になる。注意マークが残っていて、クリックすると詳細がわかるが、Fixボタンはなく、手動で解決する必要があるが、3章であらためて取り組むことにして、本章ではこのままとする。

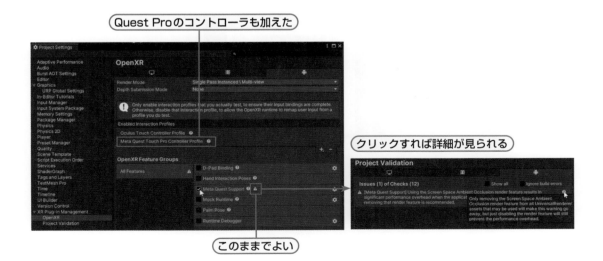

OpenXRを使うために必要なAndroid Platformの設定

OpenXRをAndroidで使うためには、AndroidのMinimum APIレベルを24以上にする必要がある。これに加え、アプリを動かそうと考えているQuestでは、VRアプリをインストールする場合、Minimum APIレベルとして29以上が要求される。本書では、Minimum APIレベルを29とする。

Minimum API レベル
https://developer.oculus.com/blog/meta-quest-apps-android-12l-june-30

●手順

❶ Project Settings画面のPlayerタブ画面を表示する
❷ Playerタブ画面のOther Settings➡Identification➡Minimum API Level横の項目をクリックする
❸ Minimum APIレベル29のAndroid 10.0（API level 29）を選ぶ

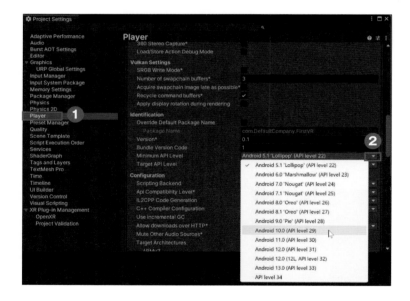

SceneのVR対応

ここまでの作業で、プロジェクトはVRに対応し、作成したアプリをQuestで実行させたときに全面表示となる。しかし、この段階では、頭を動かしても見える風景は変わらないし、両眼視差による立体感も得られない。酔いそうになるが、自動的に始まるウォークスルーで動体視差は体感できる。興味がある人は、実際に試してみるとよい。VR化後の、最初のBuildはかなり時間がかる。

1 開発

2 VR対応

3 VRアプリ

4 3Dモデル

5 仮想空間

6 道具

7 お祭り会場

> **✏️ Point　再度のBuild and Runと今回のアプリの注意点**
>
> 　一度、パッケージを作ったので、メニューバーからFile➡Build and Runを選べば、前回指定したパッケージファイルを更新してインストールしてくれるようになる。今回のアプリは、非VRアプリのように外枠が出ない。終了させるには、他のQuest用VRアプリと同様に、Questの右コントローラのMeta（Meta社のアイコン）ボタンで強制終了する。

　このアプリを、一般的なVRアプリのように振舞わせるには、Sceneの仮想空間に置いたカメラ（Hierarchy画面のMain Camera Game Object）をVR用に変更する必要がある。もし、Hierarchy画面のScene直下にMain Camera Game Objectが1つだけあるなら、メニューバーからGame Object ➡ XR ➡ Convert Main Camera To XR Rigを選ぶだけで、Main Camera Game ObjectをVR用に変更できる。

　しかし、今回のサンプルは、自動的にウォークスルーを始めるなど、凝った作りになっていて、この方法は利用できない。手動でカメラの置き換えをおこなうことにする。

●手順

❶Hierarchy画面のCameras Game Objectを右クリックし、表示されたメニューからDeleteを選んで削除する

❷Project画面のPackages ➡ XR Legacy Input Helpers ➡ Prefabs ➡ XRRigをHierarchy画面にドロップする

❸Hierarchy画面のXRRigを選びInspector画面のTransform Positionで仮想空間での座標を（x:0,y:1,z:85）とする

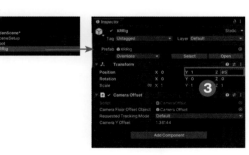

これでカメラは、仮想空間の基準位置（原点）座標からy軸方向に1m、z軸方向に85m進んだところに置かれたことになり、Questでアプリを起動すると、茶釜の置いてある部屋に招待されることになる。座標については後述する。

　Questを持っている人は、実際に被ってアプリが没入型表示になっているのを確認してほしい。

✎Point　Scene変更点保存の確認

　今回は、Scene内容の変更を行っているので、実行しようとすると、その前に変更点を保存してからビルドするか尋ねられるのでSaveを選ぶ。

　Scene内容の変更をしたあとに、保存せずにビルドしようとすると確認されるので、覚えておくとよい。

　ちなみに、先にメニューバーからFile➡Saveを選んで変更を保存しておいたときには現れない。

　両眼視差による立体感も得られ、頭を動かせば全周囲を見渡すことができ、自分が和室の中にいるように思えるだろう。

　Questを持っている人は、実際に被って確認してほしい。

　終了させるには、他のQuest用VRアプリ同様、Questの右コントローラのMetaボタンで強制終了する。

　実際にQuestで確認してみて、解像度が若干低めであることに気づいた人もいると思う。これは、Unityの初期設定が解像度を低めに抑えているためで調整可能だ。7章で解像度調整法についても簡単に触れる予定だが、解像度と画面更新の頻度は反比例の関係にあり、解像度を上げると画面更新の頻度が落ち、動作の滑らかさが失われる場合がある。

　画面更新頻度が落ちた状態は、Questを通して、このサンプルの庭側を眺めることでも体験できる。解像度以外に描画する仮想体の数でも、画面更新の頻度は変わる。

　この日本庭園のサンプルはQuestのVRアプリとして動かすことを考慮していないので、庭を眺めたときの動作はかなりぎこちないものになる。

　大量の仮想体を解像度を高めつつ、画面更新頻度も高め描画することが理想であり、様々な技法を駆使して動作マシンごとにアプリを最適化するのが開発者の目標ではあるが、これは本書を読み終えて次の段階に進むときの目標だろう。本書では、Unityの初期設定のままで案内を進めていく。

Chapter 2
2-8

Windows機での
Questの直接利用

ここまでの体験でわかるように、QuestのVRアプリ開発は「プログラム変更 ➡ ビルドとインストール ➡ Questでの確認」を繰り返すことになり、非常に効率が悪いものとなる。

Macの場合は諦めるしかないが、Windowsにおいては、QuestをWindows機の周辺機器として利用することで、この非効率な作業を改善できる。

後述するシミュレータはMacでも利用できるが、あくまで補助的なものと思われる。

Quest Linkの利用

Windows機で動くVRアプリを体験するためには、Oculus RiftやVive XR Elite、VALVE INDEXといった、Windows機の周辺機器として用意されたVR装置が必要となる。

Quest Linkは、QuestをWindows機の周辺機器として利用するために用意されたWindows用アプリだ。USB 3.0以上のUSBケーブルでWindows機とQuestをつなぎ、Quest Linkを使うと、QuestはWindows用のVR装置になる。ただし、Windows機によってはQuest Linkが正しく動作してくれない場合もある。ゲーミングノートPCだと失敗する例があるようだ。その場合は利用を諦めるか、各自で調査対応してほしい。「quest link 画面が映らない」で検索すると、いくつか情報が得られる。ここではQuest Linkについて、次の内容を案内する。

- WindowsへのQuest Linkアプリのインストール
- Quest LinkアプリへのQuestの登録
- Unityで利用するためのQuest Link側の追加設定
- Quest Linkの利用
- Unityプロジェクト側の追加設定

●WindowsへのQuest Linkアプリのインストール

まず、WindowsでQuestを使うためには、Quest Linkアプリをインストールする必要がある。Quest Linkアプリは、Meta QuestのページのQuest 2のエリアにダウンロードボタンが置かれている。「Air LinkとLinkケーブル」について書かれている部分の「ソフトウエアをダウンロード」をクリックするとWindows用インストーラがダウンロードされる（インストーラの名前は2024年1月現在OculusSetup.exeとなっている）。

Questのページ
https://www.meta.com/jp/quest/setup/

インストーラの指示に従い、WindowsにQuest Linkアプリをインストールしてほしい。

Quest LinkアプリへのQuestの登録

インストールが終わると、Quest Linkアプリが起動され、Meta社へのログインなどの作業を行うことになり、最後に自分が利用するQuestの登録を行うことになる。登録の際は、接続形式としてUSBかWiFiかを選ぶ。

ここではUSBケーブルでの接続をおこなうが、1.5G bps以上の通信速度が出るならWiFiでもいいだろう。USBケーブルでの接続は、Windows機のUSBコネクタがUSB 3.0以上で、使うケーブルもUSB 3.0以上であることが前提となる。

必要なら、通信速度が利用可能な速度か測定もできる。

●手順

❶インストールが終わるとQuest Linkが起動され、デバイス設定画面が出るので、デバイスの機種をつなぐ予定のQuestの機種にして、次へをクリックする

❷接続方法でLink（ケーブル）を選択する

❸ヘッドセットを接続するように指示する画面が表示されるのでQuestを起動し、Windows機とUSBケーブルでつなぐ

❹Questが認識されると「次へ」がクリックできるようになるのでクリックする

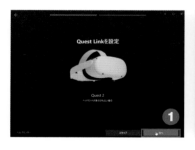
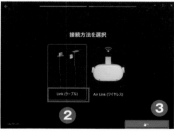

❺表示された画面の接続をテストをクリックして有効なケーブルか確認する

❻結果を確認して、「次へ」をクリックする

❼閉じるをクリックする

これでQuestの登録は完了した。

●Unityで利用するためのQuest Link側の追加設定

Unity EditorでQuestを直接利用したい場合は、❶設定タブを選び、Quest LinkをOpenXRランタイムとして設定しておく必要がある。また、提供元不明の実行を許可する必要もある。

▲Unity EditorでQuestを直接利用するための追加設定

ベータタブ画面の開発者ランタイム機能も有効にしておく。開発者ランタイム機能を有効にした際に、下に追加される項目は、必要になったときに有効にすればよい。本書では必要ない。

▲ベータタブ画面の開発者ランタイム機能の有効化

これによってQuestがUnity Editorで直接利用できるようになった。

Quest側からのQuest Linkの起動

登録が完了したあとは、Quest側でWindows機側のQuest Linkを起動、終了できるようになる。

●手順
❶ QuestとWindows機をUSBケーブルでつなぐ
❷ Quest内でQuick設定画面を呼び出してQuest Linkを選ぶと、Quest Link画面が表示される
❸ Quest Link画面の下にある起動を選ぶ

しばらく待たされたあと、画面がQuest Linkの画面に切り替わる。

白を基調にした画面で、❶手前に表示されるコンソールの中にあるデスクトップを選ぶと、❷接続先のWindowsのデスクトップが歪曲した板で表示される。

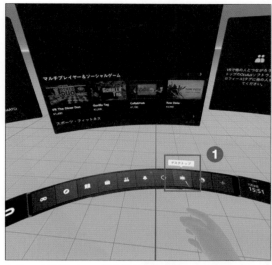

▲ QuestがWindows機用のVR装置になった状態

Windows機側のマウスを動かしたりして連動していることを確認したら、❶コンソールの中にあるQuest Linkを無効にするを選び❷、Quest Linkを終了させる。

今後は、この手順で使いたいときにQuestLinkを使い、終わらせたいときに終わらせればよい。

▲ Quest Linkの終了

Unity プロジェクト側の追加設定

　Unity EditorのPlay時に、Quest側でも動作を確認したければ、Project Settings画面のXR Plug-in ManagementタブのPC PlatformタブでOpenXRかOculusにチェックが付いている必要がある。

●XR Plug-in Management画面のPC Platform側設定

　本章では、Android Platform側でOpenXRにチェックを付ける際に、PC Platformタブ側でもOpenXRにチェックを付けているので、この準備はすでにできているはずだ。もし、外していたら、再度チェックを付けてほしい。Questのコントローラも使うので、省略したOpenXRタブ画面のPC Platform側のInteraction Profilesの一覧も、Android Platform側同様に設定する必要がある。PC側のOpenXR Feature GroupsにはMeta Quest Support項目がないので、こちらは何もしなくてよい。

▲PC Platform側の設定

　これで、Quest側でQuest Linkを起動した状態にしておけば、Unity EditorでPlayしたときに、Game画面だけでなく、Quest側でも動作を確認できるようになる。いちいちアプリをビルドしてQuestにインストールする必要はなくなる。Questにインストールするのは、Windows機から切り離して、Quest単独でVRアプリを試したくなったときだけでいい。

●Sample VRプロジェクトでの確認

　実際に、今回作成したSample VRプロジェクトをUnity Editorで開き、PlayしてQuest Linkを試してみよう。

●手順

❶ Sample VRプロジェクトをUnity Editorで開く

❷ Windows機とQuestをケーブルでつなぐ

❸ Questを装着し、接続時のUSBデバッグ確認画面などが出ていれば対応する

❹ Quest Linkを起動する

❺ Quest Linkの画面が表示されたら、Windows側のUnity EditorでPlayする

　Quest側で仮想空間の作業所に没入できただろうか？
　確認できたらPlayを止めよう。

1 開発

2 VR対応

3 VRアプリ

4 3Dモデル

5 仮想空間

6 道具

7 お祭り会場

空間内を移動
できるようにする

　現在、本アプリは、仮想空間を見渡せるが、移動はできない。

　空間内を移動できるように、アプリを一から作り上げることも可能だが、非常に労力がかかり、できることも同じなので、通常は、XR Interaction Toolkit パッケージを使うことになる。

　特に、パッケージのStarter Assetsとして提供されるXR Interaction SetupというPrefab(プレハブ：事前組み立て済み)は優秀で、このPrefabをHierarchy画面にドロップするだけで、必要な処理はほぼ完了する。

　ここでは、次に挙げる過程を案内する。

- XR Interaction Toolkit パッケージの導入
- SceneでのXR Interaction Setup Prefabの利用

> **⚠️ Point　Prefab**
>
> 　Prefabは、Game Objectのテンプレートと考えたらよい。Game ObjectにいくつかのComponentを取り付け、Property値を設定しておき、Prefabにしておけば、そのPrefabをHierarchy画面にドロップするだけで、同じComponentが取り付けられ、同じProperty値が設定済みのGame Objectを作り出せる。
>
> 　複数のGame Objectを階層構造にし、1つのPrefabを用意することも可能であり、今回利用するXR Interaction Setup Prefabも、それぞれが特定の機能を持つ複数のGame Objectから構成されている。
>
> 　本来なら、VRアプリ開発者が、このXR Interaction Setup Prefabを参考に、自分のVRアプリに最適なものを作ることになるが、本書ではこのPrefabをそのまま利用することにした。

XR Interaction Toolkit パッケージの導入

　XR Interaction ToolkitパッケージはPackage Managerを使ってプロジェクトに組み込む。

●手順

❶メニューバーからWindow➡Package Manager を選び、Package Manager画面を表示する

❷左上のPackages:で表示されている検索先をPackages:Unity Registryにする

❸見つけやすくするために、検索ボックスにXRを入力する

❹左の一覧からXR Interaction Toolkitを選択する

❺右画面のInstallをクリックする

❻インストール後、右画面のSamplesタブを選択する

❼表示されたSamples画面のサンプル一覧からStarter Assetsのimportをクリックする

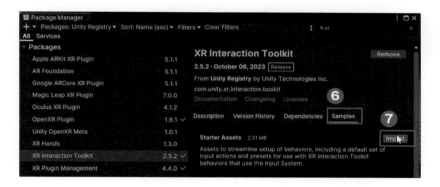

用が済んだのでPackage Manager画面は、右上のクローズボックスをクリックして閉じる。

SceneでのXR Interaction Setup Prefabの利用

これで、Project画面のAssetにSamples➡XR Interaction Toolkitフォルダが現れ、内部にある
XR Interaction Setup Prefabが利用できるようになる。

XR Interaction Toolkitバージョン2.5.2ではSamples➡XR Interaction Toolkit➡2.5.2➡Starter
Assets➡Prefabsフォルダ内にある。

「2.5.2」の部分は、自分がインストールしたXR Interaction Toolkitのバージョンに置き換えてほし
い。

　Project画面のフォルダ内の一覧に表示される項目のタイトルが切れてしまい、XR Interaction Setup Prefabを見つけにくい場合は、一覧画面下のスライダを左端まで動かして、縦一列の表示にするとよい。検索ボックスにキーワードを入力して探すこともできる。

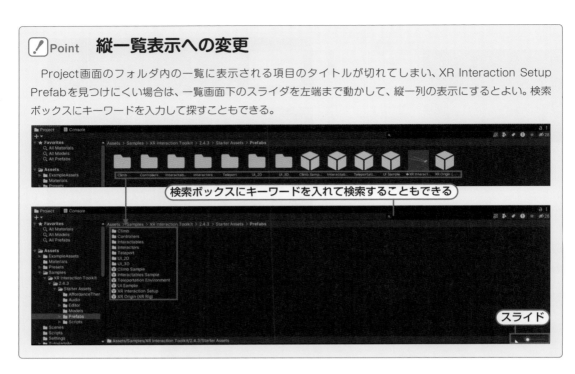

Importが済んだら、メニューバーからWindow ➡ XR ➡ OpenXR ➡ Project Validationを選び、Project Settings画面のXR Plug-in Management ➡ Project Validationタブ画面を表示させてほしい。自分でProject Settings画面を表示させ、Project Validationタブ画面を表示させるのでもかまわない。注意項目が1つ増えているはずだ。

　増えた方の項目には、Fixボタンが表示されているのでクリックして注意項目を解消する。この注意は、現在のInteraction Layer（インタラクションレイヤ：対話層）定義群にTeleport定義を加えるかを問い合わせている。後半の「2-12 Teleportation Areaによるテレポーテーション」でTeleport定義を利用するため、ここでFixボタンをクリックしておく。Interaction Layerについてもそこで説明する。

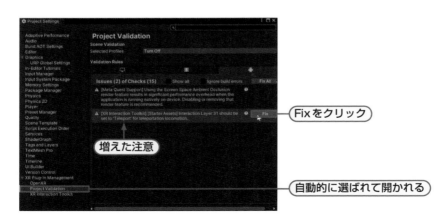

　Questのコントローラを使って仮想空間内を移動するために、先ほどImportしたStarter Assetsの XR Interaction Setup PrefabをHierarchy画面にドロップする。このPrefabには、XRRig Game Objectが組み込まれているので、VR対応でCameras Game Objectを削除してから追加したXRRig Game Objectの方は削除する。

> ✎ Point　**Scene画面側にドロップする場合**
>
> 　Scene画面側にドロップすることもできる。その場合、ドロップした座標にXR Interaction Setup Game Objectが配置されるので注意する。

●手順

❶ Project画面でXR Interaction Setup Prefabを探す
❷ 見つけたPrefabをHierarchy画面にドロップする

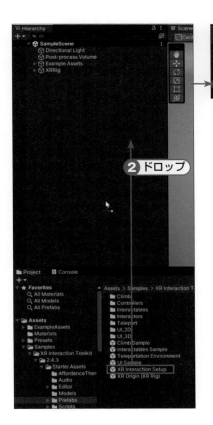

2 ドロップ

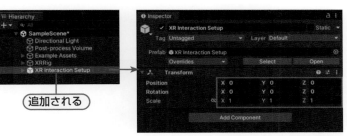

追加される

Hierarchy画面にドロップ
した場合の初期位置

❸Hierarchy画面にできたXR Interaction Setup Game Objectのデスクロージャを開き、内にある XR Origin (XRRig) Game Objectを選び、Inspector画面のTransform Positionで仮想空間での 座標を、先ほどと同じように (x:0, y:1,z:85) とする

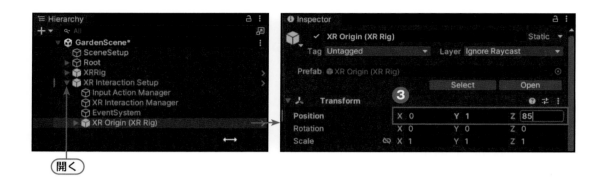

❹Hierarchy画面に元々存在するXRRig Game Objectを右クリックし、表示されたメニューから Deleteを選んで削除する

　　Quest Linkを使っている人は、そのままPlayし、使えない人はQuestにインストールして確認して ほしい。左コントローラのサムスティックで連続移動、右コントローラのサムスティックで45度単位の 向き変更が行える。

連続移動

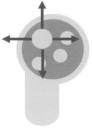

▲左コントローラー

45度単位の向き変更

▲右コントローラー

　ドロップ時に設定した、Origin (XRRig) Game Objectの初期位置を変更すれば、庭先にも出られるので、いろいろ散策してみるのもいいだろう。ただし、この日本庭園のサンプルはQuestを対象に用意されたものではないので、Questのアプリとして庭先に出るとほとんど動けなくなる。高い性能の開発機でQuest Linkを使った場合だけのお楽しみになるだろう。

XR Interaction Setup

　Hierarchy画面でデスクロージャを開けばわかると思うが、XR Interaction Setup Game Objectは、VRアプリに必要な機能を担当するための様々なGame Objectを内包している。本書は、これらのGame Objectを利用して、次章で紹介するVRアプリを作ろうと考えている。

▲XR Interaction Setupが内包するGame Object群

2-10 VR装置シミュレータの利用

　XR Interaction ToolkitパッケージにはVR装置シミュレータも付いている。

　Package Managerを使い、XR Interaction ToolkitパッケージからXR Device Simulatorをimportし、Project画面からHierarchy画面にXR Device Simulator Prefabをドロップする。これでPlayすると、シミュレータが利用できるようになる。

●手順

❶ Package Manager画面でXR Interaction Toolkitを選択する

❷ 右側、Samplesタブ画面のサンプル一覧からXR Device Simulatorのimportをクリックする

❸ Package Manager画面を閉じ、Project画面でXR Device Simulator Prefabを探す（Starter Assetsフォルダと同階層にXR Device Simulatorというフォルダができて、その中に入っている）

❹ 見つけたPrefabをHierarchy画面にドロップする

Playすると、Game画面にシミュレータの操作方法の説明画面が表示される。

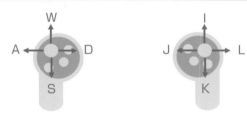

▲Play時に、XR Device Simulatorが有効になっている状態

- タブキーで、マウスの操作対象を、VRゴーグル、左コントローラ、右コントローラの順で切り替えられる
- マウスを動かすと、現在操作対象になっているVRゴーグルの視線方向や、左コントローラ、右コントローラの姿勢が変わる
- コントローラのサムスティック操作用に割り当てられたキー（W,S,A,D,I,K,J,L）は、操作対象が左か右のコントローラになっているときに有効となる

シミュレータが不要になったら、Hierarchy画面からXR Device Simulator Game Objectを削除する。

2-11 Collider による移動範囲 の制限

　開発環境が整備できたので、現在のVRアプリの状態を確認しよう。最初に、Scene内のカメラをVR用カメラを持つXRRig Game Objectに変えることで、Quest装着者は、仮想空間を全周囲眺めることができるようになった。

　次に、XRRig Game Objectを、XRRig Game Objectを内包するXR Interaction Setup Game Objectに変更することで、Quest装着者は、Questのコントローラを使い、仮想空間を移動できるようになった。

　これ以後、仮想空間内を移動する、このVR装置装着者の体を、自分の仮想体と呼ぶことにする。

　現在、自分の仮想体は、仮想空間内を移動できるようになったし、壁に当たると、その先に進めなくもなっている。

Collider

　この壁を突き抜けたりできないようにする仕掛けには、Collider（コライダ：衝突器）Componentが利用されている。

　Unityでの3Dアプリ開発経験者にはおなじみだが、Colliderは、Game Object同士の衝突判定のための、領域定義に用いられるComponentで、よく使われるCollider Componentとしては次の4つがある。

Collider Component名	領域を定義形状
Box Collider	6面体
Sphere Collider	球体
Capsule Collider	カプセル
Mesh Collider	仮想体が持つ3D形状

> **⊘Point　他にもいろいろ存在するCollider**
>
> この他、車のシミュレータを作るときに欠かせないWheel Colliderや、広大な領域を移動させる際によく使うTerrain Colliderなどもある。

サンプルの日本庭園には、すでにいろいろなCollider Componentが取り付けられている。

以後、これらのCollider Componentによって定義される領域をCollider領域と呼ぶ。

Character Controller

そして、自分の仮想体の衝突判定のための領域は、XR Interaction Setup内の、XR Origin（XR Rig）Game Objectに取り付けられたCharacter Controller Componentにより管理されている。

Character Controller Componentは、指定された位置に移動する際に、Collider領域にぶつかると、そのCollider領域に入らないようにできている。また、重力による仮想体の落下も、和室の畳や庭の土に設定されたColliderによって防がれている。すでにQuestによる日本庭園散策で、体験済みの人もいるかも知れないが、Colliderが設定されていない床や土の領域に踏み込むと、仮想体は自由落下する。

Dynamic Move Provider

今回の左コントローラのサムスティックによる移動は、XR Origin（XR Rig）が内包するLocomotion Systemが内包するMove Game Objectが担当している。

Move Game Objectに取り付けられた、Dynamic Move Provider Componentが、重力を考慮しつつサムスティック操作に対応して、Character Controller Componentを使ってOrigin（XR Rig）Game Objectを移動させている。

そのため、Dynamic Move Provider Componentが、重力を無視するように、Inspector画面でUse Gravity Propertyのチェックを外すだけでも落下は防止できる。

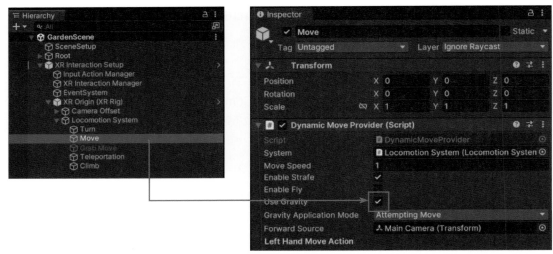

▲移動時の重力を無効にする

　ただし、今回は、重力の影響は、没入の醍醐味でもあるとし、重力を無効にはしない。

壁のColliderを無効にし、隠し部屋に侵入してみる

　Hierarchy画面、Scene画面、Inspector画面を使い調べてみると、仮想体であるXROrigin (XRRig)を配置した和室の隣には侵入できない部屋が用意されていた。
Colliderの効果を確認するために、壁に設置されたColliderを無効にしてみよう。

（Colliderを無効にする壁）　（奥にも部屋がある）

●手順

❶ Hierarchy画面でデスクロージャを開いていき、Root ➡ Colliders ➡ Walls_N ➡ Wall(9)を選ぶ
❷ Inspector画面でBox Collider Componentのチェックを外す

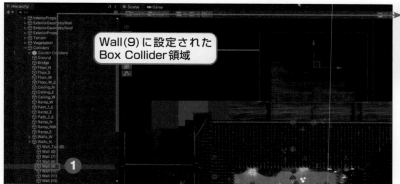

チェックを外したらQuestで確認してみてほしい。ふすま横の壁が通り抜けられるようになり、隣の部屋に入っていける。

ふたたびチェックをつけたら、壁の通り抜けはできなくなる。

また、この部屋は途中で床のCollider領域が途切れているようで、あまり奥まで進むと仮想体は自由落下することになる。それを試してみるのもいいだろう。

2-12 Teleportation Areaによるテレポーテーション

　すでに体感したと思うが、左コントローラのサムスティックによる連続した移動は、3D酔いを誘発しやすい。この点でテレポートによる瞬間移動は3D酔い対策として有効な手段といえる。

　XR Interaction Setup内にも、テレポート機能担当のTeleport Interactorという名のGame Objectが存在し、実際、Questの右コントロールのサムスティックを前後させると、テレポート先を探す光線は出るようになっている。

テレポート先を探す光線は出る

▲テレポート先が無い

　Questで見ると、左目だけしか光線が描画されないことに気づいた人もいるだろう。これは、このサンプルがRender Pipelineカスタマイズの参考例と作られていて、その際にVR対応を考慮していないためなので気にしなくてよい。

　しかし、テレポート機能は、テレポート先がないと機能しない。どの領域がテレポート先になるかは、アプリ側から指定する必要がある。

Colliderによるテレポート許可領域の指定

　テレポートを許可する領域もCollider Componentで指定する。今回は、仮想体の落下防止にも役立っている和室の床用Colliderを持つRoot ➡ Colliders ➡ Floor_N Game Objectを利用しよう。

　以後、このGame ObjectはFloor_N Game Objectと呼ぶ。

Teleportation Area

　テレポート許可領域が決まったなら、あとは、テレポート先を探す光線に反応して、テレポート許可を与えるTeleportation Area Componentを用意する。

　Componentなので、追加先のGame Objectが必要となる。

　先ほど話したとおり、和室の床用のCollider領域をテレポート許可領域としても利用できそうなので、Floor_N Game Objectに追加する。

●手順

❶ Hierarchy画面のFloor_N（Root➡Colliders➡Floor_N）Game Objectを選択する

❷ メニューバーからComponent➡XR➡Teleportation Areaを選ぶ

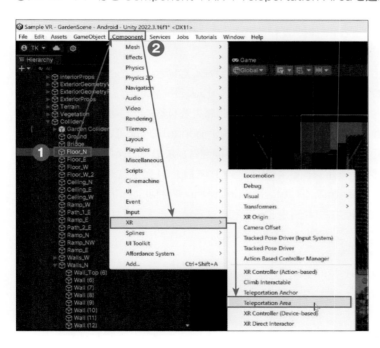

✐ Point　**Teleportation Area Componentの Collider Property**

　Teleportation Area Componentには、Collider Componentを設定するPropertyもあるが、無指定の場合、Teleportation Area Componentが取り付けられたGame Objectおよび、その階層下に存在するすべてのGame ObjectのCollider Componentを使うことになっている。

Interaction Layer Mask Property値の用意と選択

あとはテレポート光線が、床だけ反応するように、Floor_N Game Objectに取り付けた Teleportation Area ComponentのInteraction Layer Mask Propertyを初期設定のDefaultから別の値に変更する。

変更する理由は、このあとで案内する予定の仮想体をつかめるようにするためのXR Grab Interactable ComponentにもInteraction Layer Mask PropertyとしてDefaultが設定されているためだ。

テレポート光線が、Interaction Layer Mask PropertyがDefaultであるGame Objectに反応するようにすると、このあとでつかめるようにする予定の茶釜もテレポート光線に反応してしまう。そうならないように、XR Interactionでは、あらかじめテレポート光線に反応させるInteraction Layer Mask値をDefault以外にするのが慣例だ。

Interaction Layerは、XR Interaction関係のComponentが、どのような操作に反応するかを明示するために利用する。

テレポート光線には反応させたいが、つかむ操作には反応させたくないといったときに「テレポート光線には反応させる」層、「つかむ操作には反応させる」層というように層を分け、必要な層だけをComponentに設定する。層と名付けられているとおり、複数の層を重ねることが可能なので、層を分けたあとで「テレポート光線」「つかむ操作」両方に反応させるComponentにすることもできる。

どのような層を用意し、どのように組み合わせるかはアプリ開発者が決める。Defaultという名前のInteraction Layer以外はアプリ開発者が定義するようになっていて最大31層定義できる。

ただし、今回使っているStarter AssetsのXR Interaction Setup Prefabは、Interaction Layerの31番目の層を「テレポート光線には反応させる」層として利用する前提で設定されており、あとは31番目の層に名前をつければいいだけという状態にまでなっている。

せっかくなので、その定義をそのまま利用したい。

実は、先のXR Interaction ToolkitパッケージインストールかたTeleportという名前のInteraction Layerを追加する作業は、この31番目の層にTeleportという名前をつける作業になっていた。

そういうわけなので、Fixボタンをクリックした人は、床がテレポート光線にだけ反応するためのInteraction Layerの準備はすでにできている。

Interaction Layer Mask Propertyの横のDefaultをクリックするとメニューが表示され、その中にTeleportという項目が表示されるだろう。

一度、❶Nothingという項目を選んで、そのあと❷Teleport項目を選べばよい。

ちなみに、Interaction Layer Maskメニューの一番下の項目Add Layer…を選ぶと、Interaction Layer設定画面が表示されるので、興味がある人は確認してみるとよい。

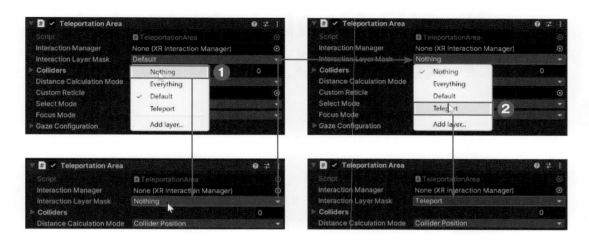

これで和室の畳や廊下がテレポート光線に反応するようになる。 Questで確認してみてほしい。 右コントローラのサムスティックを少し前方に倒し、テレポート先を探す光線を床に当てると、テレポート先インジケータが表示されるようになる。 インジケータが表示された状態でサムスティックを放すと、その場所にテレポートする。

▲畳に現れるテレポート先インジケータ

1 開発

2 VR対応

3 VRアプリ

4 3Dモデル

5 仮想空間

6 道具

7 お祭り会場

2-13 XR Grab Interactable によるつかめる仮想物体

　仮想空間内を移動し、壁にぶつかることもできるなら、手に持つこともしたい。

こちらもTeleport Interactor Game Objectのように、XR Interaction Setup Game Object内に、つかみ担当のDirect Interactor、Ray Interactor Game Objectが右手用、左手用に存在する。

　Direct Interactor Game Objectに取り付けられた、XR Direct Interactor Componentは、近距離でのつかみを担当し、Ray Interactor Game Objectに取り付けられた、XR Ray Interactor Componentは、遠距離での対象をレーザーポイントしてのつかみを担当している。

　和室の茶釜がつかめないのは、つかめるGame Objectであることを示していないからだ。

✐Point　つかみ用のレーザーポイントが床に照射されない理由

　Ray Interactor Game Objectに取り付けられた、XR Ray Interactor ComponentのInteraction Layer Mask Property値にはDefaultが設定されている。

　さきほどのFloor_N Game ObjectのTeleportation Area Componentに、Interaction Layer Mask Property値にTeleportを設定した。そのため、床につかみ用のレーザーポイントが照射されることはない。Interaction Layer Maskは、このような目的で利用する。

XR Grab Interactable

　Game Objectがつかめることを示すには、そのGame ObjectにXR Grab Interactable Componentを取り付ける。XR Grab Interactable Componentは、取り付け先のGame ObjectにRigidBody Componentが取り付けられていることを前提にしている。もし取り付けられていなければ自動的に取り付けられる。

Rigidbody

　Unityでの3Dゲーム開発経験者にはおなじみだが、Rigidbody Componentは、取り付け先のGame Objectに、剛体としての物理的な挙動を提供する。

重力に従い落下し、力を加えられたら、その力に応じて動き出す。Game Objectの形状によっては回転したり、滑りながら移動したりもする。剛体なので変形はしない。

Rigidbody Componentの形状定義にもCollider Componentが利用される。ただし、Collider Componentの方は自動では取り付けられない。

未指定の場合、Rigidbody Componentが取り付けられたGame Objectおよび、その階層下のGame Objectが持つCollider Componentすべてが利用されることになる。Collider Componentがまったくなければ、無限小の剛体として取り扱われる。

茶釜をつかめるようにする

試しに茶釜をつかめるようにしてみよう。仮想体の初期位置近くにある茶釜は、Hierarchy画面のRoot ➡ InteriorProps ➡ DecorativeTeapot_01_Prefab (1) Game Objectだ。DecorativeTeapot_01_Prefabではなく、末尾に(1)が追加されたDecorativeTeapot_01_Prefab (1) であることに注意。以後、茶釜 Game Objectと呼ぶことにする。

説明したように茶釜 Game Objectをつかむために必要なComponentは次の3つとなる。

- XR Grab Interactable
- Rigidbody
- Collider

まずは茶釜 Game ObjectにXR Grab Interactable Componentを取り付けよう。そうすれば自動的にRigidbody Componentも取り付けられる。茶釜 Game Objectは、階層下にCapsule Collider Componentを持つGame Objectが存在するので、Collider Componentを取り付ける必要はない。

●手順
❶Hierarchy画面で茶釜Game Object (Root ➡ InteriorProps ➡ DecorativeTeapot_01_Prefab (1)) を選択する
❷メニューバーからComponent ➡ XR ➡ XR Grab Interactableを選ぶ
　❷-1 茶釜 Game ObjectにXR Grab InteractableとRigidbody Componentが取り付けられる

Questで確認してみてほしい。右、左どちらのコントローラでも、茶釜をコントローラのグリップでつかんで拾い上げることができる。

●ローカル座標系、ワールド座標系

初期設定だと、どの方向から茶釜をつかもうと、つかんだ茶釜は必ず同じ方向になる。

XR Direct Interactorや、XR Ray Interactor Componentは、XR Grab Interactable Componentが取り付けられたGame Object側の、ローカル座標系の原点位置と向きが、自身が取り付けられているGame Object側の、ローカル座標系の原点位置と向きとに一致するようにつかむ。

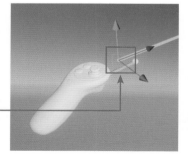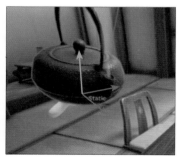

▲茶釜をつかむ位置

🖊 Point　**右手系、左手系**

　左下の図は、赤い矢印が X 軸、緑の矢印が Y 軸、青の矢印が Z 軸を表し、矢印の方向が各軸の増加方向となっている。Z 軸の方向が、自分が知っている 3D 座標系と逆だと思った人もいるかもしれない。

　3D 座標系は、右手系と左手系の 2 種類があり、Unity は左手系を採用している。左手を使うと、親指を赤矢印の X 軸に、人差し指を緑矢印の Y 軸に、中指を青矢印の Z 軸に、指先を矢印方向に向けて合わせることができるはずだ。Z 軸の矢印を逆にした場合は、右手を使って合わすことができる。

　これが右手系と左手系の違いで、どちらが正しいというものではないが、アプリの中では、どちらかの座標系に統一する必要はある。

　いずれは、右手系と左手系を意識した案件に遭遇するかもしれないが、本書ではそこまで立ち入らない。Unityの場合は、左手系を採用しているという説明だけにとどめる。

　ローカル座標系とは、Game Object それぞれが独立して持つ座標系を意味する。そして親子関係にある Game Object では、子側のローカル座標系の原点位置や向きを、親側のローカル座標系上で決定する。親を持たない Game Object のローカル座標系は、自身が属する仮想空間の座標系上で原点位置や向きを決定する。仮想空間の座標系はワールド座標系と呼ばれる。

　例えば、次のような、Scene に属する Game Object の階層関係があるとする。
Scene ➡ 土台 ➡ ロッド ➡ チップ
　この場合、各 Game Object のローカル座標系の依存関係は次のようになる。

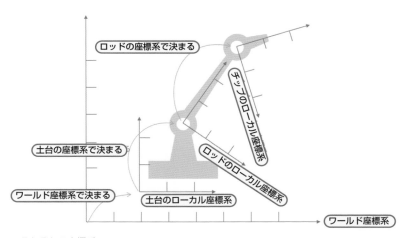

▲それぞれの座標系

　このようなローカル座標系の依存関係は、階層化した Game Object を移動、回転、拡大縮小する際に都合がいい。例えば、土台側のローカル座標系をワールド座標系内で移動させれば、ロッドやチップのローカル座標は変更なしに、土台、ロッド、チップが移動する。

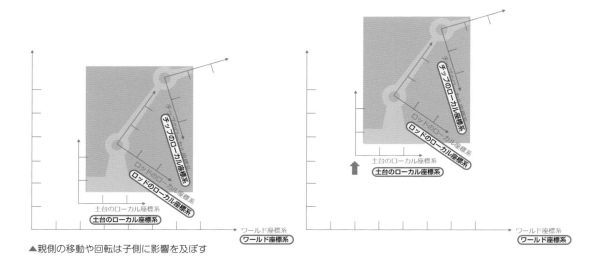

▲親側の移動や回転は子側に影響を及ぼす

　子側のローカル座標系を使った変更は、親側に影響しないので、ロッドのローカル座標系を、土台側のローカル座標系内で回転させれば、チップがロッドとの位置関係を保ったまま回転し、土台は何も影響を受けない。

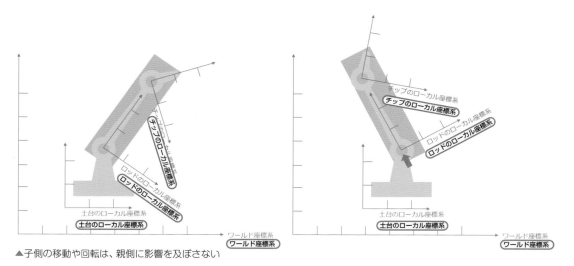

▲子側の移動や回転は、親側に影響を及ぼさない

Tool Handle Position、Tool Handle Rotation

　Game Objectのローカル座標の原点がどこにあるか、ローカル座標軸の向きをScene画面上で知りたいときなどは、Scene画面のTool Handle Position、Tool Handle Rotationを、それぞれPivotとLocalに切り替える。

- Tool Handle Positionは、クリックするとCenterとPivotが選べる
  - Center：選んだGame Objectが3D形状を持つなら、その中心。そうでなければPivotと同じ表示になる
  - Pivot　：選んだGame Objectのローカル座標の原点位置が表示される
- Tool Handle Rotationは、クリックするとGlobalとLocalが選べる
  - Global　：いつでもワールド座標の向きが表示される
  - Local　：選んだGame Objectのローカル座標の向きが表示される

　Scene画面で、Center, Global ➡ Center, Local ➡ Pivot, Localの順に切り替えた際の茶釜 Game Objectの移動方向表示の変化を次に示す。

▲表示モードの変化に対する茶釜の移動方向表示の変化

持ち位置の調整

　茶釜なら持ち手というように、つかむ位置を原点以外で固定したい場合もある。

●Attach Transform

　そのような場合は、XR Grab Interactable ComponentのAttach Transform (アタッチ トランスフォーム：取り付け 姿勢) Propertyに、つかんだときのコントローラの取付位置を設定する。通常、

これはつかみたい Game Objectの子供に、取付位置指定用のEmpty Objectを追加して利用する。

　Unityでは、Componentが取り付けられていない座標系だけ持つObjectをEmpty（エンプティ：空っぽ）Objectと呼んでいる。

　ここでは、追加したEmpty Objectを、取付位置Game Objectと呼ぶ。Attach Transform Propertyに、取付位置Game Objectが設定されると、XR Direct Interactorや、XR Ray Interactor Componentは、位置調整に、取付位置Game Objectのローカル座標系の原点位置と向きを使うようになる。

●手順

❶ Hierarchy画面で茶釜 Game Objectを選択する

❷ メニューバーからGame Object ➡ Create Empty Childを選ぶ

❸ 茶釜 Game Objectの子供としてEmpty ObjectのGameObjectが追加される

❹ あらためて茶釜 Game Objectを選択する

❺ Inspector画面のXR Grab InteractableのAttach Transform Propertyに、茶釜 Game Objectの子供として追加した取付位置 Game Objectをドロップする

▲ Attach Transform Propertyの設定

　この段階ではAttach Transform Propertyに指定した取付位置 Game Objectのローカル座標系の原点位置と向きは、親側茶釜 Game Objectと一致しているので、Questで確認しても違いはない。

　この点はHierarchy画面で、取付位置Game Objectを選択し、Inspector画面のTransformの各Propertyを見れば確認できる。Inspector画面のTransformの各Property値は、親Game Objectの座標系での位置や回転、拡大縮小を表示している。

Position=(0, 0, 0) なので
原点は、親側の原点と重なる

Rotation=(0, 0, 0) なので
座標軸は、親側の座標軸と重なる

▲取付位置Game Objectの座標軸が親側と一致している状態

✐Point　Rotation Property値の単位

　Transform➡Rotation Propertyの値はオイラー角を度数表示（360で1回転）している。3Dでの回転制御は2Dに比べ複雑で、人間による直接の値操作は2軸までが限度だろう。

　Unityでは、内部でオイラー角をQuaternion（クォータニオン：4元数）に変換して制御している。

Model Prefabを使ったScene画面での持ち位置の調整

　取付位置用Game Objectの姿勢や位置を調整すれば、コントローラが茶釜の持ち手をつかんでいるように見せることができる。調整方法は各自の自由だが、一例として仮想空間にコントローラとして表示されるGame ObjectのPrefabを使う方法を紹介する。

●XR Controller (Action-based)

　XR Origin (XR Rig)➡Camera Offset Game Object配下の、Left Controller、Right Controller Game Objectを、Inspector画面で調べると、コントローラの表示に使われるGame Objectを作り出すためのPrefabを見つけ出せる。

　Left Controller、Right ControllerといったGame Objectに取り付けられたXR Controller (Action-based) Componentは、自身のModel Prefab PropertyにPrefabが設定されていると、そのPrefabを元にして、コントローラの仮想体Game Objectを作り、各Controller Game Objectの子供として追加し、表示するようにできている。

　そして、このModel Prefab Propertyの値部分をクリックすれば、Project画面の参照先がハイライトされ、目的の表示用Game ObjectのPrefabを見つけ出せる。

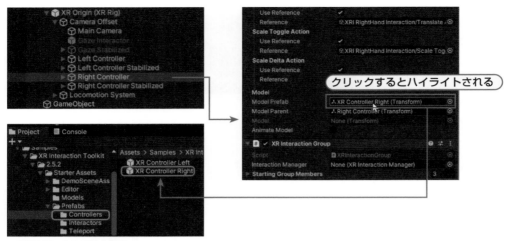

クリックするとハイライトされる

▲表示用Prefabの置き場所

　この表示用Prefabが作るGame Objectを、取付位置用Game Objectの子供として追加し、コントローラでつかんだときに現れる位置に調整しておけば、取付位置用Game Object位置調整の参考にできる。

●手順

❶見つけたXR Controller Right Prefabを、Hierarchy画面の茶釜の取付位置GameObjectにドロップする

ドロップ

取付位置GameObjectの下にXR Controller Rightが追加される

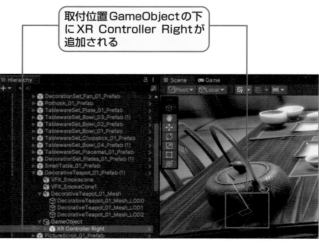

- XR Controller Right Game Objectが作成され、取付位置 Game Objectの子供として追加される
❷Scene画面で取付位置 Game Objectを移動したり、回転させたりする
❸希望する位置に配置できたら取付位置 Game Objectの子供として取り付けたXR Controller Right Game Objectを削除する

Questで確認してみてほしい。茶釜をつかんだときに、自分が希望する配置になっているはずだ。

2-14 Activate Eventによる茶釜の振動

　仮想体がつかめるようになったので、今度はつかんだ仮想体に対し、何らかの操作をすると、それに対する反応が返るようにしよう。

　Questのコントローラのグリップで仮想体をつかんだ状態なので、グリップに加え、トリガを握るという行為を「何らかの操作」とする。茶釜をグリップでつかんでトリガを握ると、茶釜が振動するようにしてみる。

トリガを握る行為をどう再現するか

> **⚠ Point　コントローラを使わない操作法**
>
> 　Questには、ジェスチャーコントロールという、コントローラを使わず、両手の指の形をそのまま認識し、仮想空間の物体を操作する機能もある。こちらを使うなら、例えば、茶釜をつかんでいる手の人差し指で持ち手をタップするという動作を「何らかの操作」として検知することも可能だ。XR Interaction Toolkitパッケージでも対応中であるが、ジェスチャーの設定など、格段に作業が複雑化する点と、現時点で実用的な作業をしたければ、XR Interaction ToolkitパッケージではなくQuest Integrationパッケージを使うべきであることから本書では扱わない。

Activated Event

　XR Grab Interactable ComponentのInteractable EventsにあるActivate Property群を使うことで、この仕掛けを実現できる。

　Activate Property群のActivated Event Propertyは一覧表を持ち、Game Objectがつかまれた状態で、Questのコントローラのトリガを握ると、一覧表に登録したGame Objectの指定された機能を呼び出すようになっている。このActivated Event Property一覧に、茶釜全体を上下に動かすというGame Objectの機能を登録すればよい。これで、茶釜をつかんでQuestのトリガを握ると、茶釜が上下動するようになるだろう。

茶釜全体を上下に動かす機能の作成

　とはいえ、茶釜全体を上下に動かす機能は、どこにも存在しないので、アプリ開発者側で用意することになる。開発者は、テキストエディタで、独自の機能を記述でき、それをComponentとしてGame

Objectに取り付けることができる。取り付けるGame Objectは、今回なら茶釜 Game Objectが妥当だろう。

● TeapotEngine Script

Unityでは、テキストエディタで記述された独自機能をScript（スクリプト：脚本）と呼ぶ。独自のScriptを用意し、これを茶釜 Game Objectに取り付けよう。Scriptの名前はTeapotEngineとし、Assetsフォルダ直下にScriptsフォルダを用意し、その中に置くことにする。テキストエディタで記述されるTeapotEngine Scriptの内容は、次のようなものになる。

```
using UnityEngine;
//   茶釜動力機関
public class TeapotEngine : MonoBehaviour
{
    public float impulse = 0.5f;      //   与える力の強さ
    public float hz = 10.0f;          //   周期 ［回／秒］ 与える力の方向を毎秒何回、切り替えるか
    int direction = 1;                //   力の方向 ［1：ローカル座標空間の上方向  -1：下方向］
    float nextFireTime = 0.0f;        //   次に力を加える時刻 ［秒］
    Rigidbody body;                   //   力を加えると物理的な挙動をする Component

    //   Script 起動時に1回呼ばれる
    void Start()
    {
        body = GetComponent<Rigidbody>();    // Rigidbody Component を取り出し設定
    }

    //   On/Off スイッチを押されるたびに呼ばれる
    public void SwitchPower()
    {
    }

    //   アプリ動作中、定期的に呼ばれる
    void FixedUpdate()
    {
        if (nextFireTime < Time.fixedTime)   //   次に力を加える時刻を過ぎたので力を加える
        {
            direction = -direction;          //   力を加える方向を逆転させる
            body.AddForce(transform.up * direction * impulse, ForceMode.
Impulse);   //   力を加える
            nextFireTime = Time.fixedTime + (1.0f / hz);   //   次に力を加える時刻を計算
        }
    }
}
```

●Scriptについて

　本書ではScriptの記法についての詳細な説明はしない。

　提示されたScriptを読み解くための手掛かりとして、記述のどの部分が、どのような目的で書かれているか、上のScript記述を例にして簡単に説明だけはしておくが、UnityのScriptの記法、C#に詳しくない人が、説明を完全に理解するのは難しいだろう。

　その場合、完全な理解はあきらめて、提示された内容をそのまま書き写すか、こちらから提供するScriptファイルを利用し、案内される手順をそのまま実践していってほしい。

　興味のある人のために、自習用のページを紹介しておく。

Create with Code - コードを使ってゲームを作ろう
https://learn.unity.com/course/create-with-code-jp

　本書のダウンロードページにScriptの記述法.pdfという小冊子も用意した。この章で使う、TeapotEngine Scriptを例にして、簡単なScriptの記述法を説明しておいたので、そちらも参考にしてもらえればと思う。

●Inspector画面でのProperty名、Script名表示について

　Scriptの記述法とは直接関係ないが、Scriptでpublicキーワードを付けられたPropertyの名前や、Script名の、Inspector画面での表示についても説明しておく。

　Scriptで定義したPropertyの名前は、Inspector画面で表示される際には、「先頭文字を大文字にする」、「途中に大文字があれば、手前にスペースを入れて区切る」といった一定のルールが適用されてから表示されることになる。ComponentとしてGame Objectに取り付けられたScript自体の名前は、上記ルールに加え、末尾に(Script)が追加される。

　例えば、今回のTeapot Engine ScriptはTeapot Engine (Script)と表示され、その中にpublicキーワードの付いたPropertyであるimpulseやhzがImpulseやHzと表示される。

●本書でのMethodの表記について

　本書では、Methodについて書くときはMethod名だけでなく、パラメータについての説明も付けるようにし、今回のAddForceであればAddForce (3Dベクトル, 3Dベクトルをどう扱うかの指示) というような表現を使うようにする。

● SwitchPower

それでは Teapot Engine Script の話に入ろう。

今回は、茶釜全体を上下に動かす事を On/Off する機能を Method として用意する。

Method の名前は SwitchPower とし、機能を呼び出すたびに、茶釜 Game Object について「上下に振動させる・振動を止める」を交互に繰り返すようにする。

ただし、まずは無条件に常時、上下に振動させてみよう。そのため、現段階では SwitchPower Method は呼び出しても何もおこなわない。

```
public void SwitchPower()
    {
    }
```

● 振動のさせ方

茶釜 Game Object を上下に振動させる方法は、一般の3Dアプリと変わるところはない。

いろいろな方法があり、Script 以外にも、Game Object を、あらかじめ決められた軌道に沿って位置を移動させたり回転させたりする Animator Component、もしくは Timeline Component を使う方法などがある。

ただ、今回の茶釜 Game Object には Rigidbody Component も取り付けられている。

Rigidbody Component は、Game Object に物理法則に則った動きを与えるように設計されている。できれば、その振る舞いに矛盾なく溶け込ませたい。Animator や Timeline Component と組み合わせると、予想外の動きが発生する場合がある。

● FixedUpdate

矛盾なく溶け込ませるには、FixedUpdate() で Rigidbody Component の AddForce (3Dベクトル，3Dベクトルをどう扱うかの指示) を呼び出して、茶釜 Game Object に外力を加えるのがよさそうに思える。

FixedUpdate() は、0.02秒といった決められた間隔で、定期的に呼び出される Method で、MonoBehaviour class を継承することで、アプリからの、この Method の定期的な呼び出しを保証してもらえる。

●Update

定期的な呼び出しで、もう少し一般的なものに、Update()がある。こちらは画面を更新するたびに、更新前に呼び出される。

Unityでは通常1秒間に60回ほど画面を更新しているが、必ずしも固定された間隔ではなく、画像の準備に手間取ると、それだけ呼び出し間隔はずれ込んでいく。今回、こちらは使わない。

●Start

茶釜 Game Objectが持つRigidbody Componentは、Start()でGetComponent<Rigidbody>()を使い、body Propertyに取り出している。

Start()は、TeapotEngine Scriptが取り付けられたGame Objectが、Scene内に出現したタイミングで呼び出される。

こちらもMonoBehaviour classを継承することで、呼び出しを保証してもらえる。

```
void Start()
{
    body = GetComponent<Rigidbody>();
}
```

GetComponent<Rigidbody>()は継承元のMonoBehaviour classが持っているMethodで、自分が取り付けられたGame Objectから、<>で囲んだ種類のComponentを取り出してくれる。そして、

> **Propertyの名前 = 設定値**

で、Propertyを設定できる。

これで、GetComponent<Rigidbody>()で取り出したRigidbody Componentがbody Propertyに設定される。

●FixedUpdateでの振動処理

物理現象の更新には、決められた間隔で実行されるFixedUpdate()が使われているので、今回のRigidbodyにAddForceで外力を加える処理も、こちらで実行することにした。毎回同じ方向に力を加えるのではなく、1/10秒ごとに、上に向かう力、下に向かう力を切り替えながら加えることで、茶釜を振動させよう。移動方向はdirection Propertyで管理し、振動間隔はhz Property、加える外力はimpulse Propertyで管理する。

Time.fixedTimeで現在の時間を調べ、次に方向転換用の外力を加える時間をhzから計算している。

transform.upは、Game Objectのローカル座標での上方向を示す単位ベクトルなので、これにdirectionを掛け合わせ向きを切り替え、impulseを掛けて外力の大きさを調整している。

●Scriptの作成と取り付け

実際にTeapotEngine Scriptを作成し、茶釜 Game Objectに取り付けよう。Playすれば、茶釜 Game Objectは常に上下に振動することになる。

🖊Point　初期状態のScript

Unity EditorでTeapotEngine Scriptを作成すると、初期状態で次のような記述まで用意してもらえる。そのままStart()の記述を書き加えたり、不要なUpdate()を削除したり編集していくのでもいいし、最初から書き直してもかまわない。

```
using System.Collections;
using System.Collections.Generic;
using UnityEngine;

public class TeapotEngine : MonoBehaviour
{

    // Start is called before the first frame update
    void Start()
    {
    }


    // Update is called once per frame
    void Update()
    {
    }
}
```

●手順

❶Project画面のAssetsフォルダを選び、＋をクリックして、表示されたメニューからFolderを選ぶ

❷Assetsフォルダ内に、New Folderという名前の空フォルダが作成されるので、名前をScriptsにする

❸作成したScriptsフォルダを選び、＋をクリックし、表示されたメニューからC# Scriptを選ぶ

❹Scriptsフォルダ内に、NewBehaviourScriptという名前のScriptが作成されるので、名前をTeapotEngineにする

❺TeapotEngine Scriptをダブルクリックして外部テキストエディタでScriptを記述する

- 追加モジュールで表示されたMicrosoft Visual Studio Community 2022などが起動する
- 初期状態でclass TeapotEngineの記述が用意されている

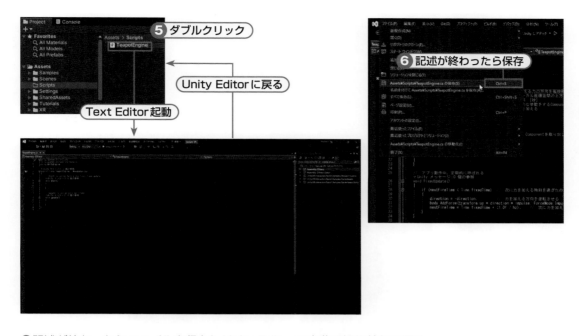

❻記述が終わったらファイルを保存しUnity Editorに自分で切り替えて戻る

❼ScriptフォルダのTeapotEngine Scriptを、Hierarchy画面の茶釜 Game Objectにドロップする

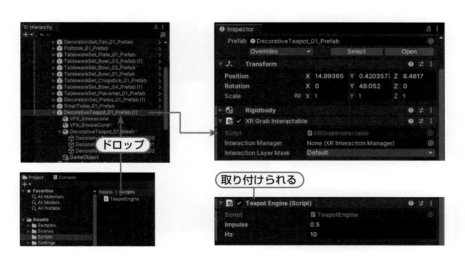

Playして確認してみてほしい。茶釜が振動しているはずだ。

●振動開始・停止用にSwitchPower()の登録

振動の開始・停止用に、茶釜 Game ObjectのXR Grab Interactable➡Interactable Events➡Activate

Property一覧に、茶釜 Game Objectと、呼び出す機能としてTeapotEngine ScriptのSwitchPower
Methodを登録する。

・手順

❶Hierarchy画面の茶釜 Game Objectを選び、Inspector画面のXR Grab Interactable➡Interactable
　Events Propertyのデスクロージャを開く

❷内部にあるActivate➡Activated (ActivateEventArgs) Property一覧にある＋をクリックし、1
　項目追加する

❸追加した項目に茶釜 Game Objectをドロップする

❹No Functionをクリックし、表示されたメニューからTeapotEngine➡SwitchPower()を選ぶ

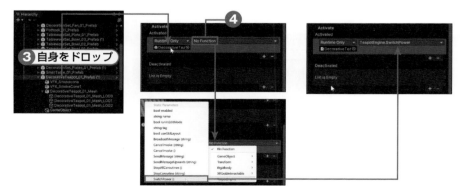

SwitchPowerでの処理

あとはTeapotEngine ScriptのSwitchPower()に切り替え操作を付ければよい。FixedUpdate()での実行を止めればいいので、power Propertyを用意し、true/falseを切り替える。

●TeapotEngineへの処理追加

```
...
public class TeapotEngine : MonoBehaviour
{
  ...
  bool power = false; //  true のときにだけ力を加える
  ...
  public void SwitchPower()
  {
      power = !power; //  true ならその逆の false、false ならその逆の true になる
  }

  void FixedUpdate()
  {
    if (!power) return;      //  power が true でないなら戻る
    if (nextFireTime < Time.fixedTime) {
      ...
    }
  }
}
```

bool型のpower Propertyは、名前の前に！を付けると、trueはfalse、falseはtrueになる。それを新しくpower Propertyに設定している。

●Scriptの更新

TeapotEngine Script をダブルクリックして外部テキストエディタで内容を修正し、保存し、Unity Editorに戻る。

Questで確認してみてほしい。Questのコントローラで茶釜をつかんで、トリガを引けば、振動が始まり、もう一度引けば振動が止まる。ただし、茶釜をつかんでいる間は振動は確認できない。振動させた状態で床に落とすと振動しているのがわかる。

Moving Type

　ここで、XR Grab Interactable ComponentのMoving Type Propertyの設定が必要となる。Moving Type PropertyがVelocity Tracking以外だと、茶釜を持っている間、茶釜の位置がコントローラに固定され振動しないからだ。また、Track PositionのVelocity Damping Property値も0.5くらいにした方がいいだろう。初期値である1のままだと振動が吸収されすぎる。

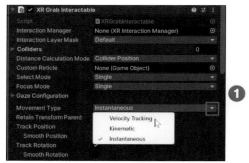

▲つかんでいる間も、茶釜がある程度動けるようにする

　Questで確認してみてほしい。つかんだあとにトリガを握れば、つかまれた状態でも茶釜が動く。

XR Interaction Toolkitについて

　本書では、VRアプリ開発をとおしてXR Interaction Toolkitの機能の一部を案内していくが、すべてを案内することはできない。興味を持った人は、次に示すサイトなどを訪れて自習してほしい。

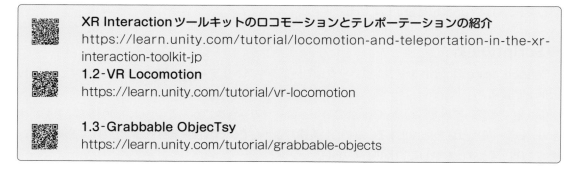

XR Interactionツールキットのロコモーションとテレポーテーションの紹介
https://learn.unity.com/tutorial/locomotion-and-teleportation-in-the-xr-interaction-toolkit-jp
1.2-VR Locomotion
https://learn.unity.com/tutorial/vr-locomotion

1.3-Grabbable ObjecTsy
https://learn.unity.com/tutorial/grabbable-objects

　行燈や花瓶にもXR Grab Interactable Componentを取り付けるとよいだろう。それぞれの設定を変えて反応を観察すると面白い。

　例えば、茶釜をつかんで花瓶を押した場合、どんな動きをするか茶釜に追加したXR Grab Interactable ComponentのMoving Type Propertyの設定を変えて比較してみるとよい。

　Velocity Tracking、Kinematic、Instantaneous、それぞれに動作が変わる。Velocity Trackingを指定したときに、茶釜のRigidbody ComponentのMass Propertyを0.1や10などとすると、かなり挙動が変わる。単位はkgとなっている。軽くすれば、動きやすくなる。

　Unityでの物理挙動制御にはNVIDIAのPhysXが利用されているようだ。

Physics
https://docs.unity3d.com/Manual/class-PhysicsManager.html

　XR Interaction Toolkitの学習には、Project画面のSamples➡XR Interaction ToolkitフォルダにあるStarter Assets➡DemoSceneも参考になるだろう。

1 開発

2 VR対応

3 VRアプリ

4 3Dモデル

5 仮想空間

6 道具

7 お祭り会場

2-15 まとめ

この章では、次のような知識について簡単に案内した。

- UnityでQuest用VRアプリを作るための設定
- 用意できる開発環境
- XR Interaction Toolkitパッケージを利用したVRアプリ開発
- XR Interaction Setup Prefab利用によるVR対応
- Teleportation Areaによる移動可能範囲の指定
- XR Grab Interactableによる仮想物の操作
- ScriptによるGame Objectの制御
- Game Objectの親子関係とローカル座標系、ワールド座標系
- ColliderやRigidbodyという、3Dアプリでも利用しているComponentの利用

　Questの場合はXR Interaction Toolkitではなく、Meta SDKパッケージを使ったVRアプリ開発も可能だが本書では扱わない。

　ハンドジェスチャやパススルーなど、Meta SDKが必要になるケースも多いが、最初のVRアプリ開発体験としてはXR Interaction Toolkitが適切だと思う。実際に体験してもらったように、VRアプリの開発は3Dアプリ開発の拡張に過ぎない。3Dモデルの扱いや、剛体物理挙動のためのRigidbodyの利用、機能拡張のためのScriptの利用などは3Dアプリ開発と変わるところはない。

本書で作るVRアプリ

実寸表示において、VRは他のメディアを圧倒する。
　その特性を体感できるよう、本書ではT-Rexを祀る架空の
神社を用意し、その例大祭に没入できるVRアプリを作って
みようと思う。5mを超えるT-Rexの大きさを自宅で体感し
てみよう。

Chapter 3

3-1 この章の目的

この章では、4章から7章にかけて取り組むVRアプリについて案内する。

アプリの概要、特徴、用意するSceneの全体図を示し、アプリを作り上げるために、このあとの章で、どのような作業をおこなうかを説明する。この案内をとおして、4章以降の内容を把握してほしい。

本VRアプリのプロジェクト名はFirstVRとするので、Quest内でのアプリ名はFirstVRとなる。

アプリの概要

今日はT-Rex星人たちの例大祭で、夕暮れどき、祖先のT-Rexを迎えて花火を上げたり、射的をしたりと無礼講で盛り上がっている。プレイヤーは、T-Rex星人に招かれ、この例大祭に参加することになった。本書では、このような設定を体験できるQuest用VRアプリをUnityのテンプレート「Universal 3D」で用意したプロジェクトを加工して作成する。

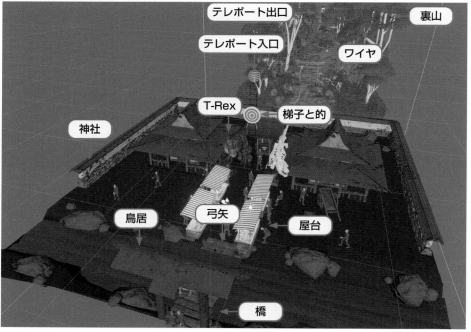

▲VRアプリの全体図

Chapter 3
3-2
作成するVRアプリの特徴

今回作成するVRアプリ（T-Rex例大祭）の特徴を次に示す。

- 神社の鳥居をくぐると、橋が架かっており、その橋の上には弓と矢が置かれている
- 橋の先は屋台が広がり、その先に本殿がある
- 屋台の屋台主や参詣者は、それぞれ勝手に動く
- 本殿の手前にはハシゴが立てられ、ハシゴの途中には的（まと）が掲げられている
- ハシゴの左右には生きたT-Rexが狛犬のように控えていて、目を見つめていると吠えかかってくる
- 矢で的を射貫けば花火が上がる
- ハシゴには登ることができ、一番上には球体（テレポート入口）が光っている
- その球体に触れると、裏山の頂上（テレポート出口）に飛ばされる
- 裏山頂上からは、ワイヤにフックを掛けて滑走して神社に戻ることになっている

▲裏山からワイヤで戻る

▲矢で的を射る

▲T-Rexが吠える

▲梯子からの眺め

1 開発

2 VR対応

3 VRアプリ

4 3Dモデル

5 仮想空間

6 道具

7 お祭り会場

3-3 このあとの章でやること

このようなVRアプリを作るには、どのような知識が必要だろうか？

4章から7章にかけて、その案内をする。ここでは、各章の内容を簡単に紹介しておくが、その際に出てきた単語がわからなくても、いまは気にしなくてよい。

章の紹介で出てきた単語は、その章で説明をしている。T-Rexや神社、人体といった3Dモデルファイルの調達方法についても案内する。通常、Unityでの3Dアプリ開発で、3Dモデルの調達先として真っ先に挙がるのは、Unityの公式サイトであるUnity Asset Storeだと思う。

Unity Asset Store
https://assetstore.unity.com/

このWebサイトは、Unity Editorからも、メニューバーのWindow ➡ Asset Storeを選べば呼び出せる公式サイトだ。Unity Asset Storeに置かれた3Dモデルは、Unityに最適化されているので使い勝手もいいのでお勧めだ。お勧めではあるが、それは2章で扱ったXR Interaction Toolkitパッケージ導入時の操作と大差がない。Unity Asset Storeの画面の指示に従って操作すれば自分のプロジェクトに取り込める。

本書では、もう少し3Dモデルファイルの扱いに対する知見を得るために、Unity Asset Storeは使わず、Unity用に加工されていない3Dモデルを利用していこうと思っている。

4章で案内すること

Unityとは無関係の、3DモデルサイトからT-Rexを調達してくる。動作付きのモデルを調達するようにし、Animator Componentを利用して、生命体として動作するようにする。調達したモデルは、そのままだとUnityで読み込めないので、Blenderという3Dモデラーを使って、読み込めるモデルに変換する。別の3Dモデルに動作を流用する方法なども案内する。

仮想空間に実寸大のT-Rexを配置して大きさを体感してみよう。T-Rexを注視していると咆哮させるにはXR Interactable Componentの機能が利用できる。咆哮時と通常時、2つの状態の遷移は

Animator Controllerの状態遷移機能を使う。3D空間音響を設定し、そのときのT-Rexの咆哮音源についても、Unity Asset Storeは使わず、無関係の音響サイトで手に入れたサウンドファイルを使う方法を案内する。

5章で案内すること

　参詣者モデルは、Make Humanという人体特化の3Dモデラーを使い自動生成する。参詣者に、境内をある程度、勝手に動き回らせるために、Unityが提供するNavMeshを利用する。進入禁止領域の設定や、移動先の設定をおこない、参詣者が余計な場所には進まないようにもする。複数の参詣者を用意したいので、数秒間隔での参詣者の生成、しばらくの境内散策、神社外に出たときの参詣者の回収をおこなう。

　参詣者の動作については、カーネギーメロン大学が提供する無料のモーションキャプチャデータを使ってみる。

6章で案内すること

　2章で案内した、Questのコントローラを使ったつかみ操作を使って、どのように弓の弦を引くかについて考える。ワイヤにフックを掛けて滑走するために、XR Interaction toolkitのComponentを拡張してみる。仮想空間へのUI要素の表示と利用についても案内する。

7章で案内すること

　光る球体を表現するために、Shader Graphを使った独自の3D描画処理を作る方法や、屋台の電球をそれらしく光らせる方法について案内する。花火にはParticle Systemを利用する。ハシゴ登りについてもここで案内するが、これは2章で案内したXR Grab Interactable Componentと同様、取り付けるだけでほぼ完了する。4章から6章までのモデルや機能を流用するために、Prefabを作り利用する。

プロジェクトの準備

Chapter 3

3-4

4章から7章の開発では、1つのプロジェクトを使う。4章以降を実践するつもりならば、各自でVRアプリ作成用のプロジェクトを用意しておいてほしい。本書ではプロジェクト名をFirstVRとし、テンプレートはUniversal 3Dとした。

プロジェクト名	目的
FirstVR	Quest用のT-Rex例大祭VRアプリを作成する

テンプレートをダウンロードしていない場合はダウンロードする。このプロジェクトでも、次のオプションは利用しないのでチェックを外した。
- Connect to Unity Cloud
- Use Unity Version Control

▲3D (URP) テンプレートによるFirstVRプロジェクトの作成

VR化

FirstVRプロジェクトに対するVR化手順は2章と変わらない。

●手順

❶アプリ実行先をAndroid Platformに切り替える

❷XR Plug-in Managerをインストールする

- XR Plug-inが利用するVR装置にOpen XRを指定する

- Universal 3D sampleテンプレートとは違い、Universal 3Dテンプレートでは、Open XRにチェックを付けたタイミングで「新しい入力システムに切り替えてよいか？　その場合、Unity Editorは再起動される」という内容の確認画面が表示される。必要な対応なので、Yesをクリックし、Unity Editorが再起動されるのを待つ

- Unity Editor再起動後の手順は変わらない。Open XRの設定をAndroid Platformについておこなう

- Android PlatformのOpen XR設定で現れるScreen Space Ambient Occlusionに関する注意（2章では、無視した）は、このプロジェクトではProject画面のAssets ➡ Settings ➡ URP Balanced-Rendererが該当する。inspector画面で、Screen Space Ambient Occlusionを無効にするか取り外す

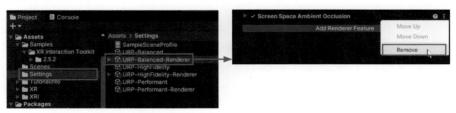

- Quest Linkを使うならPC Platformについても設定する

❸QuestアプリにするためのPlayer設定（Minimum API Levelを29以上にする）をおこなう

❹同じPlayer設定でActive Input Handling Propertyを探し、BothからInput System Package(new)に変更する。この切り替えでもUnity Editorの再起動が要求される

❺XR Interaction Toolkitパッケージをインストールする

　◦ValidateでTeleport Layer設定を行う

　◦Starter Assetsをimportする

　◦必要ならXR Device Simulatorをimportする

▲Starter Assetsをimportまで終わった状態

　テンプレートがSampleSceneを用意してくれるが、このSceneは使わない。削除してもいいし、そのままでもよい。4章では、この状態からの手順を説明する。

3-5 まとめ

この章では、本書で作るVRアプリの概要を説明した。4章から7章をとおして作り上げることになり、各章で、どのような内容を扱うかも説明した。本章で用意したプロジェクトを使い、各章で専用のSceneを用意し、独立して作業できるようにしているが、5, 6章は、いずれも4章で案内するAnimator ComponentやMesh Skinningについての知識に依存する。それらについての知識がないなら、4章を最初にやるといいだろう。7章は、4〜6章の集大成として、各章のSceneからモデルや機能を取り出し、T-Rex例大祭Sceneを作成している。

章	内容	得られる知識
4	実物大の動くT-Rexを展示する	3Dモデルの調達 3Dモデルの動作 注視への反応 (VR) 音データの調達 3D音響再生
5	群衆を自動で動かす	Make Humanを使った人体モデルの生成 NavMeshを使って、人体モデルを自立行動させる
6	遊具で遊ぶ	Questのコントローラを使った弓ひき動作 (VR) 滑り移動 (VR) 仮想空間へのUI要素の表示と利用 (VR)
7	例大祭に参加する	ハシゴのぼり (VR) 光のにじみ効果 3Dモデルの独自描画 Prefabの作成と利用

注意：(VR)とつけたものが、VRアプリに特化した知識となり、それ以外が非VRアプリも対象に含めた知識となる。

それでは、はじめよう。

3Dモデル制作
(恐竜T-Rexの制作)

この章ではT-Rexを剥製ではなく、生命体として展示する。5mを超えるT-Rexの大きさをQuestで体感しよう。

この章の目的

T-Rexの目を見ていると吠えるようにもしたい。T-Rexの3Dモデルをどう調達するか、どう動かすか、どう反応させるか？

そういったことが、この章の課題となる。

- Unityにおける物体表示のための3Dモデルについて
- T-Rex 3Dモデルの調達
- T-RexモデルファイルのUnit Editorでの利用
- VR化
- Animatorを使って3Dモデルを動かす
- 動作の追加
- 目があうと吠えるようにする
- 別モデルへの差し替え

この章で案内する3Dモデルの調達、組み込みについて

2章で案内したように、VRアプリ開発は3Dアプリ開発の拡張に過ぎないので、内容はどうしても3Dアプリ開発と重複したものとなる。目を見ていると吠える作業以外、3Dゲームを開発した人にとっては、ありきたりの作業だろう。それでも、本書の対象者は、Unityの薄い入門書を1冊読んだくらいの方と想定しているので、こういった作業の案内も価値があると考える。

Unityで直接読み込めない形式の3Dモデルを、3Dモデラーを使ってUnityで読み込める形式に変換する。そこから3Dモデルに組み込まれた動作を実行させる過程を案内することとした。

動作だけ取り出し、別の3Dモデルを使う方法なども案内しよう。

まず、2章で扱った茶釜は、コンピュータが仮想空間に物体を表示するために、その物体の3D形状情報や表面情報を持っている。

本章で展示しようと考えているT-Rexも、3Dモデルとして3D形状情報や表面情報を用意しなければならない。

個人による2Dアプリ開発では、絵心のない開発者が画面に表示するイラストをどこから調達するかを悩むように、個人の3Dアプリ開発では、仮想空間に表示する3Dモデルの調達に悩むことになる。

　一般的には、Unity公式のアセットストアから3Dモデルを調達することになるだろう。Unity Asset Storeでは、有料・無料でいろいろな3Dモデルが提供されている。予算の許す中で購入・調達してプロジェクトに組み込めばよい。

　Unity Asset Storeで提供されるものは、最初からUnityのプロジェクトに組み込む前提で用意されているので組み込みも簡単だ。ただ、求める3DモデルがUnity Asset Storeにあるとは限らない。

　その場合は、3Dモデラーを使って自力で作るか、3Dモデルを作るのが得意な知り合いに頼むか、あるいはプロへの発注となる。知り合いやプロが、3Dモデルは作れるがUnityの知識はないというなら、受け取った3Dモデルを、Unityのプロジェクトで使えるように調整する必要もある。

　調整を前提にするなら、一般的な3Dモデル提供サイトから調達してもいい。いま述べた調達方法を一覧にすると、次のようになる。

❶公式アセットストアのUnity Asset Storeから調達する
❷一般的な3Dモデル提供サイトから調達する
❸3Dモデルを作るのが得意な知り合いに頼む
❹プロへ発注する
❺3Dモデラーを使って自力で作る

　この章では❷の方法を案内する。

　❶のUnity Asset Storeなら、画面の指示に従ってボタン操作していけば、プロジェクトに3DモデルをPrefabとして組み込める。その作業は、2章のPackage Manager関係で体験済みであるし、このあとの章でも触れることがあるだろう。Unity Asset Storeは、Unity EditorのメニューバーからWindow➡Asset Storeを選ぶと案内画面が表示されるので、興味がある人は覗いてみるといいだろう。

　❸と❹の方法は、もし相手がUnityの知識を持っているなら、直接組み込み方を相談すればいいし、そうでないなら、3Dモデルを受け取ったあとにおこなう作業は❷の方法と同じになる。

　❺の方法は、自分が使う3Dモデラーのサイトでチュートリアルを探したり、入門本を買ったり、ウエブを検索するなりして学習するしかないので、本書では扱わない。

　ここでは、一般的な3Dモデル提供サイトから調達したT-Rexの3Dモデルを、プロジェクトに組み込んで利用する。T-Rexの咆哮動作が組み込まれた3Dモデルを選び、その動作も利用するようにする。その際には音もつけよう。

　Quest独自の作業としては、視線での注目を感知し、それに反応する仕組みを組み込むことにする。これには、先の章では取り上げていないXR Gaze Interactor Componentを利用する。

Unityにおける物体表示のための3Dモデルについて

　一般的な3Dモデル提供サイトから、3Dモデルを調達する場合に考慮しなければならないのは、Unityのプロジェクトへの組み込みやすさだ。「3Dモデル」のキーワードで検索すれば、3Dモデルを提供してくれるサイトは簡単に見つかるが、そのモデルがUnityのプロジェクトにそのまま組み込めるわけではない。

　Unityのプロジェクトに組み込むためには、3Dモデルとして、どんな情報があればいいのか、どのような形式で提供されていればいいのか。一度、コンピュータが計算して表示するために利用する3Dモデルについて考えてみよう。

物体表示のための3Dモデル

　物体を表示する3Dモデルは、形状情報や表面情報を持っていなければならない。

- 形状情報：仮想の3D空間の、特定位置から眺めた際に、その物体の形がどう見えるかを、コンピュータで計算できる情報として提供する
- 表面情報：物体の形状表面が、どのような質感かを、コンピュータで計算できる情報として提供する

形状情報

　形状情報の表現には様々な手法が考えられる。例えば、真球の形状なら

中心位置座標(x, y, z)と半径r

の4つの数値で、3D空間中の真球の領域を一意に表現できる。

　特定の座標(x1,y1,z1)が、真球の内部領域かどうかは、次の方程式が成り立つかどうかで判断できるので、それに基づいて表示色を変えれば、空間内に真球が出現する。

> $(x - x1)$の2乗 ＋ $(y - y1)$の2乗 ＋ $(z - z1)$の2乗 >= rの2乗

　rの2乗より大きいなら、真球の外側ということになる。このような方程式と、その方程式で使うx、y、zとrといったパラメータ値で形状を定義するものは、一般にプロシージャル（Procedural：数式や処理を組み合わせたもの）な3D形状表現と呼ばれる。

　いくつかの制御点から曲面を定義できる計算式もいろいろと提案されていて、やろうと思えば、真球に限らず、楕円や立方体、人間の顔、あらゆるものがプロシージャルで表現できる。しかし、描画先の2Dディスプレイ画面の解像度に合わせて、形状を正確にプロシージャルで描き出す処理は、3Dゲーム黎明期のコンピュータには負荷がかかりすぎた。形状によっては、1つの物体を描き出すのに数分から数日かかる場合もあった。

　表現力が高くても、高速に描画できないのでは、パーソナルコンピュータの3Dゲームとしては利用できない。そのため3Dゲームの世界では、3角形を組合せた多面体として形状を表現する、比較的高速な方法が主流となった。

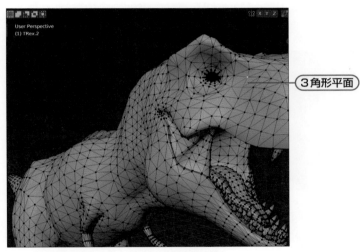

▲3D平面を定義できる最小単位なので3角形を使う

●Mesh

　3角形しか描画しないのであれば、形状情報で必要になるのは、3角形を構成する頂点座標や、どの頂点で、どの3角形を構成するかといった情報だけになる。コンピュータ・グラフィックスの世界では、このような多面体表現情報を、3D Mesh（メッシュ：網目の織物）、あるいはたんにMeshと呼ぶ。

　Unityでも、高速描画が期待できるために、3Dモデルの形状情報はMeshを基本としている。

>
> **Mesh**
> https://docs.unity3d.com/ja/560/Manual/class-Mesh.html

表面情報

では、Meshを構成する各3角形の表面は、どんな質感なのか。何色をしているのか、滑らかなのか、ざらざらなのか、半透明なのか、反射するのか。その情報が3Dモデルの表面情報となる。提供される情報には、単1色の簡単なものから、面に当たる光量から物理法則に従い導き出すためのパラメータ群といったものまで、様々なものがある。

● ShaderとMaterialパラメータ

コンピュータ・グラフィックスの世界では、このような質感情報をMaterial（マテリアル：原料、材料、生地）と呼ぶ。また、Mesh描画時に、形状情報とこの質感情報を元にして、各3角形の表面を陰影付けして描く処理部をShader（シェーダー：陰影処理担当者）と呼ぶ。

Unityでは、Shaderが使う質感情報をMaterialパラメータと呼び、Shaderと1セットにしてMaterialと呼んでいる。

例えば、本章で扱うT-Rex Game Objectに設定するMaterialを、Inspector画面で確認すると次のようになっている。

このInspector画面からは、T-Rex（厳密にはT-Rex階層下のT-Rex2）Game Objectに設定されたMaterialのShaderはUniversal Render Pipeline/Litという名前であり、そのShaderが使うMaterialパラメータにどんなものがあるかがわかる。

代表的なMaterialパラメータとしては、次のようなものがある。

- Albedo（アルベド：反射率）
  注）Inspector画面の表示でBase Mapと表示されている項目
- Metallic（メタリック：金属感）
- Smoothness（スムースネス：滑らかさ）
- Normal Map（ノーマルマップ：法線地図）

　各パラメータが、描画にどのように影響するかは、Unity公式で画像付きで詳しく紹介しているので、一度目を通すとよいだろう。

マテリアルパラメータ
https://docs.unity3d.com/ja/560/Manual/StandardShaderMaterialParameters.html

●Texture

　Meshは多面体なので形状表現力の点で制限がある。しかし、たとえ1枚の3角形平面でも、その平面上に細かい凸凹や模様を表現できればリアリティを上げることができる。

　このような3角形平面の状態を、2D画像として記録したものをTexture（テクスチャ：織地、生地）と呼ぶ。

　例えば、MaterialパラメータのAlbedoを単体の値として、平面全体に適用するのではなく、Textureの特定領域を、3角形平面に対応させて、Albedo情報として利用することで、表現の幅が格段に広がることになる。実際、T-Rex Game Objectの3Dモデルは、Materialパラメータとして、Albedo用Textureを持っている。

　Albedo用Textureを利用した場合と、しなかった場合の違いは次のようになる。

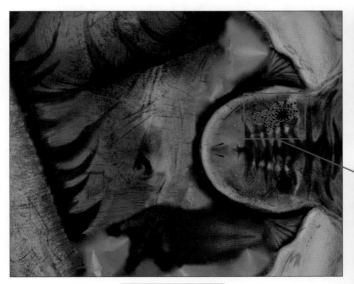

Albedo用テクスチャ

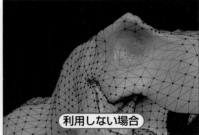

利用しない場合

利用した場合

　特にNormal MapとしてのTextureの利用は、単一平面上に疑似的な凸凹を作り出すために有効で、この場合、Textureには平面上の位置ごとの平面の向きが記録されている。

Shaderは、この平面の向きから、面に対する光の当たり具合を計算し、表面の明るさを決定することから、Normal Mapで平面の位置ごとに向きを変化させることで、本来、平坦な平面に見た目上の凸凹が発生する。

Normal Map用Textureを利用した場合と、しなかった場合の違いは次のようになる。

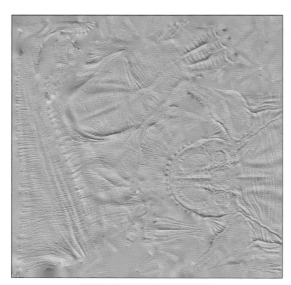

Normal Map用テクスチャ

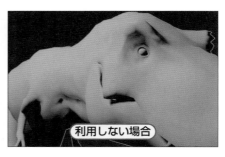

利用しない場合

利用した場合

何千枚もの3角形平面を使い、表現しなければならない表面上の凸凹を、単純な1枚の平面で疑似的に表現でき、計算時間を短縮できることから、非常によく使われている。

✎ Point　法線を使った平面の向き指定

平面の向きは、その平面に垂直な3Dベクトルで表現できる。3D空間のX,Y,Z軸を想像してほしい。Z軸の向きが決まればX軸とY軸も決まるので、XY平面が一意に決定する。XY平面に対してはZ軸という方向ベクトルが法線の向きを表し、そのベクトルの大きさを1としたもの（単位3Dベクトル）を法線と呼ぶ。

単位3Dベクトルは、X、Y、Z軸成分で構成されるが、これを2D画像ファイルの各画素の色情報である、R、G、B値の解釈をX、Y、Z軸成分値であると変えることで画素ごとの平面の向きを2D画像として記録している。「法線　面　陰影」などで検索してみるとよいだろう。

解釈の方法についても、ここで紹介した以外のやり方が色々と見つかるだろう。

最後に、代表的なMaterialパラメータへの、段階的なTextureの適用を示す。適用前と適用後の違いを見比べてほしい。

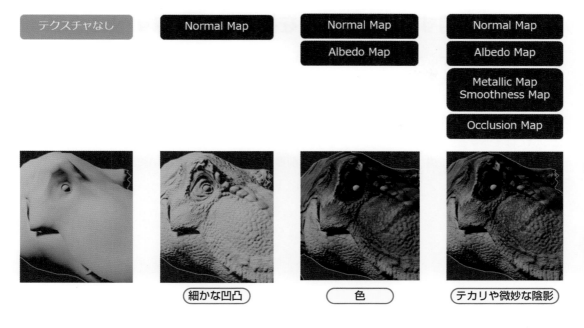

●UV座標

Meshの各3角形平面に、Textureのどの部分の色を対応させるかは、3角形の各頂点に割り当てたUV座標を使う。Textureを2D平面とみなし、横をU軸 (0-1の範囲)、縦をV軸 (0-1の範囲) として位置を指定する。そのため、Textureを扱えるMesh情報には頂点座標、3角形構成情報の他に、このUV座標情報も記録されている。

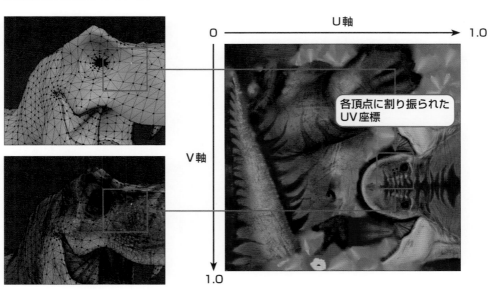

注意) 矩形のどの角が原点になるか、U軸やV軸の増加方向は設定次第で変わる。

Unityで利用する3Dモデルを探す際に考慮すべきこと

　Unityで使う3Dモデルでは、このような情報を利用することになる。形状がMeshで定義されていることは必須で、表現の幅を広げるためにMaterialパラメータとして、各種のTextureがあれば、なおよしということだ。

　その他の検討項目として、3Dモデルを動かすための動作情報が含まれているかなどもある。動作情報については後述する。

　一般的な3Dモデル提供サイトでは、このことを前提に3Dモデルを探していく。

4-3　T-Rex 3D モデルの調達

1 開発

2 VR対応

3 VRアプリ

4 3Dモデル

5 仮想空間

6 道具

7 お祭り会場

Unityで一般的な3Dモデルを利用する際には、先に説明したMeshやMaterialの他に、著作権も考慮しなければならない。

有償・無償に関係なく、人が作った物を利用する際には著作権による制約がかかる。商用利用は許されるのか、再配布は許されるのか、改造はゆるされるのか、著作権による制約には色々なものがある。

Unity Asset Storeでも、アセットを購入して自身のプロジェクトに組み込み、作ったゲームを公開することは認めているが、プロジェクトをそのまま公開して、誰でも購入したアセットが利用できる形にしてしまうことは許していない。

Creative Commons License

3Dモデルの改造や再配布まで考えるなら、License（ライセンス：認可証）がCC＝Creative Commons（クリエイティブ・コモンズ）である3Dモデルを選ぶべきだろう。

Creative Commons License について
https://creativecommons.jp/licenses/

上記URLでの説明を抜粋しておく。

CCライセンスとはインターネット時代のための新しい著作権ルールで、作品を公開する作者が「この条件を守れば私の作品を自由に使って構いません。」という意思表示をするためのツールです。

今回の3Dモデルは、改造と再配布を考えたいので、CC0またはCCByでT-Rexの3Dモデルを探すことにした。

種類	内容
CC0	改造、再配布も許す
CCBy	CC0と同じだが、元データ制作者の表示が必要

今回T-Rexを見つけたサイトは

sketchfab
https://sketchfab.com/

で、「t-rex」で検索した結果からLasquetiSpice氏の

Animated T-Rex Dinosaur Biting Attack Loop
https://skfb.ly/o9oHC

を選んだ。

・**手順**

❶ブラウザでsketchfab.comのページを開くダウンロードにはログインが必要なのでアカウントを
　持っていないならページ右上のSIGN UPボタンをクリックして登録をおこなう
❷ログインする

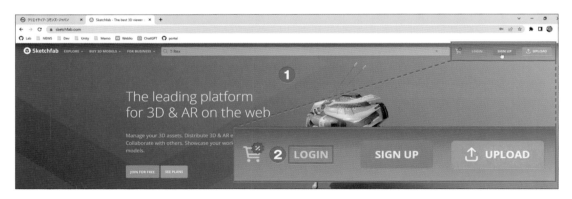

❸検索ボックスにT-Rexと打ち込み検索してみる
❹検索条件のCC BYやCC0にチェックを付ける
❺見つけたAnimated T-Rex Dinosaur Biting Attack Loopをクリックする
　◦ Animated T-Rex Dinosaur Biting Attack Loopのページが開く

⑥ページにあるDownload 3D Modelをクリックする

⑦開いたDownloadページの中からOriginal formatであるglb項目のDOWNLOADをクリックする

⑧animated-t-rex-dinosaur-biting-attack-loop.zipが自分の開発機にダウンロードされる

⑨ダウンロードされたanimated-t-rex-dinosaur-biting-attack-loop.zipを解凍（zipファイルの中身を取り出すこと）する

　◦登録された拡張子は表示しない設定だと、.zipという拡張子は見えない

　◦Windowsならファイルを右クリックし、表示されたメニューからすべて展開(T)…を選ぶ

　◦Macならファイルをダブルクリック、もしくはダウンロード時に自動的に展開される

⑩任意の場所に解凍されたanimated-t-rex-dinosaur-biting-attack-loopフォルダを置く

これで、T-Rexの3Dモデルが手に入った。

解凍してできたanimated-t-rex-dinosaur-biting-attack-loopフォルダ内の、sourceフォルダに置かれているRampaging T-Rex.glbというファイルが目的の3Dモデルファイルだ。

Windowsの場合、この3Dモデルファイルをダブルクリックすると組み込み済みの3Dビュワーが開かれ3Dモデルを確認できる。T-Rexが歩く動作が付いていることもわかる。これもあって、このモデルを選択した。

一般的な3Dモデルの情報ファイル形式

これまでに説明した、MeshやMaterial、Texture、UV座標は、3Dモデルを扱う際の一般的な概念であり、Blender、Maya、LightWaveといった3Dモデラーと呼ばれるアプリ群が、これらを取り扱うための機能を提供している。しかし、その情報を具体的にどういった形式でファイルに保存するかは、3Dモデラーごとに様々であるのが現状だ。

T-Rexの3Dモデルを調達したSketchfabサイトでは、3Dモデルを、glTF、GLB、USDZのファイル形式で提供するのが基本らしい。

Sketchfab サイトが提供する 3D モデルファイルの説明ページ
https://help.sketchfab.com/hc/en-us/articles/360046421631-glTF-GLB-and-USDZ

上記のページによると、それぞれの形式は次のように紹介されている。

●Sketchfab サイトが提供する3Dモデルファイルの主な形式

ファイル形式	拡張子	説明
glTF	.gltf	Khronos Groupによって管理されている。GoogleがAndroidのScene ViewerでAR（拡張現実）用の形式として採用している。
GLB	.glb	glTFのバイナリ形式版で、すべてのTextureとMeshデータを1つのファイルにまとめている。
USDZ	.usdz	ピクサーが作成した形式。AppleがiOS AR Quick LookのAR用のフォーマットとして採用している。

いずれの形式も、そのままではUnityに取り込めない。

　上記の形式のファイル読み込み用機能拡張が、Unity Asset Storeや、有志による追加パッケージとして提供されていたりするので、どうしてもそのまま読み込みたい場合は、Unity Asset Storeやネットを検索してみるとよい。

Unityが取り扱える形式は、いくつかあるが、FBXがよく使われている形式のようだ。

●Unityが取り扱える主な3Dモデルファイル形式

ファイル形式	拡張子	説明
FBX	.fbx	AutoDesk(Mayaの会社)が公開した3Dファイル形式。
OBJ	.obj	Wavefront Technologiesが開発した3Dモデラーが書き出す形式。
COLLADA	.dae	ソニー・コンピュータエンタテインメントがPlayStation 3とPlayStation Portable用に開発した形式で、そのあとKhronos Groupと著作権を共有する形で管理されている。
BLENDER	.blend	Blenderの標準形式。

●3Dモデル生成用の専用ソフトBlenderによる変換

　今回は、Unityのプロジェクトに読み込ませるために、GLB形式のファイルからFBX形式のファイルへ変換する必要がありそうだ。そのような場合、通常は、どちらの形式も扱える3Dモデラーを使うことになる。GLB形式のファイルを読み込んで、FBX形式でファイルを書き出せばよい。たいていの3Dモデラーがこれらの形式に対応する。そうなると、少しでも変換の差異をなくすために、FBX形式の定義元であるMayaを使いたいところだが、こちらは有料ソフトなので、代わりにBlenderを使うことにする。

●Blenderの準備

　Blenderのインストーラは、次のサイトからダウンロードできる。インストールして一度起動してみよう。

blender

https://www.blender.org/

●手順

❶Blenderをダウンロードしてインストールする

　◦ダウンロード時に「Donate to Blender」という画面が表示される場合がある。Donate（ドネート：寄付）をするしないは自由なので、各自で判断してほしい

❷Blenderを起動する

　◦初めての起動では、いくつかの設定を尋ねられる。初期設定のままでよいが、やりたければ自分の好きなように設定する

　◦初期画面は立方体が1つ配置されている

❸Blenderを終了する

　準備はこれでよい。

● Blender への GLB 形式のファイルの読み込み

まずは GLB 形式のファイルの T-Rex を読み込もう。Blender を起動し、Import で読みたいファイル を指定する。

● 手順

❶ Blender を起動する

❷ 画面右の Outliner の Cube を右クリックし、表示されたメニューから Delete を選ぶ

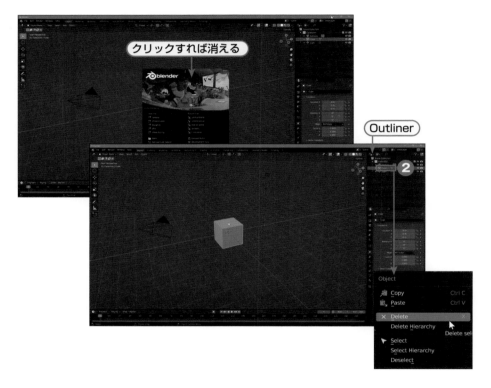

❸ メニューバーから File ➡ Import ➡ glTF(.glb/.gltf) を選ぶ

❹ Import 画面が開くので、先ほど説明した T-Rex 3D モデルファイル Rampaging T-Rex.glb を指 定する

　◦ Import 時の設定はうまく読み込めるまで調整することになるかもしれない。今回は、Bone Dir の設定に、Blender が勧めてくる Belender (best for…) ではなく Temperance (average) を 選ばないと、うまく読み込まれなかった。参考のため図に読み込み時の設定を付けておく

❺ Import glTF 2.0 をクリックする

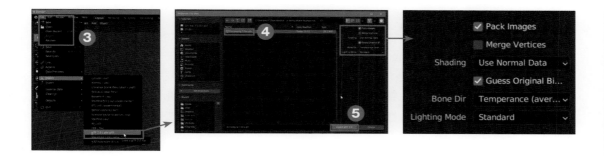

Blenderの画面上にT-Rexは出現しただろうか？

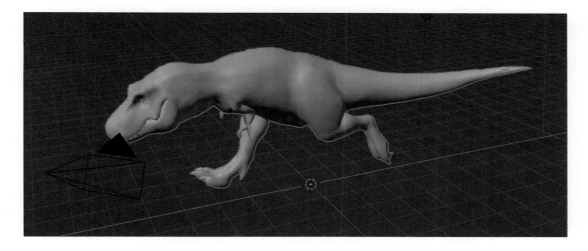

1 開発

2 VR対応

3 VRアプリ

4 3Dモデル

5 仮想空間

6 道具

7 お祭り会場

！Point　**スクロールホイール付きマウスの必要性**

　Blenderではスクロールホイールをボタンとして使うドラッグが基本となる。スクロールホイール付きマウスを持っていない場合は、視点の自由移動はあきらめ、ヘッダーメニュー操作で限定的な視点で作業を進めることになるだろう。

　メニューバーからEdit➡Preferences…を選んで、Preferences画面のInputタブでEmulate 3 Button Mouseにチェックを付ければ、Alt/Optionキー押しつつ左マウスボタンでも操作できるようになるが、他の操作と被ってしまう場合がある。詳細は各自で調べてほしい。

　Blenderに取り組むなら、安くていいのでスクロールホイール付きマウスの購入を検討した方がよい。

Blender での確認

3D ViewportのViewport Shadingのアイコンをクリックすれば、表示モードが切り替わる。表示モードにMaterial Previewを選べば、TextureなどのMaterial情報が適用された状態も確認できる。初期設定での操作は少しUnityと異なり、カメラの向きはマウスのスクロールホイールボタンドラッグでおこなう。スクロールホイールで寄ったり離れたりできるのは同じ。下に表示しているプレイボタンを押すとT-Rexは歩き出す。

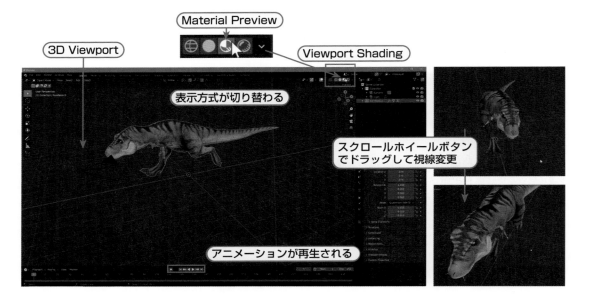

● Shading workspace

次に示す手順で、T-Rexを選んでShading workspace（ワークスペース：作業環境）で見ると、T-Rexに設定されたMaterialパラメータとShaderが確認できる。

Blenderの知識がある人は、この画面からT-RexのMaterialの構成や設定、使われている各種Textureを調べることもできるわけだ。

●手順

❶3D ViewportのT-Rexを左クリックして選択状態にする

❷メニュー横に並ぶworkspaceの一覧からShadingをクリックする

❸画面がShading workspace用のレイアウトに切り替わり、画面下部にShader Editorが表示される

❹Shader Editorで使われているShaderを確認する

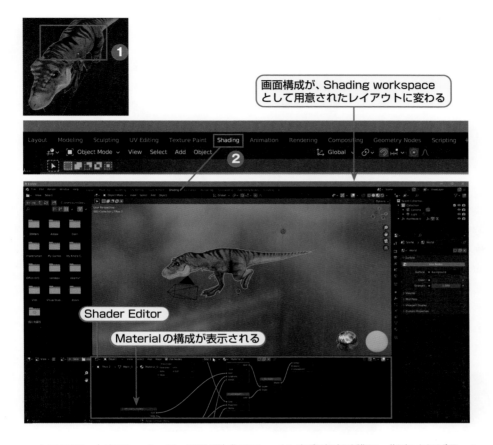

ところで、本来Blenderは、FBX形式のファイルを書き出す際に、指定すればTextureまで埋め込むことができる。Unity側でも、このFBX形式のファイルからTextureを取り出して利用できるのだが、今回のMaterialの設定のままでは、UnityはTextureを認識してくれなかった（Textureが正しく埋め込まれたかは未調査）。Unity側で、手動でMaterialにTextureを設定する必要がありそうだ。幸いなことにTextureファイルは別に提供されている。

animated-t-rex-dinosaur-biting-attack-loopフォルダ内のtexturesフォルダに置かれているファイル群がTextureファイル群だ。その点を頭に入れてFBX形式のファイル出力をおこなおう。色々な対応方法があるが、今回はTextureを埋め込まないFBX形式ファイルとして出力し、Unity側でTextureを指定する方法をとる。

> Blenderの知識のある人は、BlenderのShader Editorで、Material構成を再構成してみるのもいいだろう。うまくいけば、Unity側が認識できる形で、Textureを埋め込んだFBX形式のファイルを書き出せるようになる。
>
> 今回はUnity側でのMaterial操作を案内する目的もあるので、このままTextureを埋め込まない形でFBX形式のファイルを書き出すことにする。

Blenderからの出力

先に説明したように、FBX形式書き出しの際のオプションとして、Textureを埋め込むという設定があるが、今回は利用しない。FBX形式書き出しオプションでは、Path ModeがCopyでなければTextureを埋め込むことはない。書き出し対象の種類別ではCamera、Lampの指定を外す。T-Rexの動作も書き出すのでBake Animationにチェックを付ける。

- **手順**

    ❶メニューバーからFile➡Export➡FBX(.fbx)を選ぶ

    ❷表示されたExport画面でFBXの書き出しオプションを指定する

    ○ Path Mode: Autoを選択する

    ○ Include➡Object Types: [Empty, Armature, Mesh, Other]を選択する

    ○ Bake Animationにチェックを付ける

    ○ その他は初期設定のままとした。参考のため図に書き出し時の設定を付けておく

    ❸書き出し先とファイル名を指定する

    ○ ファイル名はT-Rex.fbxとした

    ❹Export FBXをクリックする

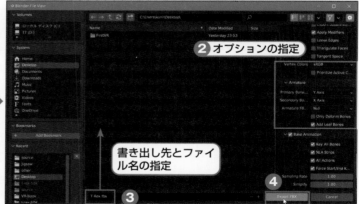

▲ Export画面

指定した書き出し先に、FBX形式のファイルT-Rex.fbxができただろうか？

T-Rex.fbxファイルができたら、Unityのプロジェクトに読みこませる。

メモリに余裕があるなら、Blenderはそのままにしておく。閉じるなら、現在の編集内容をファイルに保存して、必要になったときにそのファイルを開く。

SHIFTキーを押しながらクリックすることで追加・解除ができる

▲書き出し時の設定

T-Rexモデルファイルの Unity Editorでの利用

それでは、3章の「3-4 プロジェクトの準備」で用意したFirstVRプロジェクトをUnity Editorで開いてほしい。これ以後、最後の章までこのプロジェクトを使っていくことになる。

まずは新しいSceneを用意しよう。

新規SceneT-Rexの作成

読み込むために必須というわけではないが、T-Rex関係のファイルをまとめるために、事前にAssetフォルダ直下にT-Rexというフォルダを作っておく。新規作成したURP使用のSceneは、このT-Rexフォルダ内に置く。Scene名もT-Rexでいいだろう。

●手順

❶Project画面でAssetsフォルダを選択した状態で＋をクリックし、表示されたメニューからFolderを選ぶ

❷Assetsフォルダ直下にNew Folderという名前のフォルダが作られ、キー入力受付状態になる
　。名前記入受付状態が解除されていた場合は右クリックし、表示されたメニューからRenameを選ぶ

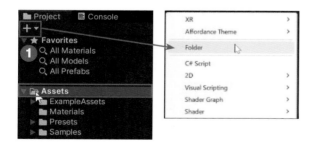

❸フォルダの名前をT-Rexに変更する

❹メニューバーから File ➡ New Scene を選ぶ

❺表示された Scene Templates in Project 画面で Standard (URP) を選ぶ

❻ Create をクリックする

❼ Hierarchy 画面、Scene 画面が新しい Scene に切り替わる

❽メニューバーから File ➡ Save を選ぶ

❾保存場所と Scene 名を何にするか聞かれるので、先ほど作った T-Rex フォルダを指定し、名前を
　T-Rex と指定する

　これで T-Rex を受け入れる準備はできた。Scene に置かれたカメラは、Main Camera Game
Object のままでよい。VR 用に変える必要はまだない。

T-Rex.fbx ファイルの読み込み

　Blender で変換した FBX 形式の T-Rex.fbx ファイルを読み込もう。

　Project 画面の T-Rex フォルダに T-Rex.fbx をドロップすると、自動的に Prefab へ変換される。

　T-Rex.fbx ならば T-Rex という名の Prefab になるはずだ。T-Rex Prefab を、Hierarchy 画面にド
ロップすれば、Scene 画面に T-Rex が出現する。

●手順

❶ Project画面のT-RexフォルダにT-Rex.fbxをドロップする
　◦ ドロップ直後に自動的にPrefabへの変換が行われる

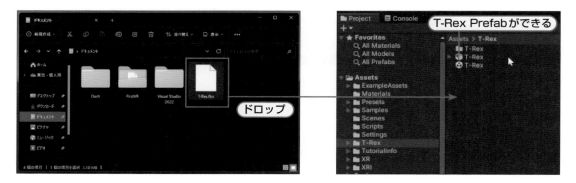

❷ 変換されてプロジェクトに配置されたT-Rex PrefabをHierarchy画面にドロップする
　◦ Hierarchy画面にT-Rex Game Objectが生成される

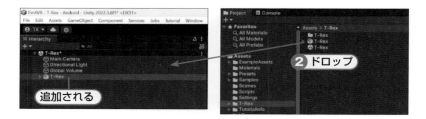

❸ 生成されたT-Rex Game Objectをダブルクリックして、Scene画面中央にT-Rexを表示させる

　これで白いT-Rexが出現したはずだ。FBX形式ファイルから、Material情報が取り出せなかったので、現在のMaterialはDefault（デフォルト：執行不可）時の設定が使われている。

・**T-Rex PrefabのMaterialの取り出し**

T-Rexは、Blenderで見たときのように模様付きにしたい。そのためには、T-Rex Prefabに内包されているMaterialを変更する必要があるが、Prefabに内包されたMaterialは加工できない。MaterialをPrefab外に取り出すことで、加工できるようにする。

●手順

❶T-RexフォルダのT-Rex Prefabを選択する
❷Inspector画面でMaterialタブを選択する
❸MaterialsのExtract Materials…をクリックする
❹展開先を聞かれるので、Project画面のT-Rexフォルダを指定する
　◦このとき、Materialタブ画面のMaterial Creation ModeはImport via MaterialDescriptionでもStandard Legacyでもよい

▲Inspector画面　　　　　　　▲Project画面

これで、T-Rexフォルダ内にMaterial0というMaterialが作成される。

Unity Editorのバージョンによっては、Material0 Materialを選ぶと、「T-Rex Prefabにおこなった変更が未適用」といった内容の確認画面が表示される。これは、T-Rex PrefabのMaterialを外に出した変更を適用するかどうかの確認なので、Saveを選ぶ。

●プロジェクトへのtexturesフォルダのコピー

　次は、T-Rex Prefabから取り出したMaterial0 Materialに、手動で各Textureを設定していく。Textureとして使う画像ファイルは、sketchfab.comからダウンロードしたanimated-t-rex-dinosaur-biting-attack-loopフォルダ内のtexturesフォルダに置かれている。

　どの画像ファイルが、Unity側MaterialパラメータのどのTextureに該当するか判断するのは、Materialの知識を得てからでないと難しいだろう。今回は、筆者がBlenderのShader Windowを選び、Shader Editorで、Material構成を調べて判断した対応表を使ってほしい。

Unity側Materiaパラメータ	Textureファイル名
Base Map	gltf_embedded_0
Metallic Map	gltf_embedded_1
Normal Map	gltf_embedded_2
Occlusion Map	gltf_embedded_3@channels=R

　設定すべきTextureの見当はついたので、texturesフォルダを、フォルダごとProject画面のT-Rexフォルダにドロップする。画像ファイルは、プロジェクトに取り込んで、管理下に置かないとTextureとして利用できない。

　これで、プロジェクトのT-Rexフォルダ内に、texturesフォルダができ、その中に利用可能なTextureが配置される。

・**Materialの設定**

最後に、T-Rex ➡ textures フォルダの中のTexture群を、T-Rex Prefabから取り出したMaterial0 に設定していく。

●手順

❶ T-Rexフォルダ内のMaterial0 Materialを選び、内容をInspector画面に表示させる

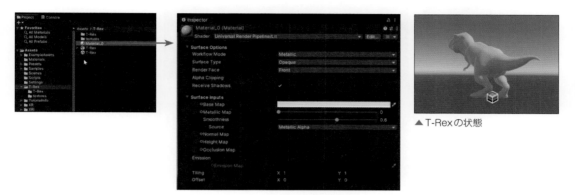

▲ T-Rexの状態

❷ Project画面の主画面で、T-Rexフォルダのデスクロージャを開き、texturesフォルダを選ぶ
　。Project画面の副画面に各Texture一覧が表示される

❸Inspector画面に表示されている、Material0 Materialの各PropertyにProject画面のTexture
をドロップしていく

　❸-1 Base Map Propertyにgltf_embedded_0 Textureをドロップする

　❸-2 Tiling Y Propertyを1から-1に変更する

✎Point　Tiling Y Propertyを1から−1に変更した理由

　texturesフォルダに収められたTextureは、UV座標のV軸が上に増加する前提の画像だった。Blenderの
UV Editorでも、オリジナルの画像と上下反転していることが確認できる。

　2D画像編集ソフトなどを使って、上下を反転させてもいいが、ここでは、MaterialのTiling Y Propertyの値を
使って対応した。この値を1から-1に変更するとUV座標のV軸増加方向を逆転できる。

---

　❸-3 Metallic Map Propertyにgltf_embedded_1 Textureをドロップする

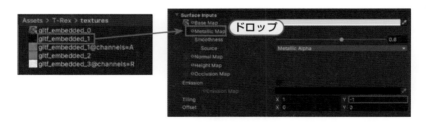

　❸-4 Normal Map Propertyにgltf_embedded_2 Textureをドロップする

❸-5 注意画面のFix Nowをクリックする

❸-6 Occlusion Map Propertyにgltf_embedded_3@channels=R Textureをドロップする

　これで、Materialの設定が完了する。先ほどScene画面上置いたT-Rexに模様が付くはずだ。Scene画面で色々な向きからT-Rexを眺めてみよう。

VR化

T-Rexに模様が付いたのを確認したら、SceneをVR対応させてQuestで確認してみよう。

床とXR Interaction Setupの追加

移動できるようにPlane Game Objectで床を用意し、2章でやったようにXR Interaction Setup Prefabをドロップする。床は中央に配置し、広くしておきたいので、Plane Game ObjectのScale Propertyをx, z軸に関して10倍にしておく。

●手順
❶メニューバーからGame Object➡3D Object➡Planeを選ぶ

❷Hierarchy画面にPlane Game Objectが追加されるので選択する
❸Inspector画面でTransformのPosition Propertyを(0, 0, 0)、Scale Propertyを(10, 1, 10)とする

作成される

❹Project画面からHierarchy画面にXR Interaction Setup Prefabをドロップする

❺Hierarchy画面のMain Camera Game Objectを削除する

Game画面の常時表示

Questを被ったときに、T-Rexをすぐ確認できるように自分の仮想体であるXR Origin (XR Rig) Game Objectの位置をT-Rexの手前に移動させておく。

XR Origin (XR Rig) Game Objectが向いてる方向にT-Rexがいるように調整しよう。この作業は、Game画面を見ながら、Scene画面やInspector画面でXR Origin (XR Rig) Game ObjectのTransformのPropertyを調整したいので、Scene画面とGame画面タブを同時に表示させたい。

Game画面タブをドラッグし、Scene画面の2/3以上右にドラッグすると、Game画面のエリアが現れる。そこでマウスを放せば、Game画面が常時表示される。あとは境界線を好きな位置にドラッグして領域を調整する。

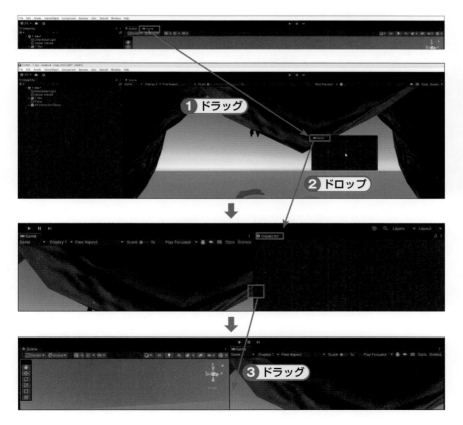

Gameタブを元の位置にドロップすれば、いつでも元の状態に戻る。

XR Origin (XR Rig) の位置、向きの調整

　Game画面が常時見えるようになったので、確認しながらXR Origin (XR Rig) Game Objectの TransformのPropertyを調整する。手順ではInspector画面のみを触っているが、Scene画面でドラッグしてもかまわない。

●手順

❶Hierarchy画面のXR Interaction Setupが内包するXR Origin (XR Rig) Game Objectを選ぶ
❷Inspector画面でTransformのPropertyを調整する
　◦ Position = (-1, 0, 5)
　◦ Rotation = (0, 180, 0)

　Game画面で、Questを被ったときに見える光景を確認できるので、いろいろ位置を試してみるとよい。XR Origin (XR Rig) Game Objectのローカル座標のZ軸方向が視線方向なので、Scene画面のTool Handle RotationはLocalにしておくと調整しやすいだろう。

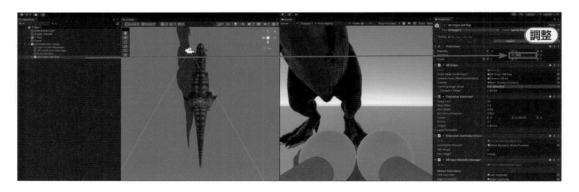

　これでQuestを被って試すと、実物大のT-Rexの剥製が目の前に現れる。

> ### ✏️Point　**Questアプリにする際の設定**
>
> 　Questにインストールする場合は、Build Settings画面のScreens in Build一覧にT-Rex Sceneを加えておく必要がある。❶Build Settings画面を開き、Add Open Screenをクリックすることで追加される。❷また、元々のSampleScene側のチェックを外しておかないと、表示されるのはSampleScene側となる。
>
>
>

Animatorを使って3Dモデルを動かす

T-Rexが剥製のままでは寂しいので、取得した3Dモデルファイルに組み込まれていたT-Rexの動作を、本アプリでも再現できるようにする。

仮想世界で、3Dモデルを動作させることは、現実感を高めるうえで重要な要素となる。

3Dモデルを動作させるための情報は、Motion（モーション：動き、身振り）やAnimation（アニメーション：生き生きさせること）と呼ばれる。

Unityアセットストアでは、Mesh、Material、Motionがセットになって販売されている場合が多い。求めるMotionがない場合は自分で作るしかないが、この場合はBlenderやMayaといった3Dモデラーが利用できる。

また、実際に人間や動物などにセンサーを装着して、Motionを取り出したものもある。

Animation Clip

Unityでは、Game Objectの動きを、Animation Clipで管理する。

Animation Clipに、どのような動きを記録するかは製作者の自由だが、ゲームといった対話的なアプリで利用する場合は、ある程度意味をなす動きごとに、Animation Clipとして記録することになる。今回のT-Rexなら、噛みつく、吠えるといった動作が、Prefabの中にAnimation Clipとして用意されている。

このAnimation Clip群は、元々の3Dモデルに埋め込まれていたT-Rexの動作を、Unityで利用できる形に変換したものだ。

今回のT-Rexのファイルには、5つの動作が記録されていた。歩く動作は、Blenderで確認したと思うが、Blenderの細かい操作は紹介しなかったので、Blenderに詳しい人以外は、他の動作の存在は気づいていなかったと思う。

Animator ControllerとAnimator Component

すでにAnimation Clipがあるのならば、あとはこのAnimation Clipを元にT-Rexを動かす仕組みがあればよい。Unityでは、そのような仕組みとしてAnimator ControllerとAnimator Componentが用意されている。

Animator Controllerは、指定されたAnimation Clip群を、状態に合わせて選別、あるいは合成し、最適な動作を決定する。

Animator Componentは、Animator Controllerの決定を元に、自分が取り付けられたGame Objectや、その子Game Objectを実際に動かす。

📝Point　**その他のAnimation Clipを扱う仕組み**

Animation Clipを扱う仕組みとしては、TimelineとPlayable Director Componentも考えられるが、相手の働きかけに対して、なんらかの動作を返すといった仕組みの実現にはAnimator ControllerとAnimator Componentが適切だろう。

Animator Controllerの作成

T-Rex PrefabのAnimation Clip群の中には、skeletal.3|idle_skeletal.3という、いかにも「ぶらぶらしている」状態の動作がある。まずは、これを使いT-Rexをぶらぶらさせてみよう。そのためにAnimator Controllerを1つ、Project画面のT-Rexフォルダ内に作成する。作成したAnimator Controllerは、関係がわかるようにT-Rexと名づけることにする。

●手順

❶Project画面のT-Rexフォルダを右クリックし、表示されたメニューからCreate➡Animator Controllerを選ぶ

❷T-Rexフォルダ内にNew Animator Controllerという名前のAnimator Controllerが作成される

❸作成されたAnimator Controllerの名前をT-Rexに変更する

❹T-Rex Animator Controllerをダブルクリックする

　。自動的にAnimator画面が開く

❺T-Rexフォルダ内のT-Rex Prefabのディスクロージャを開く

❻内部のskeletal.3|idle_skeletal.3を、Animator画面のレイアウトエリアにドロップする

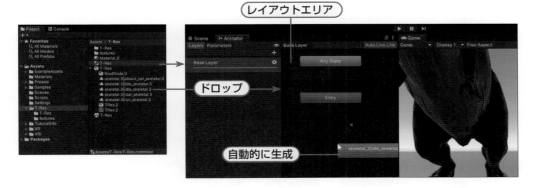

　これでT-Rex用のAnimator Controllerが用意できた。Animator画面レイアウトエリアでの、マウスによる画面操作は次のようなものがある。

画面操作	マウスでの操作
スクロール	Alt キー ＋ 左ボタンでドラッグまたはスクロールホイールボタンでドラッグ
ズームイン・アウト	Alt キー ＋ 右ボタンでドラッグまたはスクロールホイール

Animator Controllerの設定

Animator Controllerが管理する動作は、Animator画面のレイアウトエリアで確認や編集ができる。レイアウトエリアでState（ステート：状態）を作ったり、どのStateからどのStateへ、どういった条件で遷移するかなどを設定していくことで、Animator Controllerに、状況に応じた動作を決定させる。今回の手順は、この作業を次に説明するルールを使って、ある程度自動的におこなわせている。

● Animator Controllerのレイアウトエリア

まず、初期状態ではレイアウトエリアにStateは存在しない。

入り口であるEntry、出口であるExit、そして、現在どのStateであろうと無関係に、特定のStateに遷移したい場合に使う特異点であるAny Stateの3つの接続点だけが存在する。このうちEntryにつながるStateは、アプリ開始時にAnimator Controllerが選ぶStateになる。

EntryにつながるStateが存在しないと、Animator Controllerは開始時に何も動作しないことになる。

レイアウトエリアは、Animation Clipがドロップされると、自動的にそのAnimation Clipを動作として実行するStateを1つ作成するようになっている。

そして、EntryにつながっているStateが何もない場合、Animator Controllerは、新規に追加されたStateを自動的にEntryとつなげるようになっている。

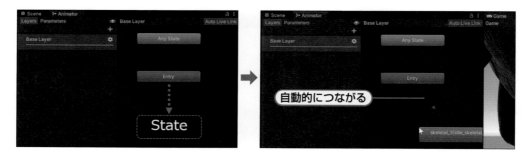

先の手順ではskeletal.3|idle_skeletal.3 Animation ClipをレイアウトエリアにドロップしてStateを作成した。これで自動的に作成されたStateはskeletal.3|idle_skeletal.3 Animation Clipを実行するように設定される。

空のStateを作っておいてから、そこにAnimation Clipを設定することもできるが、通常、Stateはこのようにして作る。

このとき、Entryには何もつながっていなかったので、自動的に作成させたStateがEntryにつなげられた。この一連の流れで、アプリ起動直後はskeletal.3|idle_skeletal.3 Animation Clipを実行するよう設定したことになる。

・State名

Animation Clipから自動生成されるStateは、Animation Clipと同じ名前になる。

今回ならskeletal.3|idle_skeletal.3だが、Animation Clip名に.が含まれる場合は、その部分は_に変換される。

Stateのタイトルに「.」が使えないことを注意している

そのためState名はskeletal_3|idle_skeletal_3となっている。そのままでもいいが、もう少しシンプルにidleとしておこう。Animator 画面レイアウトエリアでskeletal_3|idle_skeletal_3 Stateをクリックし、Inspector画面の「skeletal_3|idle_skeletal_3」を「idle」に変更する。以後「ぶらぶらする」状態をidle Stateと呼ぶ。

自動設定された名前

自動設定された Animation Clip

変更

●Animator Component

Animator Controllerは、どういう状態のときに、どういうAnimation Clipを再現するかを定義したものにすぎないので、これを読み取り、Scene中のAnimation Clipが対象にするGame Objectに適用させるComponentが必要となる。

これがAnimator Componentで、Hierarchy画面に存在するGame Objectに取り付ける必要がある。今回ならHierarchy画面のT-Rex Game ObjectにAnimator Componentを取り付ける。

そしてAnimator Componentが、どのAnimator Controllerを使うかを設定する。

📝Point **Animator Componentの取り付け先**

どのGame Objectに取り付けても機能するわけではなく、Animation Clipに動作を記録されたGame Object群と同名のGame Object群でなければ動作は適用されない。

今回ならAnimatorが参照予定のAnimator Controllerが持つStateは、T-Rex Prefabが持つAnimation Clipを使うので、動作を記録されたGame Object群と同名のT-Rex Game Objectに追加する必要がある。

●手順

❶Hierarchy画面のT-Rex Game Objectを選択する

❷メニューバーからComponent➡Miscellaneous➡Animatorを選ぶ

　○ Inspector画面にAnimator Componentが追加される

❸T-RexフォルダのT-Rex Animator Controllerを、Inspector画面Animator Componentの
　Controller Propertyにドロップする

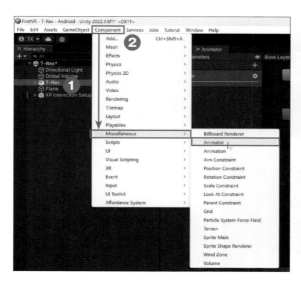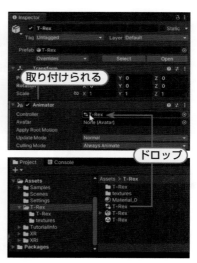

Questで確認してみてほしい。Playでもかまわない。T-Rexが剥製から生物に変わる。

Animation Clipの加工

　idle Stateの動作は、設定されたAnimation Clipを最後まで再生すると止まってしまう。最後まで実行したら、最初に戻って繰り返すようにして、ずっと動作を続けるようにしよう。これにはAnimation Clip側の設定を変える必要がある。

　T-Rex Prefabが内包するAnimation Clip群はMaterialと違い、T-Rex PrefabのInspector画面を使い、ある程度加工ができる。idle Stateが使うskeletal.3|idle_skeletal.3 Animation Clipを繰り返し再生するように変更しよう。

●手順

❶T-RexフォルダのT-Rex Prefabを選択する

❷Inspector画面のAnimationタブを選ぶ

❸画面のClips Property一覧からskeletal.3|idle_skeletal.3を選ぶ

❹Loop Time Propertyにチェックを付ける

❺Applyをクリックする

　元の Animation Clip を残したまま、新しい Animation Clip を作りたい場合は、Clips 一覧の＋をクリックしてから、上記の操作を行えばよい。選んだ Animation Clip を - で削除することもできる。名前を変えることも可能だ。

複製

選んだ項目を
複製・削除

加工元モーションを選べる

4-7 動作の追加

1 開発

2 VR対応

3 VRアプリ

4 3Dモデル

5 仮想空間

6 道具

7 お祭り会場

　T-Rexを見つめていると、怒って吠えるようにもしたくなった。そのため、T-Rex Animator Controllerに新しいStateを追加しよう。新しく追加するStateでは、吠える動作を実行するようにする。

angry Stateの追加

　まずはT-Rex Animator Controllerに「吠える」Stateを追加する。怒って吠えるので、Stateの名前はangryとしよう。

　吠える動作には、T-Rex Prefab内のskeletal.3|roar_skeletal.3 Animation Clipが使えそうだ。

●手順

❶ T-RexフォルダのT-Rex Animator Controllerをダブルクリックする

❷ 表示されたAnimator画面のレイアウトエリアに、T-RexフォルダのT-Rex Prefab内にあるskeletal.3|roar_skeletal.3 Animation Clipをドロップする

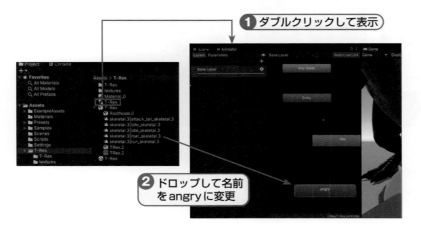

❸ レイアウトエリアに追加されたskeletal_3|roar_skeletal_3 Stateを選ぶ

❹ Inspector画面でskeletal_3|roar_skeletal_3 Stateの名前をangryに変更する

angry State、idle State間の遷移

　これだけだとangry Stateは永久に発生しない。Stateもしくは接続点との接続が必要だ。idle StateはEntryから遷移させて、実行時に無条件に発生するようにした。

　Entryの遷移先をangry Stateにすれば、実行時に無条件にangry Stateになるが、それは視線を感じたときに反応させる目的に合っていない。idle Stateからangry Stateへの遷移を用意し、angry StateのAnimation Clip再生が終わればidle Stateに遷移するようにするのが妥当だろう。

●idle Stateからangry Stateへの遷移追加

　まず、idle Stateからangry Stateへの遷移を用意しよう。ただし、これだけだと無条件に遷移する。

●手順

❶レイアウトエリアでidle Stateを右クリックして、表示されたメニューからMake Transitionを選ぶ

❷idle Stateから線が伸びる

❸線の先は、マウスを動かすとついてくるので、線の先をangry Stateの上に持って行ってからクリックする

  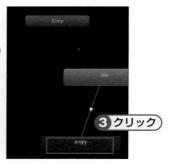

> ちなみにEntry接続点からの遷移先の切り替えでは、Entryを右クリックし、表示されたメニューからSet StateMachine Default Stateを選ぶ。あとの手順は同じ。

状態遷移の条件

設定した遷移を選んでInspector画面を見ると、Has Exit Time Propertyにチェックが付いているのと、Conditions Property一覧が空なのがわかる。遷移には「Conditions (コンデションズ：条件群) が揃えば、現状のStateから新しいStateに遷移する」といったルールがある。その際、Has Exit Time Propertyがチェックされていると、Animation Clipの特定位置から遷移するようになっている。遷移位置はSettings Propertyで設定する。いまならConditions Property一覧が空なので、Settings Propertyで指定されたAnimation Clipの位置から遷移が発生する。

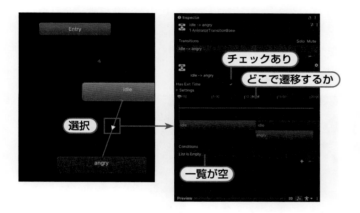

遷移条件の追加

視線を感じたときだけ遷移したいなら、Conditions Property一覧の項目に「視線を感じた」という条件が必要だ。Animator Controllerは、このような条件をParameter (パラメータ：媒介変数) として保持できるようになっている。今回は「視線を感じた」という条件を、EyesMetというTrigger (トリガー：引き金) Parameterの形で保持しよう。

T-Rex Animator ControllerにEyesMet Trigger Parameterを追加し、先ほどのidleStateからangryStateへの遷移を次のように設定する。

> ・視線を感じたら即座に遷移させたいので、Has Exit Time Propertyのチェックは外す
> ・Conditions Property項目にEyesMet Triggerを追加する

これで「視線を感じた」ときだけ、idle Stateからangry Stateに遷移することになる。

●手順

Animator画面上での続き。

❶ Animator画面のParametersタブをクリックする

❷ ＋をクリックし、出てくるメニューからTriggerを選ぶ

❸ New TriggerというTrigger型Parametersが追加されるので、その名前をEyesMetに変更する

❹ idleStateからangryStateへの遷移を選ぶ

❺ Inspector画面で次のように設定する

　❺-1 Has Exit Time Propertyのチェックを外す

　　◦「Conditions Property一覧が空では、Has Exit Time Propertyの無効化は無視される」という注意が出る

　❺-2 Conditions Property一覧の＋をクリックする

　　◦ 自動的にEyesMet Triggerが追加される

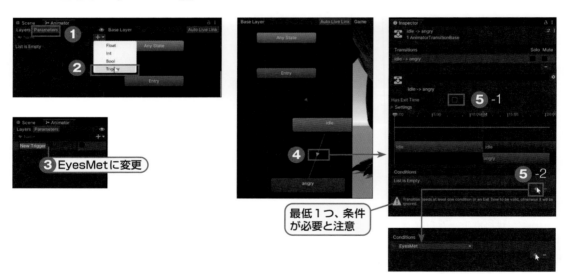

これでEyesMetというTriggerが引かれない限り、angryStateに遷移することはない。Triggerが引かれたときは、即座に遷移する。

手動でEyesMet Triggerを引く

　EyesMet Triggerを引くタイミングは、ユーザーの「T-Rexを見つめる」という動作を感知したときになるだろう。

　ここでXR Interaction Toolkitの出番となるわけだが、そのまえにEyesMet Triggerが引かれたら、ちゃんと反応することを確認しておこう。

　確認作業は、手動でEyesMet Triggerを引く作業があるので、Questを使わず開発機上でおこなう。Quest Linkを使っている場合も、Questを被らずに行えば同じことになる。

　T-Rexの動きを観察したいので、次の2つの画面が見えるようにレイアウトを調整しておく。

・EyesMet Triggerを操作するAnimator画面
・視点を自由に変更できるScene画面

　また、Animator画面では、Hierarchy画面のT-Rex Game ObjectのT-Rex Animator Controllerの状態が表示されるように、Hierarchy画面のT-Rexを選択状態にしておく。

●手順

❶Playボタンをクリックする

❷Hierarchy画面のT-Rex Game Objectを選択状態にする

❸Animator画面レイアウトエリアのidle Stateの下部に進捗バーが表示され、idle Stateの動作が繰り返されることをしばらく観察する

❹idle Stateの動作が繰り返されることが確認できたら、Animator画面のParametersタブ画面にあるEyesMet Trigger横のラジオボタンをクリックする

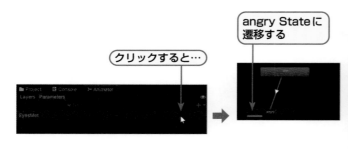

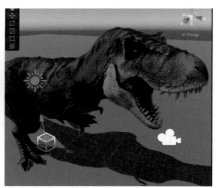

❺angry Stateの動作が1回だけ実行され、終わるとT-Rexは動かなくなる

❻T-Rexが動かなくなったのを確認したらPlayを止める

このように、一度angry Stateに遷移するとidle Stateに戻らない。angry Stateの動作を1回実行してからT-Rexは停止してしまう。指定どおりの動きだが、望ましい動きではない。

angry Stateからidle Stateへの遷移

　angry Stateの動作実行後は、idle Stateに無条件で遷移させよう。手順はidle Stateから、angry Stateに遷移をつないだ手順と同じだ。

　遷移のConditions Property一覧やHas Exit Time Propertyは、初期値である、「Has Exit Time ＝ チェックされている」、「Conditions項目 ＝ なし」のままでいい。

　仕上げの微調整として、idleStateからangryStateに遷移する際のAnimation Clipの切り替わりを滑らかにする。これはidleStateからangryStateへの遷移のSettings Propertyグループで調整する。

　切り替わり時間のTransition Durationを2秒、angryStateのAnimation Clipの最初のタメ部分を省略したかったので、遷移側開始位置Transition Offset Propertyを全体の2割程度に調整した。実際は数値ではなくタイムライン画面のバーをマウスでドラッグしながら調整している。

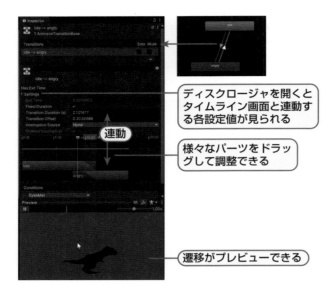

ディスクロージャを開くと
タイムライン画面と連動す
る各設定値が見られる

連動

様々なパーツをドラッ
グして調整できる

遷移がプレビューできる

・Exit Time Propertyは、Has Exit Time Propertyがチェックされている場合のみ、遷移元
Animation Clip全体を1とした比率で指定できる

・Transition Duration Propertyは、その上の項目 Fixed Duration Propertyにチェックを付ける
と秒単位、外すと遷移元Animation Clip全体を1とした比率で指定できる

・Transition Offset Propertyは、遷移先Animation Clip全体を1とした比率で指定できる

4-8 目があうと吠えるようにする

1 開発

2 VR対応

3 VRアプリ

4 3Dモデル

5 仮想空間

6 道具

7 お祭り会場

吠える準備ができたので、ユーザーの視線をT-Rexにキャッチさせよう

　視線のキャッチには、2章で紹介したXR Grab Interactable Componentといったような、各種 Interactable Componentが装備するAllowGazeInteraction PropertyとHoverイベントが利用できる。

　AllowGazeInteraction Propertyはチェックを付けると、Componentを取り付けたGame Object にコントローラが近づくか、レーザーポイントされたときに発生するHoverイベントが視線でも発生するようになる。

　2章でActivated Event Propertyに呼び出してもらいたい機能を登録したように、Hover Event Propertyに、EyesMet Triggerを引く機能を登録すればよい。

　視線が、どのGame Objectに向けられているかは、XR Gaze Interactor Componentが判断する。

　このComponentを装備したGaze Interactorという名前のGame Objectが、XR Origin (XR Rig) Game Objectに内包済みなので、あとは反応側を用意するだけでよい。

XR Simple Interactable Componentを取り付ける Game Objectの用意

　T-Rexをつかむ予定はないので、2章で使用したXR Grab Interactable Componentは使わない。 代わりにXR Simple Interactable Componentを使うことにする。

　こちらはHoverイベントなどには反応するが、つかめないInteractable Componentだ。

　取り付けるGame Objectには、反応領域を指定するCollider Componentも必要となる。Unity Editorでは、球体の領域を定義するSphere Collider Componentが最初から取り付けられた、球体 Game Objectが作れるので、これにXR Simple Interactable Componentを取り付けるようにした。

　この球体Game Objectは、T-Rex Game Objectの子供として、T-Rexの額あたりに設置しよう。

●手順

❶Hierarchy画面のT-Rexを右クリックし、表示されたメニューから3D Object➡Sphereを選ぶ。T-Rexの子供として、Sphere Game Objectが追加される

❷Scene画面上で、追加したSphere Game Objectをドラッグして、T-Rexの額あたりに位置を移動させる

XR Simple Interactable Componentで視線に反応するようにする

　追加したSphere Game ObjectにXR Simple Interactable Componentを取り付けて、Inspector画面でAllowGazeInteraction Propertyにチェックを付ける。これで、視線を感じるとHoverイベントが発生するので、このイベントに対応して、T-Rex Game ObjectのAnimator Componentが持つSetTrigger (string) という機能を呼び出すようにする。SetTrigger (string) は、指定された名前のTriggerを引く機能なので、名前にEyesMetを指定することで、EyesMet Triggerを手動で引いたときと同じことが起こる。

●手順

❶Hierarchy画面のT-Rex Game Objectの子供として追加したSphere Game Objectを選ぶ

❷メニューバーからComponent➡XR➡XR Simple Interactableを選ぶ

　。Inspector画面でSphere Game ObjectにXR Simple Interactable Componentが取り付けられる

❸XR Simple Interactable ComponentのGaze Configuration Propertyのディスクロージャを開き、表示されたAllow Gaze Interaction Propertyにチェックを付ける

❹続けてInteractable Events Propertyのディスクロージャを開き、表示されたFirst Hover Entered(HoverEnterEventArgs) Property一覧の＋をクリックする

❺追加された項目に、Hierarchy画面のT-Rex Game Objectをドロップする

❻No Functionをクリックし、表示されたメニューからAnimator➡SetTrigger(string)を選ぶ
　◦No FunctionがSetTriggerに変わり、下にテキスト入力ボックスが表示される

❼テキスト入力ボックスにEyesMetを入力する

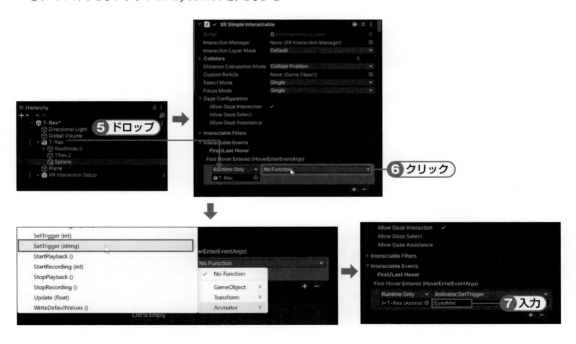

テキスト入力ボックスに入力する文字列は、SetTrigger(string)に引いてもらいたいTriggerの名前なので、T-Rex Animator Controllerに追加したTrigger Parameterの名前であるEyesMetを指定する。大文字小文字、半角全角に注意して入力すること。

Gaze Interactor、Gaze Stabilized Game Object の活性化

最後に、XR Origin (XR Rig)に内包されているGaze Interactor、Gaze Stabilized Game Objectの活性化をおこなう。

視線への対応は、この2つのGame Objectが請け負っているが、XR Interaction Setup Prefabからの生成時は活性化されていない。

各Game Objectを選んで、Inspector画面で名前左横のチェックボックスにチェックを付けると活性化される。

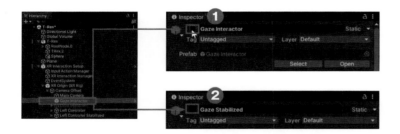

Questで確認してほしい。T-Rexに頭付近にある球体を見ているとT-Rexが吠える。

球体をT-Rexの頭に追随させる

これでも十分目的は果たすが、Playで観察していると、T-Rexが頭を横に振ったときに球体がついてこない。球体はT-Rexの頭と一緒に動くようにしよう。

Hierarchy画面のT-Rex Game Objectのディスクロージャを開いていき、bn_Head.10 Game Objectを見つけてほしい。Hierarchy画面のSphere Game Objectをドラッグし、見つけたbn_Head.10 Game Objectの子供として再配置する。これで、球体はT-Rexの頭と一緒に動く。bn_Head.10 Game ObjectはT-Rexを動作させるための構成要素の一部で、一般にBone (ボーン：骨) と呼ばれている。Boneについては「4-10 別モデルへの差し替え」で改めて説明する。

> **補助**
>
> bn_Head.10 Game ObjectのT-Rex Game Objectからの階層を以下に示す。
>
> T-Rex ➡ RootNode.0 ➡ skeletal.3 ➡ bn_Spine.4 ➡ bn_Spine1.5 ➡ bn_Spine2.6 ➡ bn_Neck.7 ➡ bn_Neck.1.8 ➡ bn_Neck.2.9 ➡ bn_Head.10

不要な表示の削除

　ここまで確認できたら球体の表示は不要だ。球体が持つSphere Collider Componentは必要だが、表示自体は必要ないので、Hierarchy画面のSphere Game Objectを選び、Inspector画面のMesh Renderer Componentを不活性にする。

　Mesh Renderer ComponentはMeshを画面に表示するComponentなので、Inspector画面でMesh Renderer Component左横のチェックを外して不活性化すると画面から球は消える。XR Simple InteractableやSphere Collider Componentは活性化されたままなので、これで視線での反応は残したまま、球体だけが消えることになる。

動作音の追加と3D化

　吠えかかるときに咆哮音も加えたい。3Dアプリの場合、どの位置で、どこの音を聞いているかも重要になる。自分の右に川があるなら、川のせせらぎは右耳から聞こえてほしい。そのためUnityでは、仮想空間内の音を聞き取るAudio Listener Componentが用意されている。Scene作成直後は、Main Camera Game Objectに追加されていて、見ている位置が、聞き取る位置になっていた。こちらは削除してしまったが、同じようにXR Origin (XR Rig)が内包するMain Camera Game Objectにも、Audio Listener Componentが追加されている。聞き取る準備はできているので、あとは仮想空間内で音を発生させるだけとなる。

咆哮の調達

　こちらもCC0、CCBYのライセンスのサウンドファイルを探してみよう。

freesound.org
https://freesound.org

　というサイトを、キーワード「T-Rex」で検索すると、色々な咆哮が手に入る。今回はTrex roar.wavを使わせてもらうことにした。

Trex roar.wav
https://freesound.org/s/96223/"96223__cgeffex__trex-roar.wav" © CGEffex (Licensed under CC BY 3.0)
https://creativecommons.org/licenses/by/3.0/

●手順

❶ Webブラウザでfreesound.orgを開く

❷ ダウンロードにはアカウントが必要なので、作成していなければ作成する。作成していればログインする（画面右上の「Log in」でログイン、「Join」でアカウント作成できる）

❸「T-Rex」のキーワードでサイト内を探す

❹ Trex roar.wavを見つけたのでダウンロードする

 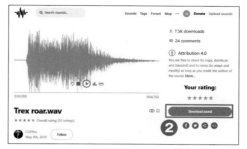

　ダウンロードフォルダには96223_cgeffex_trex-roar.wavという名前のファイルがダウンロードされた。3Dモデルファイルに形式があったように、サウンドファイルにも形式がある。今回のファイルはWAV形式のファイルのようだ。

Audio Clip

　WAVやAIFF、OGG、MP3形式のファイルは、プロジェクトにそのまま取り込むことができ、Audio Clipとして配置される。

 Audio Clip
https://docs.unity3d.com/ja/2021.3/Manual/class-AudioClip.html

　ダウンロードした96223_cgeffex_trex-roar.wavファイルをUnity EditorのT-RexフォルダにドロップしてAudio Clipにしよう。これでT-Rexフォルダに96223_cgeffex_trex-roar Audio Clipが追加される。

96223__cgeffex__trex-roar Audio Clipを選択して、Inspector画面のPlayをクリックすればサウンドを確認することもできる。

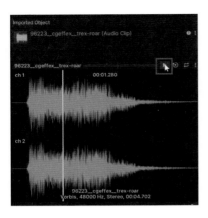

Audio Source Component

　Audio Clipを再生するにはAudio Source Componentを利用する。

　音を発生させたい位置にある、任意のGame Objectに取り付け、AudioClip PropertyにAudio Clipを設定すればよい。

　今回の場合、T-Rexの咆哮なので、T-Rexの頭部から音が出た方がいいだろう。視線感知用に用意したSphere Game Objectと同じ位置がよさそうなので、親のbn_Head.10 Game Objectの子供として、Audio Source Componentが取り付けられたGame Objectを新しく追加しようと思う。

　Sphere Game ObjectにAudio Source Componentを追加する方法もあるが、独立したGame Objectにしておけば、あとで簡単に音源だけ移動できて都合がいいだろう。

●手順

❶Hierarchy画面のT-Rexが内包するbn_Head.10 Game Objectを右クリックし、表示されたメニューからAudio ➡ Audio Sourceを選ぶ

　。Audio Sourceという名前のAudio Source Component付きGame Objectが、bn_Head.10 Game Objectの子供として追加される

❷追加されたAudio Source Game Objectを選ぶ

❸Inspector画面のAudio SourceのAudioClip Propertyに、T-Rexフォルダにある96223__ cgeffex__trex-roarをドロップする

Audio Source Componentの初期設定では、起動直後に自身のAudioClip Propertyに設定された Audio Clipを再生するようになっている。そのため、Unity EditorでPlayすると、直後に咆哮が鳴り 響く。

TRexRoar Script

今回の場合、見つめたときに吠えるようにしたいので、そのタイミングで音を鳴らしたい。その場合、 音再生を制御する次のようなScriptが必要になる。名前はTRexRoarとした。

```csharp
using UnityEngine;

//   T-Rex の咆哮
public class TRexRoar : MonoBehaviour
{
    //   音源
    //   注）TRexRoar Script と同じ Game Object に取り付けている
    AudioSource audioSource;

    //   Script 起動時に１回呼ばれる
    void Start() {
        // AudioSource Component を取り出し設定
        audioSource = GetComponent<AudioSource>();
    }
```

```
    //    咆哮させる時に呼ばれる
    public void Roar()
    {
        audioSource.Play();          //    音源を再生する
    }
}
```

　利用するAudio Source Componentは、TRexRoar Scriptを取り付けたGame Objectに取り付けられているものとし、

```
audioSource = GetComponent<AudioSource>();
```

で取り出している。そしてvoid Roar() Methodでは、

```
audioSource.Play();
```

で、取り出したAudio Source Componentに自身のAudio Clipの再生を指示している。
　このようにGetComponentを使うならば、TRexRoar Scriptは先ほど作ったAudio Source Game Objectに取り付ける必要がある。
　これでTRexRoar ScriptのRoar()を呼び出すと、Audio Source Game Objectに追加されているAudio Source Componentの音源が再生できる。

●TRexRoar Scriptの取り付けとRoar()呼び出し

　TRexRoar Scriptを作成し、先ほど作ったAudio Source Game Objectに取り付ける。そのあとSphere Game ObjectのXR Simple Interactable➡Interactable Events➡First Hover Entered(HoverEnterEventArgs) Propertyの一覧に項目を追加して、TRexRoar ScriptのRoar()を呼び出すようにする。Audio Source Componentの自動再生は不要なので無効にしよう。

🖉注意

　ここで紹介する手順は、次の手順❸の「Play On Awake Propertyのチェックを外す」作業以外は読むだけにして実践しなくてもよい。
　このあと、このTRexRoar Scriptは修正し、取り付け先もAudio Source Game ObjectからT-Rex Game Objectへと変更することになる。
　実践は、1ページちょっと後の「Animation Eventを使ったAnimation Clipとの連動するための準備」からでもいいだろう。

●手順

　T-Rexフォルダ内にTRexRoar Scriptを作成編集済みとする。作成方法や編集方法は2章で案内している。

❶T-RexフォルダのTRexRoar Scriptを、Hierarchy画面のAudio Source Game Objectにドロップする

❷Hierarchy画面のAudio Source Game Objectを選ぶ

　○Inspector画面にはTRexRoar Scriptが追加されている

❸Inspector画面でAudio Source➡Play On Awake Propertyのチェックを外す

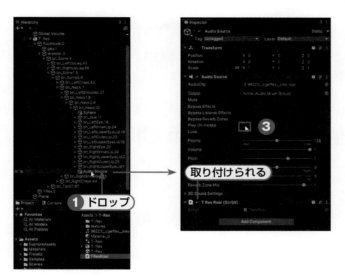

❹Hierarchy画面のSphere Game Objectを選ぶ

❺Inspector画面で「XR Simple Interactable➡nteractable Events Property」のディスクロージャを開き、表示されたFirst Hover Entered(HoverEnterEventArgs) Property項目の「＋」をクリックする

❻新しく追加された項目に、Hierarchy画面のAudio Source Game Objectをドロップする

❼No Functionをクリックし、表示されたメニューからTRexRoar➡Roar()を選ぶ

　○No FunctionがTRexRoar.Roarに変わる

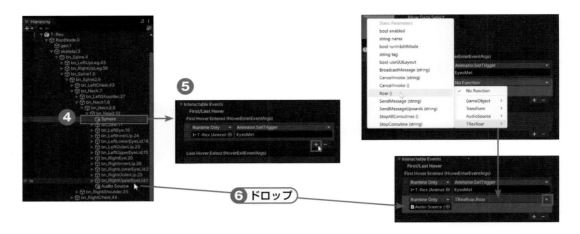

これで、吠える動作と同時に咆哮の声が鳴るようになる。この確認は視線入力が必要なので、Quest を使う、またはシミュレータを使うことでないと確認できない。

Animation Eventを使ったAnimation Clipと連動するための準備

実際に確認した人は、動作と音にずれがあることがわかると思う。

動作と音を正確に合わせたいなら、Animation Clip中の任意の再生位置でTRexRoar ScriptのRoar()を呼び出すようする。

3Dゲームで、歩く動作に足音を連動させるといったときによく使う、Animation Eventを利用した手法だ。

●Animation Event

Animation Eventは、XR Grab InteractableやXR Simple Interactable Componentで使った、ActivatedやHoverイベントと同類で、イベント発生時に指定された機能を呼び出す仕組みになっている。Animation Eventの場合は、Animation Clipプレイ時に、指定された再生位置を通過したときがイベント発生時となる。Animation ClipのT-Rexが口を開けたところにAnimation Eventを設置すれば、そのタイミングで指定した機能が呼び出せる。呼び出す機能としてTRexRoar ScriptのRoar()を指定してやれば、口を開けたところで音が鳴るようにできるだろう。

ただし、Animation Eventの場合、Animation Eventが呼び出す機能は、Animation Clipを実行するAnimator Componentが取り付けられたGame Objectが持っていなければならない。そのため、TRexRoar Scriptは、Audio Source Game Objectではなく、T-Rex Game Objectに取り付ける必要がある。

●TRexRoar Scriptの更新

　TRexRoar ScriptをAudio Source Game Objectではなく、T-Rex Game Objectに取り付けるなら、GetComponent<AudioSource>()ではAudioSource Componentを取り出せない。T-Rex Game ObjectにはAudioSource Componentは取り付けられていないためだ。

　代わりにGetComponentInChildrenを使うなどの方法もあるが、今回は次のようにaudioSource Propertyの公開レベルをpublicにし、Inspector画面でAudio Source Game Objectが持つAudio Source Componentを指定するようにする。

```
using UnityEngine;

//   T-Rexの咆哮
public class TRexRoar : MonoBehaviour
{
    //   音源（Inspector画面で設定される必要あり）
    public AudioSource audioSource;

    //   咆哮させる時に呼ばれる
    public void Roar()
    {
        audioSource.Play();          //   音源を再生する
    }
}
```

●Animation ClipへのAnimation Event追加

　また、動作に使用するAnimation Clipに、TRexRoar ScriptのRoar()を呼び出すためのAnimation Eventを設定する必要がある。T-Rex Prefabを選び、Inspector画面でskeletal.3|idle_skeletal.3のLoop Time Propertyを変更したときと同じような手順で、Animation Eventを設定できる。

●Script差し替えと設定

　最初に、先ほどAudio Source Game Objectに取り付けた人のためにTRexRoar Scriptを、T-Rexへ取り付け直す手順を示しておく。取り付けていないなら、1～4の手順は不要。TRexRoar Script自体は修正済みとする。

●手順

❶Hierarchy画面のSphere Game Objectを選ぶ

❷Inspector画面で「XR Simple Interactable ➡ Interactable Events Property」のディスクロージャを開き、先ほど追加したFirst Hover Entered (HoverEnterEventArgs) Property項目を選んで、

「−」をクリックして削除する

❸Hierarchy画面のAudio Source Game Objectを選ぶ

❹Inspector画面のTRexRoar (Script)の右端のMoreメニューをクリックし、Remove Component を選ぶ

❺T_RexフォルダのTRexRoar Scriptを、Hierarchy画面のT-Rexへドロップする

❻Hierarchy画面のT-Rex Game Objectを選ぶ

❼Inspector画面に追加されたT Rex Roar (Script)のAudio Source Propertyへ、Hierarchy画 面のAudio Source Game Objectをドロップする

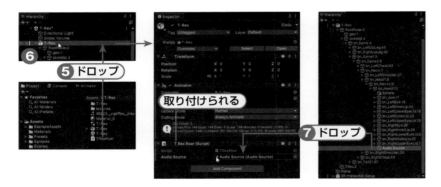

skeletal.3|roar_skeletal.3 Animation Clipの編集

あとはskeletal.3|roar_skeletal.3 Animation Clipの任意再生位置に、Animation Eventを設定す ればよい。試しにEventsの目盛り0.33の手前ぐらいで呼び出すようにしてみよう。

●手順

❶T_RexフォルダのT-Rex Prefabを選び、Inspector画面のAnimationタブを選ぶ

❷Animation Clip一覧が出るのでskeletal.3|roar_skeletal.3を選ぶ

❸ Inspector画面で、Events Propertyのデスクロージャを開く

❹ Previewのスライダーを動かし、Animation Eventを設置したい再生位置を探す

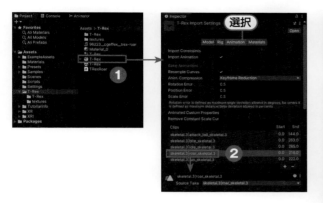

❺ Add eventをクリックする

　◦ Previewで表示している再生位置にAnimation Eventのマーカーが付く

　◦ マーカーの下のProperty群が編集可能になり、Function PropertyがNew Eventとなっている

❻ Function PropertyをRoarに変更する

❼ Applyをクリックする

　Playで確認してほしい。Animator画面で、無理やりEyesMet Triggerを引けば、口が開く動作に合わせて吠える。うまく音と動作が合わないなら、再びT-Rex Prefabを選び、Inspector画面のAnimationタブ画面で、追加したAnimation Eventマーカーをドラッグして調整しよう。Applyをクリックすれば、変更が反映される。

こちらの表示は秒単位となっている

連動する

ドラッグで位置調整できる

こちらの表示はAnimation Clip全体を0.0～1.0とした単位となっている

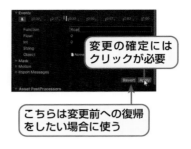

変更の確定にはクリックが必要

こちらは変更前への復帰をしたい場合に使う

📝 **注意**

idle Stateからangry Stateへの遷移時に、Animation Clipの前半2割をスキップさせているため、Events側の目盛りで0.2より前にマーカーを置くとEventは発生しない。

音の3D化

Questで確認した場合は、音の発生位置について、特に頭部から出ているようには感じないだろう。仕上げとして、音がAudio Source Game Objectのある場所から出るようにしよう。Audio Source ComponentのSpatial Blend Propertyを3D寄りに設定するだけでよい。

●手順

❶Hierarchy画面のAudio Source Game Objectを選択する

❷Inspector画面のAudio Source➡Spatial Blend Propertyのスライダーを3D側に寄せて「1」にする。

Questで確認してほしい。Audio SourceをT-Rexに取り付けたので、自分とT-Rexの位置関係で、遠くから見つめたときと、近くから見つめたときとで咆哮音の大きさが変わる。

4-10

別モデルへの差し替え

　今回利用した3Dモデルの動作は、その仕組みから、別のMeshに割り当てることができる。同じ動作を使い、T-Rexの化石を動かしてみるのはどうだろうか？

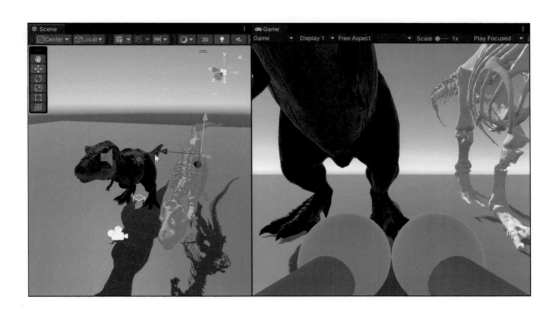

3Dモデルが動く仕組み

　3Dモデルが動く仕組みは、映画の仕組みと同じく、脳の錯覚を利用している。映画では1/30～1/60秒ごとに、少しずつ異なる画像に切り替えることで、その差異を脳に「動いている」と錯覚させている。今回のT-Rexの3Dモデルの場合は、1/30～1/60秒ごとにMeshを少しずつ変形させている。

●Frame

　この1/30～1/60秒ごとに用意される映像をFrame（フレーム：枠、コマ）と呼ぶ。同じ歩くという動作にしても、1秒間に8コマの映像で動かすより、120コマで動かす方が滑らかに動く。

　この1秒間に何コマで動かすかを、Frame rate（レート：割合）と呼び、単位にFPS＝Frames Per Second（パー・セコンド：毎秒）を使う。

例えば、先ほどの「1秒間に8コマの映像で〜」という内容は、「Frame rateが8 FPSの動作より、120 FPSの動作の方が滑らかに動く」と表現する。

●Key frame

できるだけ、高いFrame rateで動作を記録したいわけだが、すなおに高Frame rateで全Frameに、そのときの3Dモデルの形状を記録していたのでは、コンピュータのメモリ資源を浪費してしまう。通常は、もう少し、実用的で使用メモリ量を抑えられるよう、Key frame（キーフレーム：手掛かり、基準とするコマ）と呼ばれる、動作の特徴をとらえたFrameのみ記録しておき、その間のFrameにおける3Dモデル頂点座標は、Key frame間の頂点座標を時間で補間して作り出す手法が使われる。

●Morphing

コンピュータグラフィックスの世界では、このような頂点補間操作をMorphing（モーフィング：変形）と呼ぶ。また、Key frame限定といっても、今回のT-Rexのような複雑なMeshの全頂点を記録するのは大変な作業で、もう少し容量を減らす手法もよく使われる。

●Skinning

Meshを構成する頂点群とは切り離した、Bone（ボーン：骨）と呼ばれる、ローカル座標軸群（Unityの位置や回転、スケール情報だけ持つEmpty Objectを想像してほしい）を用意し、そのローカル座標軸群に追随させて、関連付けたMesh側の頂点群を移動させる手法だ。あとで、BlenderでBoneとMesh側の頂点群の関連付けの確認方法を案内する。

動作として記録するのは、Mesh側の頂点群ではなく、Bone情報群のみにしておき、動作の再現時は、Mesh側頂点群を、動作再現されるBoneにまとわりつく皮膚のように追随させる。このために、この手法をSkinning（スキニング：皮張り）と呼ぶ。Bone自体は画面上に表示されることはない。1つのBoneに、たくさんのMesh側頂点を関連付けることで、動作記憶に必要なメモリ量を減らしている。BoneからMeshの頂点群への影響量はWeight（ウエイト：重み）として、Mesh側の各頂点ごとに記録されている。また、Bone側の動作自体にMorphingを使うことで、よりメモリ量を減らしたりもしている。

●T-Rexに使われているSkinning

膝や足首の位置や回転程度の情報で、それなりに動かせる人体の動作などに、Skinningが利用される。例外的に、顔の表情のような、口角や眉、瞼といった細かな頂点の動作では、Skinningを使わずにMeshの頂点群をMorphingしたりする場合もあるが、今回のT-RexではSkinningが利用されている。そのためBoneを残して、Mesh側を差し替えれば、別の形状のMeshに同じ動作をさせることができる。

Blender での Bone の確認

　まず、BlenderでBoneを確認してみよう。Blenderを起動し、T-Rexを読み込んだ状態から始める。実はMeshからはみ出したBoneがいくつか見えている。

　BoneはローカルΆ標軸情報でしかないので通常は表示されないが、BlenderにはBone間の関係性情報も含めた視覚情報として表示する機能がある。

いくつかのBoneはMeshからはみ出して、すでに見えている

　もう少しよく見えるように表示設定でBoneが常時手前に表示されるようにしよう。そのうえで、Timelineでアニメーションさせると、Boneの動きが観察できる。

●手順

❶Layout workspaceを選ぶ
❷OutlinerのRootNode.0の中にあるskeletal.3を選ぶ
❸PropertiesにDataタブが表示されるので選択する
❹Dataタブ画面のViewPort Display➡In frontにチェックを付ける
❺BoneがMeshの手前に表示される

> ✏️注意
>
> 　Boneの表示も、Dataタブ画面のDisplay Asで変更できる。本書ではOctahedralを選んでいるが、各人の好みの表示に変えてよい。

これで、Timelineの現在位置インジケータをドラッグすればBoneの動きを観察できる。動作として記録されているのは、このBoneの動きだけだ。

Weightの確認

　この状態で、最初にOutlinerのskeletal.3、TRex.2を順に選び、3D ViewportをWeight Paintモードにすると、どのBoneが、どのMeshの頂点群に影響しているかが確認できる。

●手順

❶ Outlinerのskeletal.3をクリックする

❷ Controlキーを押しながらTRex.2をクリックする

❸ 3D ViewportのモードをWeight Paintにする

　Weight Paintモードでは、Controlキー（注：Version 4からは Alt キー）を押しながら任意のBoneをクリックすると、そのBoneに影響するMesh領域の色が表示される。強く影響する領域は赤、影響しない領域は青になる。強さに応じ赤から黄、そして青に変わる。

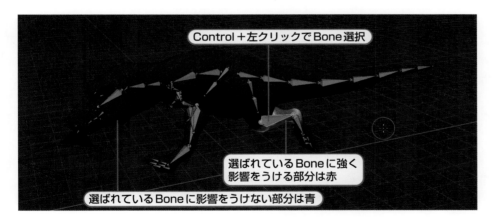

　そのままクリックやドラッグをすると、筆塗りの要領で、Mesh領域が赤色に塗られていく。赤色のMesh領域は、現在選択中のBoneの影響を受けるようになる。Timelineの現在位置インジケータをドラッグすれば、影響の状態もよくわかるだろう。

　Undoを利用しながら、いろいろ試すとよい。どうしようもないときは、保存せずに終了し、再度読み直してほしい。

左クリック・ドラッグで高い影響度（赤色）を塗っていくと、即座にBoneの影響を受けMeshが変形する

Wire frame表示に変更した

別3Dモデルへの動作の流用読み込み

　Skinningの利点には、動作を記録する頂点数の節約もあるが、BoneとMeshを関連付け直せば、別のMeshに動作を流用できるということがある。先のサイトsketchfabから、T-Rexの別Meshをダウンロードして、これを割り付けてみよう。

Tyrannosaurus Rex - AMNH [50k]
https://skfb.ly/6Uqx6"Tyrannosaurus Rex - AMNH [50k]" (https://skfb.ly/6Uqx6)
by Thomas Flynn is licensed under Creative Commons Attribution
(http://creativecommons.org/licenses/by/4.0/).

　違いをはっきりさせるため、T-Rexの化石を選択してみた。いくつかあるファイル形式からは、オリジナルの形式を選択し、OBJ形式とした。tyrannosaurus-rex-amnh-50k.zipというファイルがダウンロードされ、解凍するとフォルダになり、その中のsourceフォルダ内にあったt-rex-50K.zipを解凍すると、次の構成になった。

✐注意　圧縮ファイルの中に圧縮ファイル

　このように圧縮ファイルを解凍したフォルダの中に、圧縮ファイルが含まれることがたまにあるので、注意してすべてを解凍する。

```
tyrannosaurus-rex-amnh-50k/
    source/
        t-rex-50K/
            t-rex-50K.mtl
            t-rex-50K.obj
            t-rex-50K_u1_v1.jpg
            t-rex-50K_u1_v1_ao.jpg
            t-rex-50K_u1_v1_normal.jpg
    texture/
        internal_ground_ao_texture.jpeg
        t-rex-50K_u1_v1_ao.jpeg
```

t-rex-50K.objの読み込み

　この中のt-rex-50K.objがOBJ形式の3Dモデルなので、BlenderにImportし、今のBoneに新しいMeshとして割り付けてみる。そのため古いMeshの方は削除する。

　精密にやるならば、BoneごとにMeshの各頂点の重み付けをおこなうが、今回は自動割り当てのみで済ませる。

　手順は、元々のMeshの削除、新しいMeshの読み込み、Boneへの新しいMeshの位置合わせ、自動割り当てとなる。ただ、Boneへの新しいMeshの位置合わせについて、ページ数の制限で詳細を案内することができない。

　手順は実践せずに読むだけとし、自分のUnity Editorには、こちらがダウンロードページで提供する割り当て済みのFBX形式ファイルを使ってもらいたい。

　もちろん、ここでの説明を元に自力でBoneにMeshを割り当ててみてくれてもよい。Blenderに慣れていない人には説明不足な内容なので、失敗するかもしれないが、実践してみることで得られる情報は多いと思う。

●手順

❶3D ViewportのモードをObjectに戻しておき、OutlinerでT-Rex.2を選択する

❷キーボードのXキーを押し下げて削除する（T-Rex.2右クリックで表示されるメニューからDeleteを選んでもよい）

❸ メニューバーからFile ➡ Import ➡ Wavefront(.obj)を選び、読み込みファイルとしてt-rex-50K.objを指定する

読み込まれたMeshはかなりサイズが大きく、向きもBoneと一致していない。

このまま、自動割り当てを行なってもうまくは割り当てらないので、Meshに対してスケーリングや回転、位置移動を使い、できる限りBoneとMeshが重なるようにする。

・Boneの自動割り当て

　新しいMesh（Outlinerでdefault.001と表示）について、スケーリング、回転、移動によって極力Boneに重ねた状態が次の図となる。

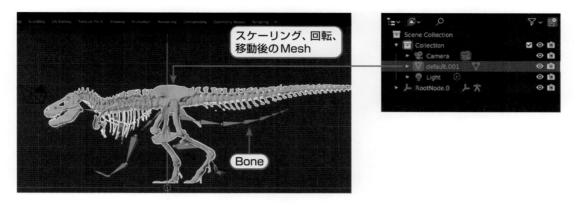

　かなり強引だが、ある程度はBoneとMeshが重なっているので、MeshにBoneを自動割り当てにする。

●手順

❶ Outlinerでdefault.001をクリックする

❷ Outlinerでskeletal.3を Ctrl キーを押しながらクリックする

　◦ Mesh、Boneの順に選択する必要があるので、この手順となる

❸ 3D Viewport上での右クリックし、表示されたメニューからParent ➡ with Automatic Weights を選ぶ

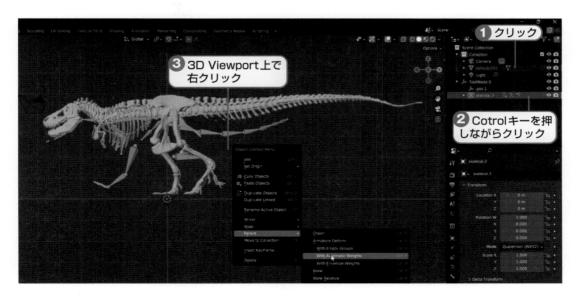

これでBoneが新しいMeshに割り当てられた。Timelineの現在位置インジケータをドラッグして、アニメーションするかを確認してほしい。かなりのズレがあるが、これでFBX形式ファイルとして出力することにする。

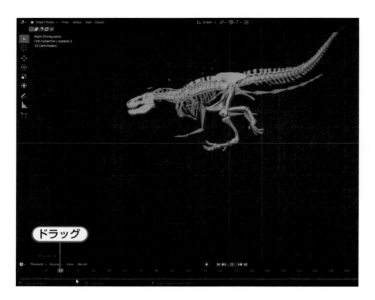

●新しいモデルの出力

　メニューバーからFile➡Export➡FBX(.fbx)を選んで、ファイル名はT-Rex-Bone.fbxとし、Bake Animationのチェックを外す以外は、前回と同じ設定で出力する。

Unityプロジェクトへの読み込み

　T-Rex-Bone.fbxファイルを、Unity Editor Project画面のT-Rexフォルダにドロップし、T-Rex-Bone Prefabを作成させる。作成されたT-Rex-Bone PrefabをHierarchy画面にドロップし、T-Rex-Bone Game Objectを作り、Scene画面で位置調整する。

　T-Rex-Bone Game ObjectにAnimator Componentを取り付けたら、Animator Controllerには、T-Rex Game Objectと同じものを設定できる。

●手順

❶T-Rex-Bone.fbxファイルを、Project画面のT-Rexフォルダにドロップする
❷作成されたT-Rex-Bone PrefabをHierarchy画面にドロップする

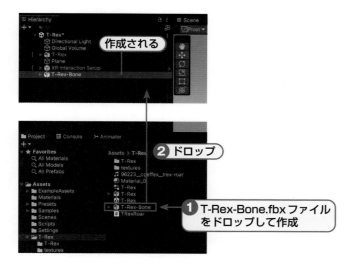

❸ Scene画面で追加されたT-Rex-Bone Game Objectの位置を調整する

❹ T-Rex-Bone Game Objectを選択し、メニューバーからComponent ➡ Miscellaneous ➡ Animatorを選び、Animator Componentを取り付ける

❺ 取り付けたAnimator ComponentのController Propertyには、T-Rex Game Objectと同じものを設定する

　Materialの設定は、このままデフォルトの白を使うことにして省略する。各自でTextureを貼り直したり、T-Rex Game Objectのときと同じやり方でT-Rex-Bone Game Objectにも、目を見ていると吠える仕掛けを組み込むといいだろう。

まとめ

この章では、次のような知識について簡単に案内した。

- Blender を使った3Dモデルの変換
- Mesh と呼ばれる頂点座標と三角形平面による形状表現
- 定義された形状表面の情報を持つ Material
- 面単位ではなく、より微細な領域で記録する Texture（Material情報）
- Texture の座標と形状表面の位置関係を決める UV 座標
- Mesh、Material、Texture 情報を使い、実際に2D画像を描き出す Shader
- Animator と Animator Controller を使った Mesh 変形
- Mesh を効率的に変形させる Morphing、Skinning
- Skinning で使われる Bone
- Audio Source を使った音の再生
- Animation Event を使った Animation Clip との連動

　同じMeshであっても、適用するMaterialによって表示される仮想体が激変するのはT-Rexで体験してもらったとおりだ。Shaderを切り替えることで、リアルな表現だけでなく、アニメ調の表示にしたり、平面上に水面の波紋や波を発生させたり、動物の毛を表現したりすることもできる。自分でShaderを作成することも可能なので、現在のVRアプリの描画に不満がある人はShaderについて学んでみるといいだろう。

　Shaderを作成するためのプログラム言語としては、HLSL（High-Level Shader Language）、ShaderLab、GLSL（OpenGL Shading Language）などが提供されている。ただし、言語を学ぶだけでは何もできない。Mesh頂点を視点や視線に合わせて2D平面座標に変換する方法から始まり、2D平面上の各点の色を決定する段階では、光の反射や屈折、光量の計算方法なども理解する必要がある。かなり高いハードルなので、学習には覚悟が必要だ。

　URP、HDRPといったScriptable Render Pipelineでは、Shader Graphと呼ばれる「編集画面上でブロックを組み合わせてカスタムShaderを作る機能」も提供されているので、こちらから始めてみるのもいいだろう。Shader Graphについては第7章で簡単に説明する。

　Morphing、Skinningは、第2章で説明したRigidbodyやColliderと合わせて、人物のポニーテールやスカートの揺れなどにも利用されている。公開されているUnityのAssetなどを解析してみるといいだろう。独自のMorphing、Skinningを行う場合にも、Shaderの知識は必須だ。

　何らかの刺激に対する反応を表現するには、Animator ControllerやAnimatorの利用価値が高い。

仮想空間に群衆を出現させる

　　この章では、仮想空間に群衆を出現させる。群衆には、ある程度の自由行動をとらせることにしよう。

　　人物モデルをどう調達するか？　歩くなどの所作、動作はどう調達するか？　その3Dモデルに自動行動させるにはどうするか？　そういったことが、この章での課題となる。

・Make Humanを使った人物モデルの作成とUnityでの利用
・人物モデルへの動作の組み込み
・NavMeshによる、人物モデルの任意地点への移動
・人物モデル群の自動行動

5-1 この章の目的

Blender や Mesh、Skinning についての知識がない人は、4章を参照してほしい。

NPC = Non Player Character（ノン・プレイヤー・キャラクタ：プレイヤーが操作しないキャラ）である群衆を自動的に動かすために、Unity が提供する NavMesh を利用する。

自動的に群衆を作り出すために、Script で Prefab から Game Object を作り出す。

以上のように、この章で案内する内容は、VR に特化したものではなく、3D アプリの基本技術となる。そのため、この章で作る Scene は VR 化しない。仮想体を自動的に動作させるための、一般的な知識をこの章で得てほしい。

群衆用人体3Dモデルと、その動作や制御について

まずは、群衆用人体3Dモデルの調達ということになるが、これは前章における、T-Rex 3Dモデルの調達と変わらない。ただ、人体モデルについては、Make Human という、指定したパラメータで人体モデルを作り上げるフリーソフトがあるので、この章では、これを使ってみることにした。

群衆の自動行動に関しては、3Dゲームで使われる NPC 用の手法を利用する。NPC を任意の目標地点に移動させるときは、Unity が提供する AI Navigation Package の NavMesh を使う。

あとでも説明するが、NavMesh は到着目標地点を与えると、事前に設定した歩行可能な領域だけを通って、現在地から目標地点まで移動する機能を提供する。

▲本章で利用する境内

境内を移動する際の歩行動作は自分で作るか、どこかから調達ということになる。こちらは、カーネギーメロン大学が CC0 で動作を公開しているサイトを利用する。

5-2 Make Humanによる人物モデルの作成とUnityでの利用

最初に人体3Dモデル作成から始めよう。人体モデルを動かす場合も、一般的にはSkinningを使う。Make HumanではMeshにBoneを組み込んだ人体モデルを作成する。作成した人体モデルは、FBX形式ファイルで書き出し、Unity Editorに読み込ませPrefabにし、Bone側を汎用性の高いHumanoid型Avatarとして取り出して利用する。

Make Humanのインストール

まず、Make Humanのホームページから、リンクをたどり、現在の安定バージョンMake Human 1.2.0のインストーラをダウンロードする。Windows、macOS用があるので、必要な方をダウンロードする。圧縮ファイルがダウンロードされるので、解凍して中にあるインストーラを起動し、指示に従いインストールする。

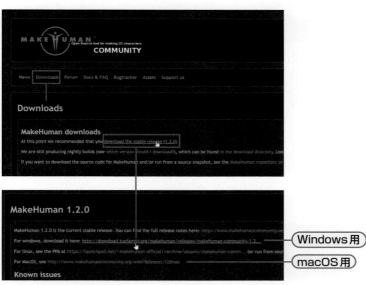

▲Make Humanのホームページ

Make Human
http://www.makehumancommunity.org/

1 開発

2 VR対応

3 VRアプリ

4 3Dモデル

5 仮想空間

6 道具

7 お祭り会場

Make Humanでの人体モデル作成

　インストールできたらMake Humanを起動する。表示される人体モデルに対し、体系や髪型、服装などを設定して作成する。画面上部のタブを左から右に、Modelling ➡ Geometries ➡ Materials ➡ Pose/Animateと進めると、人体モデルが完成するようになっている。

Modeling ➡ Geometries ➡ Materials ➡ Pose/Animate

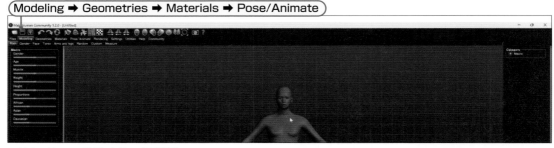

▲Make HumanのModellingタブ画面

　設定例を示すので、各自でいろいろ試しながら人体モデルを完成させるとよいだろう。

●**手順**

❶Make Humanを起動する

❷Modellingタブ画面内のMainタブ画面でGenderスライダーを右いっぱいに寄せて男にした

Mainタブで全体の簡易設定

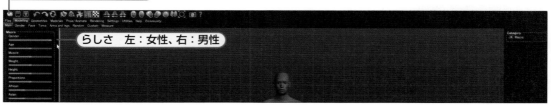

▲男性らしさ、女性らしさの指定

❸Geometriesタブ画面内のClothesタブ画面で服と靴を指定した

▲服装の指定

❹Eyesタブ画面でLow-polyを選んだ

High-polyを選ぶと、Unityで正しく眼球が表示されない。

❺Materialsタブ画面内のSkin/Materialタブ画面でYoung asian maleを選んだ

▲人種の指定

❻Pose/Animateタブ画面内のSkeletonタブ画面で、Boneの構成にGame engineを選んだ

Skeletonで Bone 構成

▲Bone構成の指定

❼同じくPose/Animateタブ画面内のPoseタブ画面で、T Poseを指定した

Poseで取らせたい姿勢

▲Poseの指定

- Game engineを選んだ明確な理由はなく、Unityの分類がGame engineに当てはまるので選んだ
- T Poseは、Unityの人間型Bone構成の初期ポーズとして採用されている。Make Human起動直後のポーズはA Poseと呼ばれ、こちらも一般的なポーズとして知られている
- A Poseのままでも特に問題はないが、Unity側の標準とするポーズはT Poseなので、そちらに合わせた

Make Humanでの人体モデル書き出し

作成した人体3Dモデルを、FBX形式ファイルで書き出す。

Make Humanは、FBX形式を指定されると、FBX形式ファイルの他に、Materialで使うTexture群をtexturesという名前のフォルダにまとめて同階層に書き出す。

それらをひとまとめにしたかったので、今回はWindowsのドキュメントフォルダにHuman-1というフォルダを作成し、その中にHuman-1.fbxとして書き出すよう指定した。

●手順

❶ドキュメントフォルダにHuman-1というフォルダを作成しておく

❷FilesタブのExportタブ画面で、FBXを選び、Scale unitsをmaterとする

❸画面右上付近にある…をクリックする

❹ファイル書き出し先指定画面で、あらかじめ作成しておいたHuman-1フォルダを指定し、ファイル名をHuman-1.fbxとして書き出す

▲モデルの書き出し

書き出したら、Make Humanは終了してよい。「現在の変更を保存していないが、このまま終了するか」と聞かれるのでYesを選択する。保存したい人はFilesタブのSaveタブ画面で保存できる。

Unity Editorでの利用

Make Humanで作ったFBX形式ファイルHuman-1.fbxをUnity Editorに読み込んで使ってみよう。

●Unity Editorで新しいSceneを用意する

前章と同じように、Project画面に専用のフォルダとSceneを用意することにした。フォルダ名、Scene名ともにCrowdとする。SceneはStandard (URP)を指定し、Main Camera Game Objectはそのまま残しておく。VR対応は必要ない。

以上は、名前以外、前章の作業と同じなので手順を省略する。

●Unity Editorへの読み込み

Make Humanで書き出したHuman-1フォルダを元にHuman-1 Prefabを作成する。Human-1 PrefabをHierarchy画面にドロップすると、Textureも設定済みの人体モデルがScene画面に表示される。

●手順

❶ Project画面のCrowdフォルダ内にHuman-1フォルダをまるごとドロップする

❷ Textureの修正をおこなうか尋ねられるのでFix nowをクリックする

❸ できあがったHuman-1フォルダ内のHuman-1 PrefabをHierarchy画面にドロップする

❹ Hierarchy画面にできたHuman-1 Game Objectをダブルクリックして、Scene画面中央にHuman-1を表示する

▲Human-1 Game Objectの作成

　Boneも組み込まれているので、ポーズをとることもできる。

　Hierarchy画面のHuman-1 Game Objectのディスクロージャを開き、内包されているGame_engine➡Root➡pelvis➡thigh_l➡calf_l Game Objectを選んで、回転ツールで回転させてみると左膝が折れる。

　気になる人は、確認後、Undoで膝の折れを直しておいてもいいが、そのままのポーズでも、この後の作業に影響はない。

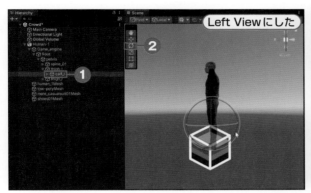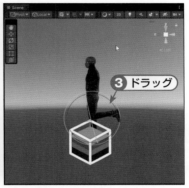

▲Boneの確認

5-3 人物モデルへの動作の組み込み

　次は前章でT-Rex Game Objectに動作を組み込んだように、Human-1 Game Objectに動作を組み込んでみよう。前章のやり方を使うなら「人体動作の保存されたFBX形式ファイルを入手して、Boneだけ残し、今回のMeshをBoneに割り当てる」ということになる。

　もちろん、それでもかまわないが、人体に関しては、より汎用性の高いHumanoid型Avatarを使う方法がUnityから提供されている。

人体動作の調達

　まずは人体の動作を調達しよう。Make Humanは動作までは提供してくれない。人体の動作提供サイトとしてはAdobe社のMixamoが有名だ。

Mixamo
https://www.mixamo.com/

　無料で「しゃがむ」「走る」「投げる」といった人体の動作をFBX形式のファイルで提供してくれる。必要なら、人体モデルも手に入る。ただし、アプリの中で使うのは自由だが、プロジェクトに加えての公開は制限されているようなので、本書ではURLの紹介だけにとどめる。作り上げたアプリだけ配布するなら、積極的に使っていくといいだろう。

　本書では、章の冒頭でふれたように、カーネギーメロン大学がCC0で公開しているモーションキャプチャデータを利用する。

カーネギーメロン大学
http://mocap.cs.cmu.edu/

> ![Point] **モーションキャプチャデータ**
>
> 　実世界での対象物の動作を取り込んだデータを指す。対象物の構造をモデルにしたBone群を用意し、Boneの座標や姿勢情報に、対象物に取り付けたセンサーなどの測定装置から取り込んだ値を使う。実際の動きを取り込んだ動作は、リアリティの面で魅力的だが、データ量は増える。
>
> 　カーネギーメロン大学のサイトが提供しているのがモーションキャプチャデータなだけで、使いたいものがあるならキャプチャデータでなく、人工の動作データでも構わない。

　ただし、公開されている何種類かのデータファイル形式は、いずれもBlenderで利用する場合に変換が必要な形式だったので、本章ではカーネギーメロン大学のサイトの紹介文から、次のWebサイトに置かれた、BVH (Biovision Hierarchy) 形式に変換されたデータを使うことにした。

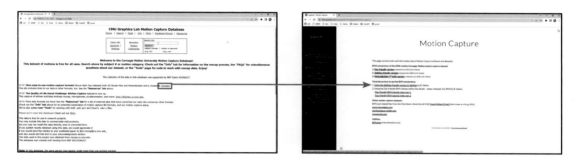

> **motion-capture**
> https://sites.google.com/a/cgspeed.com/cgspeed/motion-capture

　このWebサイトで提供されるデータは、特定アプリ向けに3種類用意されている。

- Daz-friendly version
- 3dsMax-friendly version
- MotionBuilder-friendly version

　いずれもBVH形式のファイルなのでBlenderで読み込めるが、Daz-friendly versionがMake HumanのBone構成と似ているので、こちらを使うことにした。3dsMax-friendly、MotionBuilder-friendlyに比べて、かなりBoneが大きいが、指関節が省略されていない。

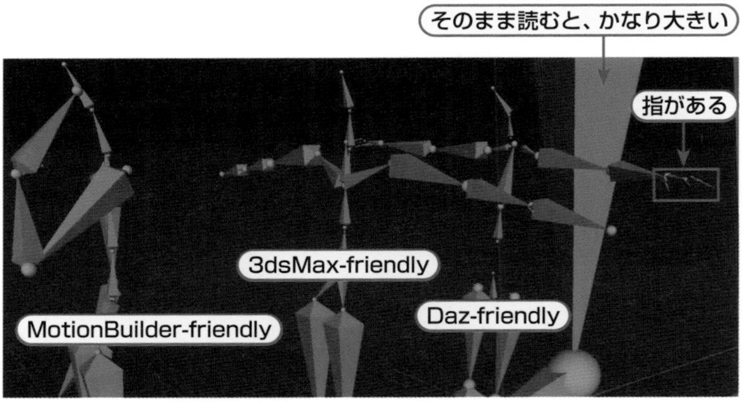

▲ Blender で読み込んだ各形式

> 上図は Blender で読み込ませたときの Bone の表示で、Daz-friendly の Bone だけスケーリングしている。残りの2つでも、後述する Avatar 自動作成時に警告は出るが、利用は可能。

人体動作の確認と Unity Editor 用の変換

　BVH 形式のファイルは、Unity Editor で直接読み込めないので、前章と同様、Blender で FBX 形式に変換して利用する。

> 　追加パッケージやオープンソフトウエアを組み合わせて、Unity Editor で BVH を扱えるようにする方法もある。

　まず、先ほどのサイトから Daz-friendly 用のページに進み、公開されている

- Zip file for BVH directories 01-09 (45 MB)

をダウンロードして Blender で読み込んでみよう。

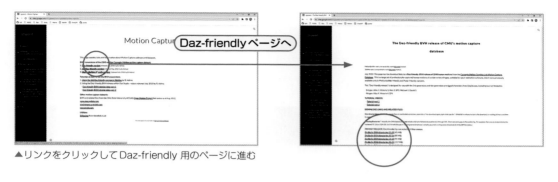

▲リンクをクリックしてDaz-friendly 用のページに進む

ダウンロードした圧縮ファイルを解凍すると、次のような構成のフォルダとなる。

```
cmuconvert-daz-01-09
    01
        01_01.bvh
        .
        .
        01_14.bvh
    02
    .
    .
    09
    cmu-mocap-index-spreadsheet.ods
    cmu-mocap-index-spreadsheet.xls
    cmu-mocap-index-text.rtf
    cmu-mocap-index-text.txt
    READMEFIRST.txt
```

　このうちのcmuconvert-daz-01-09/01 フォルダにある01_01.bvhを読み込んでみよう。Blender を起動したら、初期設定で用意された立方体やカメラ、ライトは不要なので削除する。提供されたモーションデータはFrame rateを120 FPSにして取り込んだものらしいが、本書では、そこまで繊細な動作は要求しない。この点は、読み込むときに変換しようと思う。

　Frame rateには映画と同じ24 FPSを指定して01_01.bvhをImportする。

●手順

❶ Blenderを起動する

❷ マウスカーソルが3D Viewport上にある状態で、キーボードのAキーを押し、その後Xキーを押す

❸ 「削除するか」と聞かれるのでEnterキーを押すか、表示されたメニューのDeleteを選ぶ

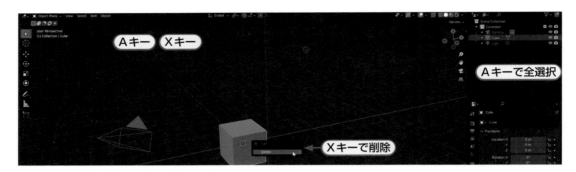

❹ PropertiesのOutputタブ画面で、Frame Rateが24 fpsであることを確認する

　。24 fps以外ならクリックして24 fpsにする

❺ メニューバーからFile ➡ Import ➡ Motion Capture(.bvh)を選ぶ

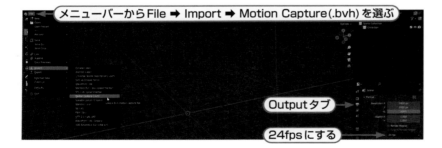

❻ 表示された画面でScale FPSにチェックを付けて、01_01.bvhをImportする

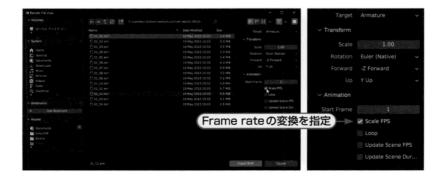

指定したファイルが読み込まれ、3D ViewportにはBoneで構成された人型が表示される。

人型が見当たらない場合は、OutlinerでBone（今回なら01_01）を選択し、マウスカーソルを3D Viewport上に持って行って、テンキーの「.」を押す。

テンキーがない場合は、3D Viewportのヘッダーメニューから View ➡ Frame Selected を選択する。

読み込んだBone群は、元の単位がcmなのか、初期設定がm単位のBlenderでは高さ150mにもなっている。

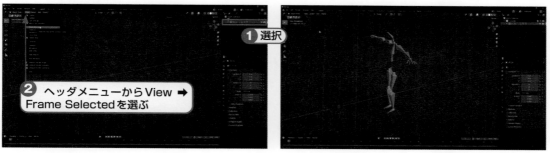

▲読み込んだBoneの表示

TimelineでPlayをクリックすれば動作が確認できる。ジャンプする動作のようだ。左ひじが逆方向に折れているのは、元データの変換時の調整問題らしい。3dsMax-friendlyの同じファイルは順方向に折れていた。

▲読み込んだBoneの動作確認

確認できたら、FBX形式でExportする。ファイル名はmotion.fbxとした。

Bake Animationには必ずチェックを付ける。それ以外は前章のFBX形式でのExportと大差ない。Object Types一覧はArmature項目以外不要だが、他のObjectは動作読み込み前にすべて削除しているので、全選択しても問題ない。

Transformも初期値のままScale=1.00にしている。150m近いBoneを、そのままUnity Editorで使うとどうなるかも含めて検証する。

▲ FBX形式でのExport時の設定

Unity Editorでの動作割り付け

大まかな作業は、前章で経験済みだが、今回はMeshにBoneを割り当てていない。その結果がどうなるかを確認しよう。

●Human-1へのAnimator取り付け

まずは、motion.fbxからPrefabを作成し、動作をAnimation Clipとして取り出せるようにする。あとは、前章の手順にならい、Hierarchy画面のHuman-1 Game ObjectにAnimator Componentを取り付け、動作のAnimation Clipを再生できるようにするために新しくAnimator Controllerを作成する。

●手順

❶Project画面のCrowdフォルダに、motion.fbxをドロップしてmotion Prefabを作成する

❷Crowdフォルダに新しくAnimator Controllerを作成し、名前をHumanとする

❸Hierarchy画面のHuman-1 Game Objectを選び、メニューバーからComponent ➡ Miscellaneous ➡ Animatorを選んでAnimator Componentを取り付ける

❹取り付けたAnimator ComponentのController Propertyに、CrowdフォルダのHuman Animator Controllerをドロップする

motion PrefabからのAnimation Clipの利用

　そして、Human Animator Controllerの開始Stateとして、motion PrefabからAnimation Clipを取り出し設定する。前章ではこれでT-Rexが動いた。

●手順

❶ CrowdフォルダのHuman Animator ControllerをダブルクリックしてAnimator画面を表示させる

　　◦ 前章でProjectタブ横に、Animatorタブを移動したままなら、Gameタブ横など、Projectタブと重ならない位置にAnimatorタブを移動させておく

❷ Crowdフォルダのmotion Prefabの中にある01_01|01_01 Animation ClipをAnimator画面のレイアウトエリアにドロップし、Stateを作成する

　今回はPlayさせると、Human-1 Game ObjectはScene画面で、巨大になって横たわることになる。

　理由は、Human-1 Game Objectの内包するGame Objectの中に、01_01|01_01 Animation Clipが対象とするBone群が、見つからないためだ。Make Humanで用意された人型Bone群の名前が、カーネギーメロン大学のモーションキャプチャ データ用の人型 Bone 群の名前と一致していないために、このようなことが起こる。問題を解決するには、Human-1 Game Object側が内包するGame Object群の名前を、01_01|01_01 Animation Clip側のGame Object群の名前に合わせる、もしくはその逆の作業が必要になる。

Humanoid型 Avatar

　人型Bone群に限っては、この問題を、ほとんどの場合自動で解決できる。それがHumanoid型 Avatarの利用だ。実際にやってみよう。Animation画面は閉じてもらってよい。

Humanoid型 Avatar の作成

　最初にHumanoid型Avatarを作成する。Humanoid型AvatarはHuman-1 Prefab、motion Prefab それぞれについて作成する必要がある。

●Human-1 Prefab側Avatar作成

　Human-1 Prefabを選び、Inspector画面のRigタブ画面でAvatarを作成する。

●手順

❶Crowdフォルダの Human-1 Prefabを選択する

❷Inspector画面でRigタブをクリックする

❸Animation Type PropertyでHumanoidを選択する

❹その他は初期設定でよい（図を参照）

　・興味があれば、公式のドキュメントを読みながら、いろいろ設定を試していけばよい

❺Applyをクリックする

●Avatar Configure

　このように自動で作り出せるHumanoid型Avatarは、Bone群の構成が、人型であることを前提にする。「胴体の上に首と頭が乗り、胴体の下には腰、腰からは2つの足、胴体からは2つの手が出ている」そのようなBone構成なら、Humanoid型Avatarとして扱えるが、正しくAvatarを作り出せるとは限らない。今回はトラブルなくHuman-1 PrefabからHumanoid型Avatarを作り出せたが、そうでないときはAvatar Configure…をクリックして、手動でHumanoid型Avatarを設定することになる。Avatar Configure…をクリックすると、Avatar Configure画面に入れる。切り替えられたAvatar

Configure画面からは、Hierarchy画面上部の＜をクリックすれば戻ることができる。

　修正する点はないが、確認のためにAvatar Configure画面で、作成されたAvatarの内容を見てみよう。Avatarの首にはどのBoneを使うか、Avatarの右腕にはどのBoneを使うか、ということが設定されているのがわかる。

　Human-1 Prefabでは、Humanoid型AvatarのHipsという名前のBoneにはpelvisという名前のBoneが割り当てられたようだ。

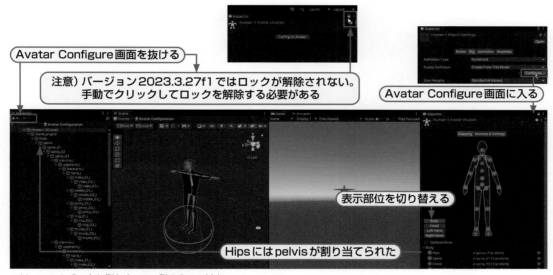

▲Human-1　Prefab側とAvatar側のBone対応

　この割り当て情報は、Human-1 Prefabの中に新しく作成された、Human-1Avatarという名前のAvatarに記録される。

▲追加されたHuman-1Avatar

　これで、Human-1 Prefabに内包されるAnimation Clip群は、すべて動作の指定にAvatar側のBone名を使えるようになる。例えば、これまでpelvisで指定されていたBoneは、Hipsで指定できるようになる。

motion Prefab側Avatarの作成

　同じようにmotion PrefabのHumanoid型Avatarも作る。

　Crowdフォルダのmotion Prefabを選択し、先ほどと同じ手順で、motion Prefab用のHumanoid型Avatarを作成する。motion Prefabでは、Humanoid型AvatarのHipsという名前のBoneにはhipという名前のBoneが割り当てられたようだ。

▲motion Prefab側とAvatar側のBone対応

　motion Prefabに内包されるAnimation Clipも、Avatarを作成した時点で、動作の指定にAvatar側のBone名を使えるようになる。

Humanoid型Avatarを指定した動作

　仕上げに、Hierarchy画面のHuman-1 Game Objectを選び、Inspector画面でAnimator
➡ Avatar Propertyに、CrowdフォルダのHuman-1 Prefabの中に作成されたHuman-1Avatarをドロップする。

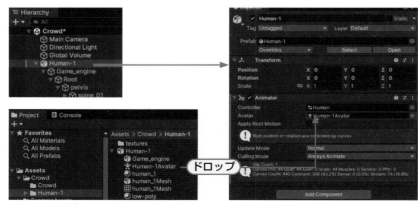

▲Avatarの指定

Human-1 Game ObjectのAnimator Componentに、Human-1 Prefabに内包されるHuman-1Avatarを渡すことで、AvatarのBone名Hipsで指定された、Animation ClipのBoneが、自分が担当するGame Object群ではpelvisという名前のGame Objectを指すことがわかるようになる。

> ### ✏️Point　**Prefabに自動的に取り付けられるAnimator Component**
>
> 　PrefabでAvatarを作ると、そのあとは、PrefabをHierarchy画面にドロップすると、Animator Componentは取り付け済みとなっていて、Animator➡Avatar Propertyも設定済みのGame Objectが作られるので、後からのAnimator Componentの取り付けやAvatarの設定は不要になり、Animator Controllerだけ設定すればよくなる。
>
> 　Hierarchy画面のHuman-1 Game Objectにも、この変更は反映されているが、Prefab側変更前のAvatar Property未指定という状態が優先されるので、手動で設定する必要があった。興味がある人は、変更したHuman-1 PrefabをHierarchy画面にドロップしてみるとよい。
>
> 　新しくHuman-1 Prefabから作成され、Hierarchy画面に追加されたGame Objectには、最初からAnimator Componentが取り付け済みになっている。

　Playで動作を確認してほしい。Scene画面でHuman-1 Game Objectが三段跳びを始めるはずだ。

　前に跳ぶか、その場で跳ぶかは、Human-1 Game ObjectのInspector画面でAnimator ComponentのApply Root Motion Propertyがチェックされているかどうかで変わる。

　01_01|01_01 Animation Clipの動作は、階層の最上部（Root：根元）のBoneの位置を動かすものなので、Apply Root Motion（アプライ・ルート・モーション：根元の動作を適用する）にチェックが入っていると、Scene画面でHuman-1 Game Objectが移動する。

　このRootの移動を　有効・無効にする仕組みは、ScriptなどでHuman-1 Game Objectを移動させる場合に重要になる。

▲Animator ComponentのApply Root Motion Property

歩行動作の取り込み

　ここまでの作業で、Make Humanとは無関係に作られた人物動作データが、Make Humanの人物モデルに利用できることが確認できた。次は、歩行動作を取り込み、その場で歩き続けるようにしてみよう。

●Blenderでの歩行動作FBXファイル作成

　動作データ群としてダウンロードしたcmuconvert-daz-01-09フォルダ内にあるcmu-mocap-index-text.txtを読むと、歩行の動作データも、いくつか存在することがわかる。

　ここでは02フォルダの02_01.bvhを、BlenderにImportしFBX形式でExportする。FBX形式のファイルはwalk02_01.fbxとした。作業手順は、先ほどと同じなので省略する。

●Unity Editorで歩行動作利用準備

　walk02_01.fbxをUnity EditorでPrefabにして、内包されるAnimation Clipを、Human Animator Controllerで利用するまでの細かな手順は概略だけを次に示す。

- walk02_01.fbxファイルをUnity EditorのProject画面のCrowdフォルダにドロップしてPrefabを用意する
- 作成されたwalk02_01 Prefabを選んでHumanoid型Avatarを作成する
- Human Animator ControllerのEnterには、walk02_01 Prefabが内包する02_01|02_01 Animation Clipから作成された02_01|02_01 Stateを接続する

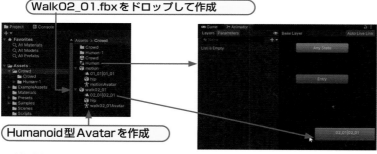

▲歩行動作の割り付け

✐Point　Enterから02_01|02_01 Stateへの接続

　01_01|01_01 Stateを右クリックで表示されたメニューからDeleteを選んで削除して、02_01|02_01 Animation Clipをドロップするのでもよいし、02_01|02_01 Stateを作りEnterからの接続を切り替えるのでもよい。切り替え方は前章で説明している。あるいは、01_01|01_01 Stateが使うAnimation Clipを、Inspector画面で02_01|02_01に切り替え、State名を02_01|02_01にするのでもよい。こちらの方法は各自で調査してほしい。

歩行動作の切り取り

　まず、walk02_01 Prefabが内包する02_01|02_01 Animation Clipの現在の動作を確認しよう。walk02_01 Prefabを選び、Inspector画面のAnimationタブ画面のClipsで02_01|02_01を選び、その下にあるPlayをクリックすると、Timelineで指定されている範囲のアニメーションを繰り返す。

　最初のFrame（0番目）に設定された余計なポーズのせいで、再生位置が先頭に戻ったときにピクリとしているのが見てわかる。

▲動作の確認

　アニメーション開始位置を変更しよう。Timelineの左端にあるアニメーション開始位置ハンドルをドラッグすると、開始位置が変更される。ドラッグに連動し、Start Propertyに表示されているFrameの通し番号も変化する。値を直接入力することもできる。今回なら「1」と入力すれば、開始位置は1番目のFrameからとなり、0番目は使われなくなる。

開始位置ハンドル

表示中のFrame位置

ドラッグできる

フレーム値が連動

直接入力も可能

▲開始位置の指定

　あとは、この1番目のFrameと最も似ているポーズを、2番目以降のFrameで見つければいい。これには、Timelineの右端にあるアニメーション終了位置ハンドルをドラッグし、一致度を分析しながら決定できる。

　開始位置ハンドルでもそうだが、ドラッグ最中には、下部にグラフが出るようになっている。このグラフは、自分が操作しているハンドルの相手側（停止位置側なら開始位置側）のポーズとの一致度を示している。

　また、グラフの右に光るインジケータは、ドラッグ地点での一致度を色で表現している。緑なら良好、赤なら不良を意味する。

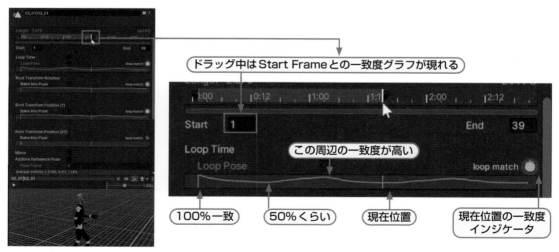

ドラッグ中はStart Frameとの一致度グラフが現れる

この周辺の一致度が高い

100%一致

50%くらい

現在位置

現在位置の一致度
インジケータ

▲ドラッグ中の一致度の評価

　どちらの側のハンドルをドラッグしても、このグラフが機能するので、開始点、終了点をいろいろ変

更して最良のループ期間を見つけ出すとよい。ここでは

- Start Frame：1
- End Frame：27

　とした。そして、繰り返し実行させるようLoop Time Propertyにチェックを付ける。これで動作が繰り返されることは前章で紹介したが、その下のLoop Pose Propertyにチェックを付けると、終了点から開始点に戻る際の繋ぎがより滑らかになるよう調整が入る。効果がありそうなのでチェックを付けることにした。

- Loop Time：チェックを付ける
- Loop Pose：チェックを付ける
- Offset:0

　まっすぐ歩かせたいので、最上位階層のHuman-1 Game Objectは回転はさせないよう、Root Transform RotationのBake Into Pose Propertyにもチェックを付ける。

- Root Transform Rotation
  ◦ Bake Into Pose：チェックを付ける
  ◦ Based Upon: Body Orientation
     Offset:0

　それと、視点を変えてみてみると、微妙に足が地面から浮き上がっているようなので、Root Transform Position(Y)のOffset Propertyで調整しよう。0.03とし、Bake Into Pose Propertyのチェックを付けるとより安定するようなので、こちらにもチェックを付けた。

- Root Transform Position(Y)
  ◦ Bake Into Pose：チェックを付ける
  ◦ Based Upon (at Start): Original
  ◦ Offset：0.03

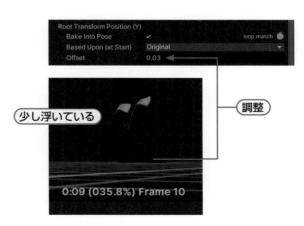

前に進むことなく、その場で足踏みする動作にしたかったので、RootTransform Position(XZ)の
Bake Into Pose Propertyのチェックも付けた。

- Root Transform Position(XZ)
  - Bake Into Pose：チェックを付ける
  - Based Upon (at Start): Center of Mass

　このような調整は、調整してはApplyをクリックしてScene画面やGame画面での動作で確認する
のがいいだろう。

　ルートモーションの仕組み
https://docs.unity3d.com/ja/2021.3/Manual/RootMotion.html

　少し頭が上に向きすぎで、肩幅が広すぎるところがあるが、その場で歩く動作が手に入った。
Hierarchy画面のHuman-1 Game Objectに取り付けたAnimator ComponentのApply Root
Motion Propertyのチェックは外しておく。

NavMeshによる、人物モデルの任意地点への移動

本書で作成するアプリでは、3Dゲームで使われるNPC用の手法を利用して、参詣者をある程度、自動で行動させたいと思っている。参詣者の行動としては次のようなものが考えられる。

- 境内に入る
- 本殿に参詣する
- 屋台で買い物をする
- 境内を散策する
- 境内から出る

実世界の行動をそのまま再現できれば最良だが、それは本書のレベルではない。本書では極端に単純化した次のような行動にとどめる。

- 行動ごとの目標地点に向かって、障害物を避けつつ自動で進む
- 屋台や散策の目標地点に着いたなら、少し立ち止まって考えるしぐさをする
- 本殿に着いたら、二礼二拍手一礼をする

目標地点

先に挙げた行動別の目標地点は次のようになる。

- 境内に入る　　　　　：入口
- 本殿に参詣する　　　：本殿
- 屋台で買い物をする：屋台のどれか（複数）
- 境内を散策する　　　：境内のどこか（複数）
- 境内から出る　　　　：出口

●AI Navigation Package

参詣者を1つの目標地点から別の目標地点まで移動させるには、Unityが提供するAI Navigation PackageのNavMeshを使う。NavMeshは、到着目標地点を与えると、事前に設定した歩行可能な領

域だけを通って、現在地から目標地点まで移動する機能を提供する。

AI Navigation Package
https://docs.unity3d.com/Packages/com.unity.ai.navigation@2.0/manual/index.html

Autonomously Moving Agents
https://learn.unity.com/project/autonomously-moving-agents

NavMeshの使い方は、このあとで案内する。

境内モデルの準備

　まずは、参詣者を活動させる舞台を用意しよう。sketchfab.comで神社のモデルを「temple」、「japan temple」、「shrine」といったキーワードを使い検索した。このうち最後の「shrine」で見つけたharveyfoster氏のモデルが、広さや配置で求めているものに一番近かった。FBX形式もあったので、こちらをダウンロードして、参詣者を活動させる舞台としよう。

Lost Shrine
https://skfb.ly/orOuo
"Lost Shrine" (https://skfb.ly/orOuo) by harveyfoster is licensed under Creative Commons Attribution (http://creativecommons.org/licenses/by/4.0/).
このモデルは、現在sketchfab.comからダウンロードができないようになっている。
本書ダウンロードページに置いたものを使ってほしい。

　ダウンロードして解凍したlost-shrineフォルダ内のsourceフォルダ内にあるlost shrine 3.fbxを利用する。
　Project画面のCrowdフォルダ直下にshrineフォルダを作成し、そこにドロップした。FBX形式が提供されているのはありがたいのだが、設定されているMaterialにUnityが対応していないようで、作成されたlost shrine 3 PrefabのMaterial群はデフォルトの灰色になってしまう。Hierarchy画面にlost shrine 3 Prefabをドロップしたら、サイズが小さいことにも気づくだろう。
　今回必要なのは、境内の形状なので、このまま灰色の神社を使おう。サイズの方は、Hierarchy画面のlost shrine 3 Game ObjectのTransformでScale Propertyを調整してみる。

▲神社の作成

Human-1 Game Objectを基準にすると、Scaleを11倍くらいにするのがよさそうだ。

▲神社の大きさの調整

Prefabでのスケール調整

このまま、lost shrine 3 Game ObjectのTransformでScale Propertyを調整というのでもいいのだが、今回はlost shrine 3 Prefab側で、元にする3Dモデルファイルからの変換作業の段階で調整する方法を紹介しておく。

shrineフォルダのlost shrine 3 Prefabを選び、Inspector画面のModelタブ画面で、Scale Factor Propertyを11にして、同じ画面の下部にあるApplyをクリックする。

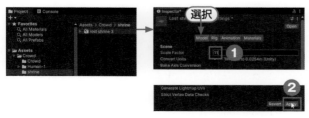

▲Prefab側で大きさを調整する

Modelタブ画面は、3DモデルファイルをPrefabに変換するときの取り決めがまとめられている。Scale Factor = 11は、Meshの頂点座標を11倍にする指定となる。そのままだと、Prefab、Game Objectと、2重にスケーリングされるので、lost shrine 3 Game Object側のTransformのScale Property値は1に戻す。

等倍に戻す

▲Game Object側の調整は元に戻す

NavMeshとNavMesh Agent Component

　これで境内のモデルの準備はできた。参詣者の歩行動作も用意できているので、あとは、どうやって境内の建物を避けながら参詣者を特定地点に移動させるかを考えればよい。これにはNavMeshとNavMesh Agent Componentを使う。

　Unityでの3Dゲーム開発者にはお馴染みの手法で、事前に作成した地形の案内情報を持つNavMeshをもとに、NavMesh Agent Componentが、自身が取り付けられたGame Objectを指定位置まで適切な経路を選択して運んでくれる。

AI Navigation Packageのインストール

　両者はUnity公式のAI Navigation Packageが提供する。

　XR Interaction ToolKit Packageをインストールした手順と同じように、Package Managerを使って、AI Navigation Packageをインストールしよう。今回は、追加でSampleをImportする必要はない。

Unity Registryを指定　「AI」で検索　インストール

▲Package ManagerでのAI Navigation Packageのインストール

NavMeshの生成

　AI Navigation Packageがインストールできたら、Hierarchy画面のlost shrine 3 Game Object
に、NavMeshSurface Componentを追加しNavMeshを作成する。

●手順

❶Hierarchy画面でlost shrine 3 Game Objectを選択する

❷メニューバーからComponent ➡ Navigation ➡ NavMeshSurfaceを選ぶ

　。Inspector画面にNavMeshSurface Componentが追加される

❸NavMeshSurface ComponentのBakeをクリックする

　。NavMeshが生成され、Scene画面の移動可能領域が薄青になる。

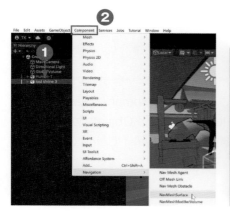

取り付けられる

移動可能領域が薄青になる

注意

　ComponentメニューのNavigation項目の位置は、図と異なる場合がある。

① Overlay Menu表示

② AI Navigation 表示

移動可能領域表示

AI Navigation を隠す

▲移動可能領域の表示

NavMesh Agentの取り付け

NavMeshをもとに、指定した目標地点に適切な経路で移動させたいのは、Human-1 Game Objectなので、NavMesh Agent Componentを取り付ける対象はHuman-1 Game Objectとなる。取り付けたうえで、NavMesh Agent Componentに目標地点を指定すれば、Human-1 Game Objectは目的に向かって障害物を避けながら移動する。

●MoveTo Script

NavMesh Agent Componentへの目標地点の指示はScriptを使う。Script名はMoveToとした。MoveTo Scriptは、NavMesh Agent Componentと一緒に、Human-1 Game Objectに取り付ける。

```
using UnityEngine;
using UnityEngine.AI;

//  NavMeshAgent に目的地を指示する
public class MoveTo : MonoBehaviour
{
    //  目的地 (position Property がワールド座標を示す)
    public Transform goal;

    //  指定された目的地に対象を移動させる Component
    NavMeshAgent agent;

    //  Script 起動時に 1 回呼ばれる
    void Start()
    {
        // NavMeshAgent Component を取り出し設定
        agent = GetComponent<NavMeshAgent>();
    }

    //  アプリ動作中、定期的に呼ばれる
    void Update()
    {
        //  NavMeshAgent Component に目的地を設定
        agent.destination = goal.position;
    }
}
```

MoveTo Scriptのgoal Propertyは、public指定なのでInspector画面で設定できる。アプリ開始時に

```
agent = GetComponent<NavMeshAgent>();
```

で、NavMesh Agent Componentをagent Propertyとして取り出し、

```
agent.destination = goal.position;
```

でgoalの座標をNavMesh Agent Componentへの目標地点として指定している。

このMoveTo Scriptの作成場所はCrowdフォルダ直下とする。Scriptの作成や編集方法がわからない人は、前章を参照してほしい。

・目標地点指定用 Game Objectの追加

MoveTo Scriptのgoal PropertyはTransform型なので、Hierarchy画面のGame Objectならなんでも設定できる (Game ObjectはTransformでもある)。今回は、自由に動かせるように、新規に

1 開発

2 VR対応

3 VRアプリ

4 3Dモデル

5 仮想空間

6 道具

7 お祭り会場

Sphere Game Objectを追加し、MoveTo Scriptのgoal Propertyに設定することにした。

●手順

Crowdフォルダの MoveTo Script を作成、編集しておく。

❶メニューバーからGame Object ➡ 3D Object ➡ Sphereを選ぶ

❷Hierarchy画面に追加されたSphere Game Objectの名前をGoalに変更する（そのままでも問題はない）

❸Goal Game Objectを選び、Inspector画面のTransformのPosition Property値を(6, 0.8, 5)にする

　◦この値は lost shrine 3 Game Object側のTransformのPosition Property値が(0, 0, 0)であることを前提とする

　◦Scene画面のGoal Game Objectをドラッグしてもよいが、Position Y Property値をあまり高いところにすると、目標地点として機能しない

▲Sphere Game Objectの追加と配置

●Nav Mesh Agent ComponentおよびMoveTo Scriptの取り付け

目標地点の用意ができたので、Human-1 Game Objectへ Nav Mesh Agent Component および MoveTo Scriptを取り付け、MoveTo Scriptのgoal Propertyに目標地点としてGoal Game Objectを設定する。

●手順

❶Hierarchy画面のHuman-1 Game Objectを選択する

❷メニューバーからComponent ➡ Navigation ➡ NavMesh Agentを選ぶ

　◦Inspector画面に、Nav Mesh Agent Componentが追加される

❸CrowdフォルダのMoveTo Scriptを、Hierarchy画面のHuman-1 Game Objectにドロップする

　◦Inspector画面にMove To (Script)が追加される

❹Hierarchy画面のGoal Game Objectを、Inspector画面のMove To (Script) ➡ Goal Propertyにドロップする

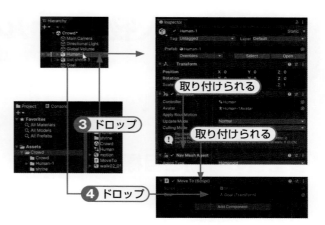

▲ Nav Mesh Agent、MoveToの取り付けと設定

Playして確認してほしい。Scene画面やGame画面でHuman-1 Game Objectが、Goal Game Objectに向かって建物をよけながら進むはずだ。Play中にScene画面でGoal Game Objectをドラッグして移動させると、その位置にHuman-1 Game Objectが移動してくるのも確認できるだろう。

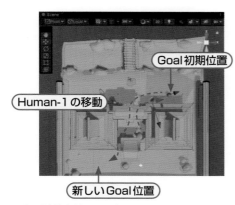

▲ Goalを追うHuman-1

これで、障害物をよけながらA地点からB地点まで移動できるようになった。

人物モデル群の自動行動

繰り返しになるが、本書での参詣者の行動は、次のように極端に単純化したものにする。

参詣者の行動と目標地点

- 境内に入る　　　　：入口
- 本殿に参詣する　　：本殿
- 屋台で買い物をする：屋台のどれか（複数）
- 境内を散策する　　：境内のどこか（複数）
- 境内から出る　　　：出口

行動に対する取り決め

- 行動ごとの目標地点に向かって、障害物を避けつつ自動で進む
- 屋台や散策の目標地点に着いたなら、ちょっと立ち止まって考えるしぐさをする
- 本殿に着いたら二礼二拍手一礼をする

目標地点と行動の流れ

今回の神社では、それぞれの目標地点を次のように配置する。

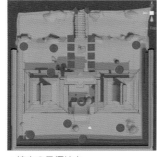

↓	入口
↑	出口
○	本殿
●	散策目標
■	屋台

▲境内の目標地点

そして、入口から始まり、出口に終わる参詣者の行動をモデル化すると次のようになる。

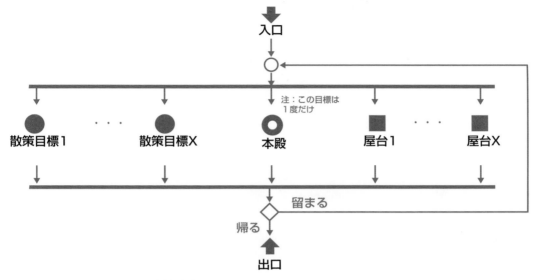

▲入口から始まり、出口に終わる参詣者の行動

　行動に対する取り決めのうち「目標地点に向かって、障害物を避けつつ自動で進む」ことは、さきほどのNavMesh Agent Componentを使って再現できる。残るは、目標地点に付いたときの動作再現、次の目標地点の決定をどうするかということになる。

目標地点の設置

　手始めに、各目標地点をGame Objectとして、境内の先の図で示した場所に設置してみよう。こちらも、さきほどのGoal Game Objectのように、Sphere Game Objectを新規追加することにした。このSphere Game Objectは、Scene画面上で目標地点をわかりやすく表示するのが目的で、最終的には、前章でやったように表示を消すことになる。初期状態でSphere Game Objectに追加されているSphere Collider Componentは、今回、全く利用しないので先に削除しておくことにする。表示中は、より「わかりやすく」するために、Sphere Game Objectの色を赤くする。

●入口指定用のEntry

　入場口指定用のEntry Game Objectの作成から始める。

　名前をEntryにするのも、判別しやすくするためで必須の作業ではない。先の実験で作ったGoal Game Objectは今後使わないので、削除する。

●手順

❶メニューバーからGame Object ➡ 3D Object ➡ Sphereを選ぶ

❷判別しやすいよう、追加されたSphere Game Objectの名前をEntryに変更する

❸Scene画面やInspector画面で位置調整する。Position Y Property値をあまり高くしない点に気をつける以外は適当でよい。

❹Inspector画面でSphere Collider Component横のMoreメニュー(「…」を縦にしたアイコン)からRemove Componentを選び、Sphere Collider Componentを取り外す

❺Goal Game Objectを右クリックし、表示されたメニューからDeleteを選ぶ

▲Entryの配置と、Goalの削除

●目標地点用の赤色Material

Entry Game Objectの色を赤くするため、Crowdフォルダ内に赤色用Materialを作成する。

●手順

❶Crowdフォルダ内で右クリックし、表示されたメニューからCreate ➡ Materialを選ぶ

❷新規追加されたMaterialの名前はredにする

❸red Materialを選択し、Inspector画面のSurface Input ➡ Base Map Propertyの色表示部をクリックして赤色を選択する

❹Crowdフォルダのred Materialを、Hierarchy画面のEntry Game Objectにドロップする

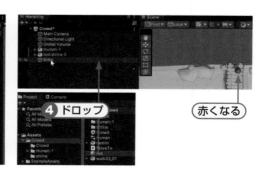

▲赤色Materialの作成

●Entryからの複製

　Entry Game Objectの準備ができたら、これを複製し、出口用として名前をExitとして、Scene画面で位置を調整する。

●手順

❶Hierarchy画面のEntry Game Objectを右クリックし、表示されたメニューからDuplicateを選ぶ

　・Entryの複製Entry(1) Game ObjectがHierarchy画面に追加される

　・Scene画面では、Entry(1) Game ObjectはEntry Game Objectと重なっている

❷複製したEntry(1) Game Objectの名前をExitに変更する

❸Hierarchy画面でExit Game Objectを選び、Scene画面上でドラッグして位置を移動する

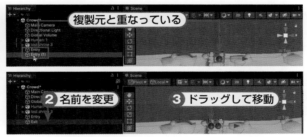

▲Exitの配置

　以上の手順を繰り返し、Entry、Exitの他にCart（屋台）、Place（散策目標）、Main Shrine（本殿）Game Objectを配置する。Cart、Place Game Objectに関しては、複数配置する。名前は任意でよい。

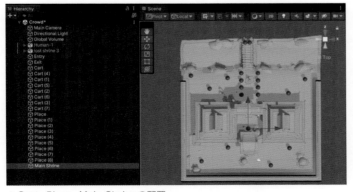

▲Cart、Place、Main Shrineの配置

MoveTo Scriptの更新

　MoveTo Scriptは、これらの目標地点を手に入れ、入口から始まり、1つの目標地点まで移動すれば、次の目標地点へと切り替え、最終的に出口に向かう移動をおこなうよう書き換える。変更したMoveTo Scriptは次のようになる。

```csharp
using System.Collections;
using System.Collections.Generic;
using UnityEngine;
using UnityEngine.AI;
using System.Linq;
using System;

// NavMeshAgent に目的地を指示する
public class MoveTo : MonoBehaviour
{
    // 到着したとみなす目的地までの距離
    const float minRadius = 0.5f;

    // 途中で立ち寄る屋台最大数
    public int maxCartVisits = 3;

    // 途中で立ち寄る散策目標最大数
    public int maxCrawls = 2;

    // 目的地（position Property がワールド座標を示す）
    GameObject target = null;

    // 指定された目的地に対象を移動させる Component
    NavMeshAgent agent;

    GameObject exitPoint;         // 出口
    Stack<GameObject> targets;    // 目的地候補群


    // Script 起動時に1回呼ばれる
    void Start()
    {
        // NavMeshAgent Component を取り出し設定
        agent = GetComponent<NavMeshAgent>();

        // 入口の取り出し
        GameObject entryPoint
            = GameObject.FindGameObjectWithTag("Entry Point");

        // 出口の取り出し
        exitPoint = GameObject.FindGameObjectWithTag("Exit Point");
```

```csharp
    //　本殿の取り出し
    GameObject mainShrinePoint
        = GameObject.FindGameObjectWithTag("Main Shrine Point");

    //　屋台配列の取り出し
    GameObject[] cartPoints
        = GameObject.FindGameObjectsWithTag("Cart Point");

    //　散策目標配列の取り出し
    GameObject[] placePoints
        = GameObject.FindGameObjectsWithTag("Place Point");

    //　移動順の構築
    var list = new List<GameObject>();    //　中間目標群
    list.Add(mainShrinePoint);            //　1 回だけ必ず立ち寄る本殿を追加

    //　屋台を最小で 0 個から、maxCartVisits を超えない数だけ
    //　無作為に取り出して追加する
    var c = UnityEngine.Random.Range(0,
        Math.Min(cartPoints.Length + 1, maxCartVisits));
    list.AddRange(cartPoints.OrderBy(i => Guid.NewGuid()).Take(c));

    //　散策目標を最小で 0 個から、maxCrawls を超えない数だけ
    //　無作為に取り出して追加する
    c = UnityEngine.Random.Range(0,
        Math.Min(placePoints.Length + 1, maxCrawls));
    list.AddRange(placePoints.OrderBy(i => Guid.NewGuid()).Take(c));

    //　出来上がった中間目標群（list）を無作為に並べ直したものを targets に持たせる
    targets = new Stack<GameObject>(
        list.OrderBy(i => Guid.NewGuid()).ToArray());

    //　最初の目標点（target）に入口（entryPoint）を指定し、これを参詣者の目標とする
    target = entryPoint;
    agent.destination = target.transform.position;
}

//　アプリ動作中、定期的に呼ばれる
void Update()
{
    if (Arrived())  //　到着したか判別
    {
        PostAction();   //　到着時の処理
    }
}

//　到着したか判別
bool Arrived()
{
    //　target が null のときは目標未定として false を返す
    if (target == null) return false;
```

```
        //  自分と目標との距離を計算
        var d = target.transform.position - transform.position;
        var radius = (new Vector2(d.x, d.z)).magnitude;

        //  距離が到達判定用の距離 (minRadius) 未満なら
        //  目標点に到達したとみなし true を返す
        return (radius < minRadius);
    }

    //  到着時の処理
    void PostAction()
    {
        target = NextTarget();  //  次の到着点の取り出し
        if (target != null)        //  null でないので、新しい目標がある
        {
            //  参詣者 (agent) への新しい目標設定
            agent.destination = target.transform.position;
        }
    }

    //  次の到着点の取り出し
    GameObject NextTarget()
    {
        //  現在の target が null なら、移動は終了したとみなし null を返す
        if (target == null) return null;

        //  もし exitPoint だったなら、次の到着点は存在しないので同じように null を返す
        if (target == exitPoint) return null;

        //  targets が空なら exitPoint を返す
        if (targets.Count == 0) return exitPoint;

        //  それ以外なら、targets に登録された到着点を取り出して返す
        return targets.Pop();
    }
}
```

●到着判定

　まず、考えなければならないのは、現在の目標地点までの移動の完了を、どう判定するかだ。これは、自分の位置と目標地点までの距離で判定することにした。距離が0.5m未満なら目標地点に到達したと判定する。先に設定した各目標地点球体の直径は1mなので、到達判定用の距離を0.5mとした。これで、画面の球体が、そのまま到達領域を表すことになる。到達判定用の距離を0.5mとしたことに、それ以上の深い意味はない。もし、到達判定用の距離を0.25mにして、それを画面上でも表現したいなら、目標地点球体のScaleを(0.5,0.5,0.5)とすればよい。

●Arrived()

到達判定処理をおこなうMethodをArrived()として用意する。このMethodは、目標地点に到達していればtrue、していなければfalseを返すようにする。前提条件として、target Propertyに現在の目標地点が設定されていることとする。

●null

もし、targetがnullのときは目標未定としてfalseを返すようにした。nullは、存在しないといった意味で利用されるキーワードで、GameObjectやTransform型Propertyに値として設定できる。target がnullでなければ、自分の位置(transform.position)と目標の位置(target.transform.position)との差分を取り、そのうちのx, z成分のみで、自分と目標との距離を計算((new Vector2(d.x, d.z)).magnitude)している。

この距離が到達判定用の距離(minRadius)未満なら、目標点に到達したとみなしtrueを返す。(radius < minRadius)は示した条件が成り立てばtrue、成り立たなければfalseとなる。

```
//　到着したか判別
bool Arrived()
{
    //　target が null のときは目標未定として false を返す
    if (target == null) return false;

    //　自分と目標との距離を計算
    var d = target.transform.position - transform.position;
    var radius = (new Vector2(d.x, d.z)).magnitude;

    //　距離が到達判定用の距離 (minRadius) 未満なら
    //　目標点に到達したとみなし true を返す
    return (radius < minRadius);
}
```

●Scriptを使った目標地点の収集準備

今回の目標地点は複数存在する。goal Propertyを用意したときのように、Inspector画面で指定するようにもできるが、あとから目標地点を増やしたり減らしたりしたときのことを考えると実用的ではない。Script内で、指定したTag(タグ：識別札)を持つGame Objectを検索し、目標地点として収集することにする。

●Tag

Tagは、UnityのGame Objectが持つPropertyの1つで、Game Objectの分別などに利用される。今回は次のTagを新規追加することとする。

Tag名	目標地点
Entry Point	入口
Exit Point	出口
Cart Point	屋台
Place Point	境内
Main Shrine Point	本殿

Tagは、Project Settings画面のTags and Layersタブ画面で設定できる。

●手順

Project Settings画面を表示し、Tags and Layersタブを選んでおく。Tags Property一覧が出ていなければ、Tags Propertyのデスクロージャを開いて一覧を表示しておく。

❶Tags Property一覧右下の＋をクリックする
❷表示されたTag名入力画面でTag名を入力しSaveをクリックする
　◦Tags Property一覧に、書き込んだ名称のTagが追加される

手順を繰り返して、必要なTagを追加していく。

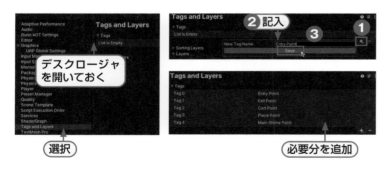

●目標地点の取り出し

Scriptで、Hierarchy画面に存在するGame Object群から、指定したTagが設定されたGame Objectのみを集団（配列などと呼ぶ）で取り出すにはGameObject.FindGameObjectsWithTag(文字列)を使う。最初に見つかった1つだけでいい場合は、GameObject.FindGameObjectWithTag(文字列)を使う。Start()で、次のようにすることで、いちいちInspector画面で、各目標地点Game Objectを設定しなくても、実行時にそれぞれのGame Objectが取り出せる。

```
//  Script 起動時に１回呼ばれる
void Start()
{
    // NavMeshAgent Component を取り出し設定
    agent = GetComponent<NavMeshAgent>();

    //  入口の取り出し
    GameObject entryPoint
        = GameObject.FindGameObjectWithTag("Entry Point");

    //  出口の取り出し
    exitPoint = GameObject.FindGameObjectWithTag("Exit Point");

    //  本殿の取り出し
    GameObject mainShrinePoint
        = GameObject.FindGameObjectWithTag("Main Shrine Point");

    //  屋台配列の取り出し
    GameObject[] cartPoints
        = GameObject.FindGameObjectsWithTag("Cart Point");

    //  散策目標配列の取り出し
    GameObject[] placePoints
        = GameObject.FindGameObjectsWithTag("Place Point");
    . . .
```

　今回のMoveTo Scriptでは、参詣者 (agent) の最初の目標を入口 (entryPoint) とする。そして出口 (exitPoint) を最終目標とする。それぞれ、Tag文字列としてEntry Point、Exit Pointを指定して GameObject.FindGameObjectWithTag(文字列) で取り出している。

　入口から出口に進むまでに参詣者が立ち寄る目標群は、屋台群 (cartPoints)、境内群 (placePoints) とする。それぞれ、Tag文字列としてCart Point、Place Pointを指定してGameObject.FindGameObjects WithTag(文字列) で取り出している。

　また、特別な中間目標として、参詣者が１度だけ必ず立ち寄る目標である本殿 (mainShrinePoint) は、Tag文字列としてMain Shrine Pointを指定してGameObject.FindGameObjectWithTag(文字列) で手に入れる。exitPointは、Start()以外でも利用したいためPropertyにしている。

●移動順の構築

　実際に参詣者が立ち寄る中間目標群 (list) は、１回だけ必ず立ち寄る本殿 (mainShrinePoint) に加え、屋台群 (cartPoints)、境内群 (placePoints) から、0〜数か所、無作為に抽出して作り出す。これで、実

1 開発　2 VR対応　3 VRアプリ　4 3Dモデル　5 仮想空間　6 道具　7 お祭り会場

行するたびに立ち寄り先が変わることになる。Start()の続きは次のようにする。

```
        …
        //    移動順の構築
        var list = new List<GameObject>();   //   中間目標群
        list.Add(mainShrinePoint);           //   1 回だけ必ず立ち寄る本殿を追加

        //    屋台を最小で 0 個から、maxCartVisits を超えない数だけ
    //    無作為に取り出して追加する
        var c = UnityEngine.Random.Range(0, Math.Min(cartPoints.Length + 1,
maxCartVisits));
        list.AddRange(cartPoints.OrderBy(i => Guid.NewGuid()).Take(c));
```

　最初に空の中間目標群(list)をnew List<GameObject>()で作り、本殿(mainShrinePoint)を加えている。そのあとに、屋台群(cartPoints)から無作為に目標を取り出して中間目標群(list)に追加している。何個取り出すかは、UnityEngine.Random.Rangeを使い変化させる。0～指定された数(maxCartVisits)の範囲で変化する。

　屋台地点数を超えないようMath.Min(cartPoints.Length+1, maxCartVisits)とした。これで屋台数+1、maxCartVisits、どちらか小さい値が使われる。屋台数+1としているのはUnityEngine.Random.Rangeの引数が(最小値、最大値)の場合、選択される範囲は、最小値以上、最大値未満と決まっているため。屋台数+1としておかないと、屋台数すべてを巡回する参拝者が出てこないことになる。続いて、同じ要領で境内群(placePoints)から無作為に目標を取り出して、中間目標群(list)に追加する。

```
        …
        //    散策目標を最小で 0 個から、maxCrawls を超えない数だけ
    //    無作為に取り出して追加する
        c = UnityEngine.Random.Range(0, Math.Min(placePoints.Length + 1,
maxCrawls));
        list.AddRange(placePoints.OrderBy(i => Guid.NewGuid()).Take(c));
        …
```

　中間目標群(list)は、そのまま順に目標を取り出すと、追加順の本殿(mainShrinePoint)、屋台群(cartPoints)、境内群(placePoints)の順になってしまうので、最後に順序をかき混ぜたものを、最終的な中間目標群(targets)として作り出している。targetsは、Start()以外でも利用したいためPropertyにしている。

```
        …
        //    出来上がった中間目標群 (list) を無作為に並べ直したものを targets に持たせる
        targets = new Stack<GameObject>(list.OrderBy(i => Guid.NewGuid()).
ToArray());
        …
    }
```

targetsはStack<GameObject>型　でnew Stack<GameObject>(list.OrderBy(i => Guid.NewGuid()).ToArray())として作ることで、中間目標群 (list) の目標群を無作為に並べ直したものを持つことになる。

Start()の最後で、現在の目標点 (target) に入口 (entryPoint) を指定し、これを参詣者の目標としている。

```
        ...
        //  最初の目標点 (target) に入口 (entryPoint) を指定し、これを参詣者の目標とする
        target = entryPoint;
        agent.destination = target.transform.position;
    }
```

●次の地点の決定

あとはUpdate()でArrived()を使って到着を見張り、到着したら、到着時の処理をPostAction()でおこなう。

```
    //  アプリ動作中、定期的に呼ばれる
    void Update()
    {
        if (Arrived())  //  到着したか判別
        {
            PostAction();   //  到着時の処理
        }
    }
```

到着時の処理であるPostAction()では、NextTarget()を使って次の到着点の取り出しと、参詣者 (agent) への新しい目標設定をおこなっている。NextTarget()がnullを返した場合、到着点はないとみなし、なにもしない。

```
    //  到着時の処理
    void PostAction()
    {
        target = NextTarget();  //  次の到着点の取り出し
        if (target != null)     //  null でないので、新しい目標がある
        {
            //  参詣者 (agent) への新しい目標設定
            agent.destination = target.transform.position;
        }
    }
```

次の到着点の取り出しであるNextTarget()では、現在のtargetがnullなら、移動は終了したとみなしnullを返す。もしexitPointだったなら、次の到着点は存在しないので同じようにnullを返す。それ以外なら、targetsに登録された到着点を取り出して返す。

```
//　次の到着点の取り出し
GameObject NextTarget()
{
    //　現在の target が null なら、移動は終了したとみなし null を返す
    if (target == null) return null;

    //　もし exitPoint だったなら、次の到着点は存在しないので同じように null を返す
    if (target == exitPoint) return null;

    //　targets が空なら exitPoint を返す
    if (targets.Count == 0) return exitPoint;

    //　それ以外なら、targets に登録された到着点を取り出して返す
    return targets.Pop();
}
```

　targetsはStack＜GameObject＞型なので、Pop()で取り出すごとに、保持しているGameObjectは減っていく。そのために取り出す前にtargetsが空になっているか確認し、空なら出口であるexitPointを返す。これで、Script側の対応は完了した。

Game Object側のTag設定

　Scriptの実行で目標地点を検出できるように、Hierarchy画面の各目標地点Game Objectには、役割に応じたTagを設定しよう。

　Hierarchy画面でEntry Game Objectを選び、Inspector画面でTag Property値をクリックして、表示されたメニューから事前に追加したEntry Point Tagを選ぶ。屋台のように目標地点Game Objectが複数ある場合、Hierarchy画面で屋台の目標地点Game Objectすべてを選んで（Controlキーを押しながらクリックすることでGame Objectを追加選択できる）から、Inspector画面でTag Propertyを変更する。これで、選ばれているGame ObjectのTag Property値はすべて選んだTagになる。

▲ Tagの設定

Playすると、Human-1 Game Objectは最初に入口に進み、その後、境内を散策し、本殿に寄り、屋台に寄ってから出口に向う。出口に着いたら、そこで留まる。Playするたびに移動経路は変わるだろう。

動作の追加

目的に着いたときの動作を追加しよう。屋台や境内の目標地点に着くと数秒立ち止まり、本殿では二礼二拍手一礼をおこなわせる。立ち止まって眺める動作と、二礼二拍手一礼の動作を調達する必要がある。

立ち止まって眺める動作

こちらは、歩く動作のときのようにAnimation Clipの動作を切り取るだけだ。Daz-friendly用のページからcmuconvert-daz-76-80をダウンロード後、解凍してできた77フォルダ内の77_02.bvhを使った。

Blenderで読み込み、FBX形式で書き出し、Crowdフォルダにドロップする。FBX形式ファイルの名前はidle77_02.fbxとした。作成されたPrefabを選択して、Inspector画面で、Humanoid型Avatarの作成と、Animation Clipの編集をおこなう。元々のAnimation Clipを選び、名前をidleとして、再生範囲を決めLoop指定など各種Propertyを設定をしてからApplyクリックで更新する。

▲ Animation Clipの編集

Property名	設定値
Start Frame	98
End Frame	147
Loop Time	チェックを付ける
Loop Pose	チェックを付ける
Root Transform Rotation>Bake Into Pose	チェックを付ける
Root Transform Position(Y)>Bake Into Pose	チェックを付ける
Root Transform Position(XZ)>Bake Into Pose	チェックを付ける

Human Animator ControllerへのState追加

　再設定されたidle77_02 Prefabのidle Animation Clipは、Human Animator Controllerをダブルクリックして、Animator画面を表示させ、レイアウトエリアにドロップしてStateを作成する。

このとき、Enterポイントからの遷移を02_01 Stateからidle Stateに変更し、わかりにくい名前の02_01 Stateは、名前をwalkに変更する。

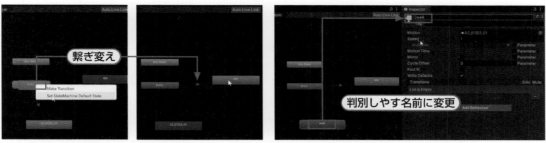

▲ Enterポイントからの繋ぎかえと名前の設定

そして遷移条件としてHuman Animator ControllerのParameterに、Walk Trigger、Idle Trigger、2つのTriggerを追加し、idleとWalk Stateは互いに条件付きで遷移できるようにする。いずれの遷移も、Inspector画面で、Has Exit Time Propertyのチェックを外す。

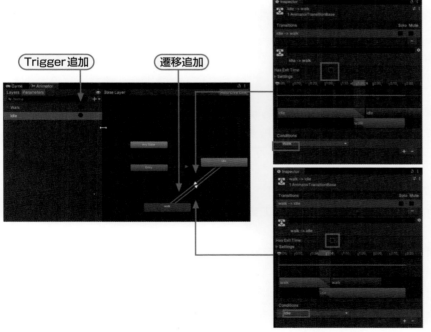

▲遷移の追加

Property名	設定値
idleからwalkへの遷移のConditions	Walk Trigger
walkからidleへの遷移のConditions	Idle Trigger
Has Exit Time	チェックを外す

　Crowdフォルダにあるmotion Prefabは、もう使うこともないので削除してしまおう。motion Prefabを右クリックし、表示されたメニューからDeleteを選ぶ。「Undoできない処理だが実行していいか」と聞かれるので、Deleteをクリックして削除する。

二礼二拍手一礼の動作の変更

　ライセンスがCC0やCCBYの、二礼二拍手一礼の動作が見当たらなかったので、拝礼、拍手の動作で組み立てるようにする。
　拝礼動作はsketchfab.comサイトからFBX形式が調達できた。

muyi Quick Formal Bow
https://skfb.ly/6DYtZ

"muyi Quick Formal Bow" (https://skfb.ly/6DYtZ) by deliaher is licensed under Creative Commons Attribution (http://creativecommons.org/licenses/by/4.0/).

　拍手動作は適当なものが見つからなかった。
　Unity EditorのAnimation画面で、拝礼動作を加工することで新しく作り出すこともできるが、本書では扱わない。
　二礼二拍手一礼の動作はあきらめ、本書では拝礼を二礼だけとする。

●拝礼動作

　拝礼動作については、muyi Quick Formal Bowをダウンロード後、解凍してできたmuyi-quick-formal-bowフォルダ内のsourceフォルダ内にあるQuickFormalBow.fbxをCrowdフォルダにドロップしてPrefabを作成する。
　作成されたQuickFormalBow Prefabを選択して、Inspector画面で、Humanoid型Avatarの作成と、Animation Clipの編集をおこなう。

　Animation Clipのトリミングはおこなわず、名前を判別しやすくbowに変更するだけしてApplyを
クリックして更新しておく。

●Human Animator ControllerへのbowState追加

　そして、Human Animator Controllerをダブルクリックして開いたレイアウトエリアに、
QuickFormalBow Prefabが内包するbow Animation Clipをドロップしてbow Stateを作成する。

Prefabを編集しbowという名前に変更しておく

ドロップ

作成される

　加えて、遷移条件としてHuman Animator ControllerのParameterに、Pray Triggerを追加し
ておき、idleからbow Stateは、Pray Triggerの条件付きで遷移するようにする。
　遷移を選択して、Inspector画面で、Has Exit Time Propertyのチェックを外す。

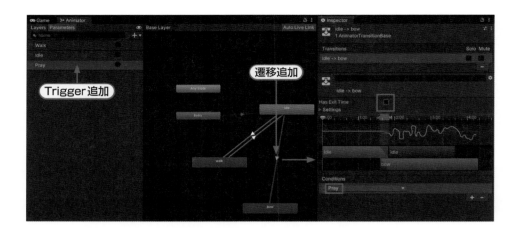

● bowStateの複製と接続

　この追加した bow State は、選択しておきメニューバーから Edit ➡ Duplicate を選んで複製する。

　レイアウトエリアに bow State から複製された bow 0 State が追加されるので、最初の bow State から無条件に遷移するようにする。無条件に遷移させるので、ただ接続するだけでよい。

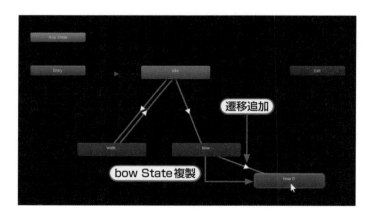

　これで、最初の bow State のお辞儀動作が終わったら、複製した bow 0 State に遷移し、もう一度、お辞儀動作を実行するようになる。仕上げに、bow 0 State から idle State を無条件につなぐ。

　最後に walk State から bow State へつなぐが、こちらは idle State から bow State への遷移と同じく、Has Exit Time Property のチェックを外して、Pray Trigger が引かれたら、bowState に遷移するようにする。

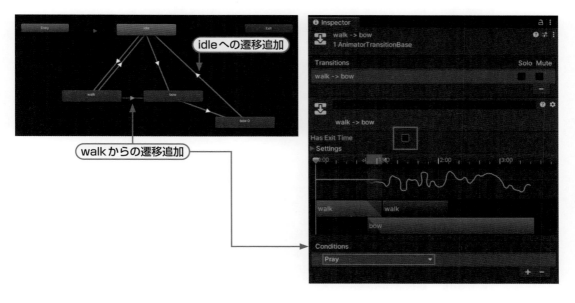

これでidle State、またはwalk State実行中に、Pray Triggerが引かれたら、bow Stateに遷移し、そこからは自動的にbow 0 Stateに遷移し、最後にidle Stateに戻る遷移が完成する。

動き回る Human-1 を追いながらの、State の遷移確認は骨が折れる。

Human Animator Controller の遷移を確認するには、新規に Scene を作成し、そこで、Idle、Pray、Walk Trigger による遷移を確認するといいだろう。

Crowd フォルダ内に、新しく Pray Scene を作成し、Hierarchy 画面に Human-1 フォルダ内の Human-1 Prefab をドロップする。こちらは NavMesh Agent Component や MoveTo Script を取り付けていないので、Play しても、動き回ることはない。

作成される Human-1 Game Object には、最初から Animator Component が取り付け済みなので、あとは Controller Property に Human Animator Controller を指定してやればよい。

Play すれば、前章のように Animator 画面で各 Trigger を手動でクリックして遷移を確認できる。

MoveTo Scriptの更新（Animator Componentの利用）

　確認できたら、編集対象のSceneをCrowdに戻す。MoveTo Scriptを更新して、Animator Componentを使って、状況によって動作を切り替えるようにしよう。ScriptにはAnimator型のanimator Propertyを追加しておく。

```
public class MoveTo : MonoBehaviour
{
    …
    Animator animator;                // 動作を指定する
```

　そして状態に応じて、animator Propertyを使って各Triggerを引く。ScriptでのAnimator Componentの扱いは前章を参照してほしい。

●Start()の変更

　Start()では、Animator Componentを取り出し、animator Propertyに設定しておく。今回の変更で、起動時のAnimatorのControllerはidle Stateになっている。agentに目標地点を設定したらWalk Triggerを引いて歩くようにする。

```
void Start()
{
    // Animator Component を取り出し設定
    animator = GetComponent<Animator>();
    …
    //  歩く動作を設定
    animator.SetTrigger("Walk");
}
```

●Update()の変更

　Update()では、agent.isStoppedがtrueの間は、すぐにreturnし、何もしないようにする。また、Arrived()がtrueになった時点で、agentの目標地点への移動は停止させる。agent.isStoppedにfalseを設定すると、目標地点への移動は停止される。その後Action()を呼び出す。

```
void Update()
{
    //  一時停止中なので何もしない
    if (agent.isStopped) return;
    if (Arrived())  // 到着したか判別
    {
        agent.isStopped = true; //  一時停止
        Action();  // 到着時の処理
    }
}
```

●Action()

Action()では、到着地点の種類に合わせたTriggerを引いてStateを変更する。target.CompareTag
("Main Shrine Point")の結果がtrueなら目標地点が本殿なので、Pray Triggerを引いて、拝礼を実行
させる。

Triggerを引いて10秒たったらPostAction()を呼び出すようにInvoke（起動するMethod名，現在
時から何秒後に開始）を利用する。

本殿でないなら、Idle Triggerを引く。Triggerを引いて2秒たったらPostAction()を呼び出すよう
にInvoke（起動するMethod名，現在時から何秒後に開始）を利用する。

```
//   到着時の処理
void Action()
{
    if (target.CompareTag("Main Shrine Point")) //   本殿に到着したなら
    {
        animator.SetTrigger("Pray");     //   拝礼
        Invoke("PostAction", 10);        //   10秒後に移動再開
    }
    else      //   それ以外なら
    {
        animator.SetTrigger("Idle");     //   少し止まる
        Invoke("PostAction", 2);         //   2秒後に移動再開
    }
}
```

●PostAction()の変更

PostAction()では、NextTarget()で新しい目標地点が見つかったら、Walk Triggerを引いて、walk
Stateに変更する。そして目標地点の設定と同時にagent.isStoppedをfalseにして、目標地点への移
動を再開する。

```
void PostAction()
{
    target = NextTarget();  //   次の到着点の取り出し
    if (target != null)     //   null でないので、新しい目標がある
    {
        //   歩く動作を設定
        animator.SetTrigger("Walk");

        //   参詣者 (agent) への新しい目標設定
        agent.destination = target.transform.position;

        //   一時停止解除
        agent.isStopped = false;
    }
}
```

　Playすると、ただ歩いていたHuman-1 Game Objectは屋台や散策地点では2秒ほどたたずみ、本殿では拝礼するようになる。

●Spawn Script

　最後にHuman-1 Game Objectを大量投入しよう。これにはHuman-1 Game Objectを生成するScriptを用意する必要がある。Script名はSpawnとした。

```
using UnityEngine;

//   参詣者を生成する
public class Spawn : MonoBehaviour
{
    public GameObject visiterPrefab;      //   生成する参詣者の原型
    public int firstNumVisiter;           //   一番最初に生成する人数

    //   Script 起動時に 1 回呼ばれる
    void Start()
    {
        //   firstNumVisiter で指定される人数の参詣者を生成する
        for (int i = 0; i < firstNumVisiter; i++)
        {
                Instantiate(visiterPrefab, transform.position, transform.
rotation);
        }

        //   3 ～ 5 秒待って SpawnVisiter() 実行
        Invoke("SpawnVisiter", Random.Range(3, 5));
    }

    //   参詣者を生成する
    void SpawnVisiter()
    {
        Instantiate(visiterPrefab, transform.position, transform.rotation);

        //   3 ～ 5 秒待って SpawnVisiter() 実行
        Invoke("SpawnVisiter", Random.Range(3, 5));
    }
}
```

● Start()

Start()ではfirstNumVisiter Propertyに設定された人数だけHuman-1 Game Objectを生成し、その後は3〜5秒待ってSpawnVisiter()を呼び出すようにしている。

```
for (int i = 0; i < firstNumVisiter; i++) {...}
```

という記述が、{}で囲んだ部分の処理を、firstNumVisiter回繰り返すという意味で、繰り返される処理は

```
Instantiate(visiterPrefab, transform.position, transform.rotation);
```

となる。

Instantiate(Game Objectの元にするPrefab, 作成時の位置, 作成時の向き)で、Game Objectを作成する。元にするPrefabには、visiterPrefabに設定されたPrefabを渡すようにしている。

作成時の位置や向きは、Spawn Scriptが取り付けられたGame Objectの位置(transform.position)や向き(transform.rotation)を指定している。visiterPrefab、firstNumVisiter Propertyは、publicを付けてInspector画面から指定するようにした。

```
void Start()
{
    //  firstNumVisiter で指定される人数の参詣者を生成する
    for(inti=0;i<firstNumVisiter;i++)
    {
        Instantiate(visterPrefab, transform.position, transform. rotation);
    }
    //  3 ~ 5 秒待って SpawnVisiter() 実行
    Invoke("SpawnVisiter", Random.Range(3, 5));
}
```

● SpawnVisiter()

SpawnVisiter()では1人Human-1 Game Objectを生成し、その後は3〜5秒待ってSpawnVisiter()を呼び出すようにしている。

```
void SpawnVisiter()
{
    Instantiate(visterPrefab, transform.position, transform.rotation);
    //  3 ~ 5 秒待って SpawnVisiter() 実行
    Invoke("SpawnVisiter", Random.Range(3, 5));
}
}
```

Spawn Scriptの実行

　Spawn Scriptを実行させるためには、Hierarchy画面のGame ObjectにSpawn Scriptを取り付ける必要がある。

　Crowdフォルダ内にSpawn Scriptを作成後、Hierarchy画面にEmpty Objectを追加し、Spawnerと名付けて、Scene画面のEntry Game Objectの横に配置した。このSpawner Game ObjectにSpawn Scriptをドロップする。Spawner Game Objectを選び、Inspector画面のSpawn (Script) ➡ First Num Visiter Propertyに5を指定することで、Spawn ScriptのfirstNumVisiter Propertyに5が設定される。

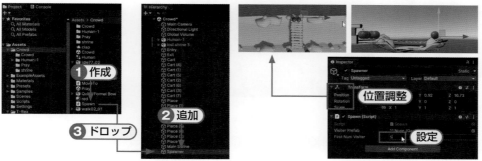

▲ Spawnerの追加

　同じくInspector画面のSpawn (Script)➡Visiter Prefab Propertyに、作成させたいGame ObjectCか、そのPrefabをドロップすれば、Spawn ScriptのvisiterPrefab Propertyが設定される。Spawn (Script)➡Visiter Prefab Propertyには、CrowdフォルダのHuman-1 Prefabではなく、Hierarchy画面のHuman-1 Game Objectを指定したい。

　こちらはHuman-1 Game ObjectにNavMesh Agent Componentが取り付け済みで、Animator ComponentのController PropertyにHuman Animator Controllerが設定済みなので、その作業をSpawn Scriptで行う必要がなくなる。

　ただ、それだと、Hierarchy画面には初期状態でHuman-1 Game Objectが1つ存在する必要がある。

●Prefabの作成

　初期状態は誰もいない状態から始めたいので、一度、Hierarchy画面のHuman-1 Game Objectを、Crowdフォルダにドロップして、新しいPrefabを作り、これを指定することにした。作成されたPrefabはHuman-1 Prefabの派生となる。

このPrefabをHierarchy画面にドロップして作成されるGame Objectは、最初からNavMesh Agent Componentが取り付け済みで、Animator ComponentのController PropertyにHuman Animator Controllerが設定済みのGame Objectとなる。

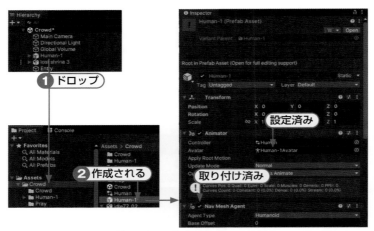

▲Human-1 Prefabの派生Prefabの作成

　再びHierarchy画面のSpawner Game Objectを選び、Inspector画面のSpawn (Script)➡Visiter Prefab Propertyに、こちらのCrowdフォルダのHuman-1 Prefabをドロップして設定する。

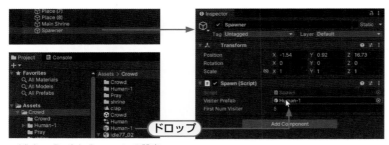

▲Visiter Prefab Propertyの設定

　これで、Hierarchy画面に存在するHuman-1 Game Objectは不要となったので削除する。Playすると、最初に5人のHuman-1 Game Objectが生成され、その後は数秒間隔で生成され、境内は参詣者でいっぱいになる。

▲数秒間隔で参詣者が生み出される

MoveTo Scriptの更新（Human-1 Game Objectの破棄）

　これだとHuman-1 Game Objectが出口に溜まり続けるので、MoveTo ScriptのPostAction()に処理を追加する。NextTarget()がnullを返したら、自分が取り付けられたGame Objectを廃棄するようDestroy(破棄するGame Object)を呼び出すようにする。

```
void PostAction()
{
    . . .
    if (target != null)
    {
        . . .
    }
    else
    {
        Destroy(this.gameObject);
    }
}
```

Nav Mesh Agentの調整

　歩く姿がスケートのように滑ってしまうようなら、CrowdフォルダのHuman-1 Prefabを選び、Inspector画面のNav Mesh Agent➡Speed Propertyを1くらいに設定する。

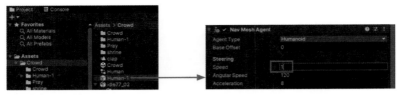

▲移動速度の調整

障害領域の追加

あらためてNavMesh領域を見ると、川のところも通行可能になっている。川の部分は通れないようにしよう。

Empty Objectを追加し、そのGame ObjectにNav Mesh Obstacle Componentを取り付け、通過不可領域を定義する。通過不可領域は、位置については取り付けたGame ObjectのTransform Position Propertyで調整し、大きさについてはNav Mesh Obstacle ComponentのSize Propertyで調整する。追加したEmpty Objectの名前はObstacleとした。

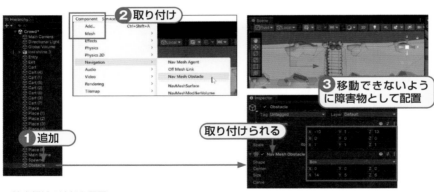

▲障害領域の追加と配置

- Position　　　−10,1,13
- Nav Mesh Obstacle
- Shape　　　　Box
- Center　　　　0,0,0
- Size　　　　　14,5,6

これを複製し、橋の両側に配置する。

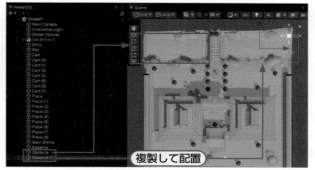

上に登られたり、
下をくぐられない
よう配置する

複製して配置

▲障害領域の複製と配置

Inspector画面でNav Mesh Obstacle➡Carve Propertyにチェックを付けると、通行可能領域が変化する。

▲通行可能領域の微調整

Nav Mesh Agentの半径

その他、NavMeshが作った経路地図の道が狭いと、複数のHuman-1 Game Objectが同時に通ろうとして渋滞してしまう。解決策の1つとして、Nav Mesh Agentの半径を小さくする方法がある。

初期状態では0.5mとなっているが、細身の0.2mくらいに設定すると、渋滞が緩和されたりする。

CrowdフォルダのHuman-1 Prefabを選び、Inspector画面のNav Mesh Agent➡Radius Propertyを0.2くらいに設定する。

道が狭いと渋滞する

調整

▲参詣者の体格の調整

NavMeshの再Bake

　また、NavMesh自体を作り直す方法もある。NavMeshを作る際は、作成専用のNav Mesh Agent
が使われるが、こちらも初期状態ではRadius Property値が0.5mとなっている。同じようにRadius
Property値を0.2として作り直せば、道幅自体が広がる。

●手順

❶ Hierarchy画面でlost shrine 3 Game Objectを選択する

❷ Inspector画面でNavMeshSurface ➡ Agent TypeのHumanoid部をクリックする

❸ 表示されたメニューからOpen Agent Settings…を選ぶ

　　◦ Navigation画面が表示される

❹ Navigation画面でAgentsタブを選び、Radius Propertyの値を0.2に変更する

❺ 用が済んだのでNavigation画面は閉じる

❻ Inspector画面でNavMeshSurfaceのBakeをクリックする

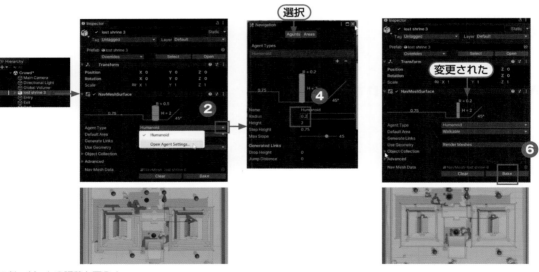

▲ NavMeshの調整と再Bake

NavMeshの対象物指定

　目標地点として表示している球体の領域も、移動可能領域から除外されてしまう点には注意する。目標地点の配置次第では移動できるところも移動不可領域になってしまう。これは、NavMeshSurface ComponentのCollect Objects PropertyがAll Game Objectsになっているためで、そのためにHierarchy画面のGame ObjectはすべてNavMeshの地図作成の対象となってしまっている。

　また、先のNavigation画面で設定したRadius Propertyの値も、あまり小さいと、大きな隙間から落ちてしまうとみなされ、予想外の場所が通行不能となる。

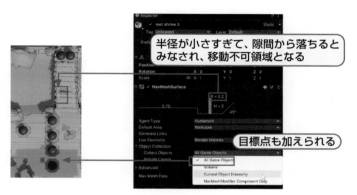

▲目標地点が移動不可領域に加えられるなどの問題

　そういった点を踏まえ、表示を見ながら調整していくとよい。

　NavMeshSurface Componentで作成専用のNav Mesh AgentのRadius Propertyは0.3とした。特定のGame Objectを、NavMesh作成時に対象から外す方法の方は、いろいろある。

　例えば、Collect Objects PropertyをCurrent Object Hierarchyにして、NavMesh作成時の対象物は、NavMeshSurfaceが追加されているlost shrine 3 Game Objectの子供だけにするという方法もある。

●Layerを使った除外

もう1つ、同じNavMeshSurface ComponentのObject CollectionにあるInclude Layers Propertyで、NavMesh作成時の対象から外すLayerを用意する方法もある。今回は、こちらを使うことにした。

LayerもTagと同じようにGame Objectごとに設定できる。ここでは既存のUI Layerを、NavMesh作成時の対象Layerから外すことにした。UI Layerはディスプレイ上に表示するボタンやメニュー、タイトルといった、表示はされてもSceneが持つ仮想空間の物体として扱いたくないGame Objectに設定するLayerなので、今回のNavMesh作成時の対象から外しても影響はない。

目標地点Game Object群も、目標地点を示すためのGame Objectなので、Layer PropertyをUIにしても特に影響はない。

> Tagのところで案内したTag&Layer画面で、新しくLayerを用意した方が、いろいろな点で正しい。ここではLayer追加定義作業を省略するためだけにUIを選択するようにした。

●手順

❶Hierarchy画面ですべての目標地点Game Object群を選択する
❷Inspector画面でLayer Property値をクリックし、UIを選ぶ
❸Hierarchy画面でlost shrine 3 Game Objectを選択する
❹Inspector画面でNavMeshSurface ➡ Object Collection ➡ Include Layersの値をクリックする
❺表示された一覧の中にあるUI項目のチェックを外す
❻Inspector画面でNavMeshSurfaceのBakeをクリックする

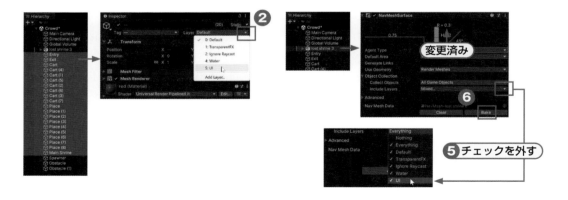

　目標地点Game Object群が通行可能になっているのと、橋の中間にあった穴がふさがっているのが確認できるだろう。

▲目標地点が移動不可領域に加えらえれるなどの問題の解決

　Hierarchy画面のSpawner Game Objectを選んで、Inspector画面で、Spawn (Script)➡First Num Visiter Property値を変えたり、CrowdフォルダのHuman-1 Prefabを選び、Inspector画面で、Move To (Script)のMax Cart VisitsやMax Crawls Property値を変えるなどして変化を観察してみるのもよい。

　混雑具合や、本殿の正面から二礼ではなく当初の予定の二礼二拍一礼させるにはどうすればよいかなど、いろいろ発展させてみるのも面白い。Questで眺めてみるのも面白いだろう。

　最後に、Unity公式のNPCについての入門ページを紹介しておく。

 AI（人工知能）入門
https://learn.unity.com/course/artificial-intelligence-for-beginners

5-6 まとめ

この章では、次のような知識について簡単に案内した。

- Make Humanを使った人体モデルの用意
- Unityで用意されたHumanoid型Avatarを使って人体モデルを動かす仕組み
- AI Navigation Packageを使ったNPC (Non Player Character) の自立動作
- 用意された地形をもとに、目的地へと自動的にGame Objectを移動させるNav Mesh Agent
- Nav Mesh Agentが移動の際に利用するNavMeshSurfaceやNav Mesh Obstacle
- Nav Mesh関係のパラメータ調整
- ScriptによるNav Mesh AgentやAnimatorの連動

　より人間らしい行動をNPCに取らせるにはどうすればいいかは、ゲーム開発者の永遠の課題でもある。ChatGPTといったモダンな生成AIとの対話は、実在の人物と錯覚してしまうほどのレベルだが、こういった対話を音声認識や音声合成と組み合わせたり、VRの仮想空間の中で人体モデルを通してやり取りできるようにしたりするのも面白そうだ。実際に取り掛かっている人もいると思う。まずは、ScriptでAnimatorをコントロールし、状況ごとの動作の幅を広げてほしい。

　地形といえば、Terrain (トレイン：地形) Toolと呼ばれる、広大な自然環境を作成するためのツールがUnityには存在する。地形の自動生成などにも応用できるし、広い仮想世界を構築するときに役立つだろう。国土交通省が全国50以上の都市を3Dデータとして無償公開している「PLATEAU」という活動(https://www.mlit.go.jp/plateau/)もある。Unity用のSDKも存在し、XR Interaction Toolkitを使った組み込み作業を紹介したYouTubeページ (https://youtu.be/qLzGrdgkskM?si=F7IKXzi7svLm_JGc) もあるので、興味がある人は訪れてみるといいだろう。

道具の仕組みを知る

　例えば、弓に矢をつがえて射るにはどうするか？　張られ
たワイヤーにフックを掛けて滑り降りるには？　このような
操作は、いまのところ、XR Interaction Toolkitが提供する
Componentを取り付けたり、Propertyを設定するだけで
は対応不可能だ。そういった操作への対応が、この章の課題
となる。

この章の目的

　本章では、仮想空間に床を用意し、弓矢と的を置き、高台からは、張られたワイヤーにフックを掛けて滑り降りられるようにする。

　XR Interaction Toolkit、Rigidbody Componentや各種Collider Componentを使い、これらの仕組みを実現するための一例を案内する。また、滑り降りたあと、高台に戻ったり、矢を放ったあと、矢を手元に戻すために、リセットボタンを用意する。

　仮想世界で押すことのできるプッシュボタンの作り方と、Unityで使うUIパーツの利用法を案内する。

- 弓を引く仕組みの追加
- VR化
- フックを使ってワイヤーを滑り降りる仕組みの追加
- 自分の仮想体の強制テレポートとフックの位置再現
- Unity組み込みUI要素を使ったリセットボタン
- 3D Game Objectを使ったリセットボタン
- 弓の置き場を用意する

　BlenderやMesh、Skinningについての知識がない人は、4章を参照してほしい。

　UIパーツの取り扱いは、この章の課題とは直接関係しないが、遊具で遊ぶ際の説明表示などの関連性が高いので、ここで取り上げることにした。

　ちなみに、いま該当するComponentが用意されていないからといって、将来、XR Interaction Toolkitに導入されないとは限らない。例えば、ハシゴを上る仕組みは、バージョン2.3になって導入された。

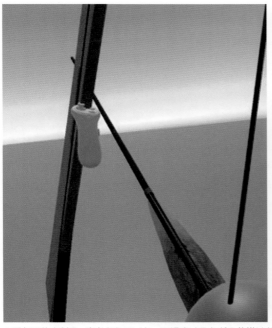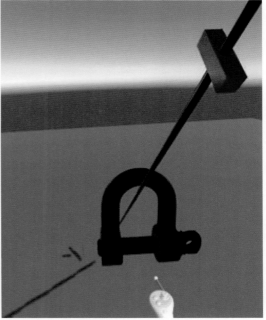

▲弓矢で的を射る、高台からワイヤーで滑空するなどの仕掛けが必要になる

Unity Editorで新しいSceneを用意する

　この章でも、専用のフォルダとSceneを用意する事にした。名前はフォルダ、SceneともにPlayground
とする。SceneはStandard (URP)を指定し、Main Camera Game Objectはそのまま残しておく。
まだVR対応は必要ない。

1
開発

2
VR対応

3
VRアプリ

4
3Dモデル

5
仮想空間

6
道具

7
お祭り会場

　かなりの高機能を提供してくれるXR Interaction Toolkitも、弓を引くという動作まではサポートしてくれない。弓も、矢もXR Grab Interactable Componentでつかむことはできる。あとは矢をXR Grab Interactable Componentで持ったまま、弓の弦に押し付けて後ろに引ければいいわけだ。Rigidbody Componentや各種Collider Component、Scriptを使えば実現できるだろう。弓から放たれた矢の動きも、矢に取り付けたRigidbody Componentに丸投げできそうだ。

弓矢3Dモデルの調達

　例によって、3Dモデルの調達から始めよう。弓に関しては、Bone付きが望ましい。本格的な弓矢のシミュレータを作るというのでないなら、弦を引いたときの弓側のしなり具合は、有限要素法などで物理的に構造計算して変形させるより、Boneでコントロールする方が単純で計算負荷も少ない。

　sketchfab.comで理想の弓と矢が見つかった。どちらもFBX形式が提供されているので、ダウンロードするファイルはそちらを選んだ。ダウンロードされるファイルは、圧縮されているので解凍してフォルダにしておく。

10-bows-and-cross-bows

https://skfb.ly/oytQQ

"10 Bows and Cross Bows" (https://skfb.ly/oytQQ) by Gintoki1234 is licensed under Creative Commons Attribution (http://creativecommons.org/licenses/by/4.0/).

cc0-wooden-arrow

https://skfb.ly/oAMyn

"CC0 - Wooden Arrow" (https://skfb.ly/oAMyn) by plaggy is licensed under Creative Commons Attribution (http://creativecommons.org/licenses/by/4.0/).

● 10-bows-and-cross-bows の加工

　矢のモデルであるcc0-wooden-arrowは、解凍してできるcc0-wooden-arrow フォルダをそのまま Unity Editor にドロップして利用できる。弓のモデルである10-bows-and-cross-bowsの方は、10種類のモデルがまとまっていて、Unity Editorで分離するのは面倒だったので、Blenderであらかじめ分離することにした。

　解凍してできる10-bows-and-cross-bows フォルダ内にあるsource フォルダ内にあるBows and CrossBows(SketchFab Ready).fbxを、BlenderでImportして、Yumiという名前のオブジェクトだけ選びExportする。ファイル名はYumi.fbxとした。

●手順

❶ Blender を起動する

❷ Cube、Lamp、Cameraは不要なので削除する

　　◦ 今回のExportの設定なら、残しておいても結果は同じだが、大した手間でもないので削除する

　　❷-1 マウスカーソルが3D Viewport上にある状態で、キーボードのaキーを押し、そのあとxキーを押す

　　❷-2 「削除するか」と聞かれるのでEnterキーを押すか、表示されたメニューのDeleteを選ぶ

❸ メニューバーからFile➡Import➡FBX(.fbx)を選び、Bows and CrossBows(SketchFab Ready).fbxを読み込む

　　◦ 読み込み設定は初期設定を使った。以下に設定を示しておく

④Outlinerから Yumi Armatureを選択する

⑤OutlinerからYumi Armatureのデスクロージャを開き、内部のYumiをShiftキーを押しながら
左クリックする

◦ Yumi Armature内のすべてのオブジェクトが選択される

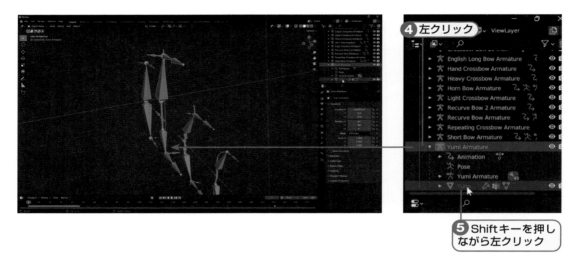

⑥メニューバーからFile ➡ Export ➡ FBX(.fbx)を選び、任意の場所にYumi.fbxを出力する

◦ 選択中のモデル以外書き出さないように、Export画面ではIncludeのLimit ToでSelected
Objectにチェックを付けておく

◦ その他の設定は初期設定を使った。値が気になる人は4章の「Blenderからの出力」を参照

これで作業が終わったのでBlenderは終了してよい。作業中の画面を保存する必要はない。

3Dモデルの Unity Editor への取り込み

弓と矢をUnity EditorのPlaygroundフォルダにドロップし、Prefabにする。作成したPrefabは、
Hierarchy画面にドロップしてGame Objectにする。

●弓の読み込み

BlenderでExportしたYumi.fbxをPrefabにする。その際、Textureが自動で反映されるように、
texturesという名前のフォルダをドロップ先に事前に作っておき、関連するTextureをまとめておく。
作成されたYumi Prefabは、Hierarchy画面にドロップしてYumi Game Objectにする。

●手順

❶ Project画面のPlaygroundフォルダ内に、Yumiという名前のフォルダを作成する

❷ 作成したYumiフォルダ内にtexturesという名前のフォルダを作成する

❸ 作成したtexturesフォルダに、ダウンロード後、解凍してできた10-bows-and-cross-bowsフォルダ内にあるtexturesフォルダ内の、名前がYumiから始まる4つのファイルをドロップする

- Yumi_Base_color.png
- Yumi_Mixed_AO.png
- Yumi_Normal_OpenGL.png
- Yumi_Roughness.png

❹ 作成したYumiフォルダ内に、BlenderでExportしたYumi.fbxをドロップする

❺ Normal TextureファイルをUnity用に変換するか聞かれるので、Fix nowをクリックする

- Yumi Prefabが作成される

❻ Yumiフォルダ内のYumi PrefabをHierarchy画面にドロップする

- Yumi Game Objectが作成される

textures フォルダを作って、先の4つの PNG ファイルだけドロップするのではなく、10-bows-and-cross-bows 内にある textures フォルダを、そのままドロップしてもよいが、使わないファイルが大量にできてしまう。

●矢の読み込み

ダウンロード後、解凍してできた cc0-wooden-arrow フォルダをそのままドロップして、内部にできた WoodenArrow Prefab を Hierarchy 画面にドロップして、WoodenArrow Game Object にする。

●手順

❶Project 画面の Playground フォルダ内に、ダウンロード後、解凍してできた cc0-wooden-arrow フォルダをそのままドロップする

❷Normal Texture ファイルを Unity 用に変換するか聞かれるので、Fix now をクリックする
  ○ cc0-wooden-arrow フォルダが作成される

❸cc0-wooden-arrow フォルダ内の、source フォルダ内にできた WoodenArrow Prefab を Hierarchy 画面にドロップする
  ○ WoodenArrow Game Object が作成される

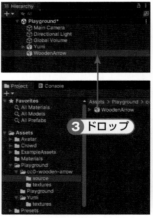

Hierarchy 画面に作成された、Yumi Game Object と WoodenArrow Game Object は、自分が扱いやすいように回転や移動を行い、Scene 画面で横に並べて配置する。適当に配置してよい。筆者は Yumi Game Object はそのままにして、WoodenArrow Game Object の position を (−1.5, 0, 0)、Rotation を (0, −90, 0) とした。

弓のアニメーション

弦を引いたときの、弦の張りや弓のしなりはMorphingで表現する。

すでに、Yumi Game Objectは、弦のBone自体がうまく設定されていて、内包するYumi Armature
➡ String Game Object (Bone) をどこに動かしても弦の張りは、それらしく動いてくれるので、こち
らで対応してよいと思う。この場合、弓がしならない点が制限となる。

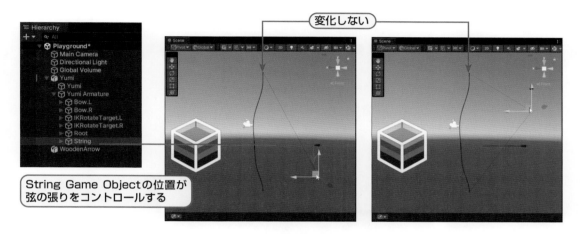

Yumi Prefabの中には、弓のしなりも含めた動作があるので、こちらを使ってもよい。こちらの制限
としては、弦の引っ張り位置が固定位置になる。

本章では、前者の方法を利用する。

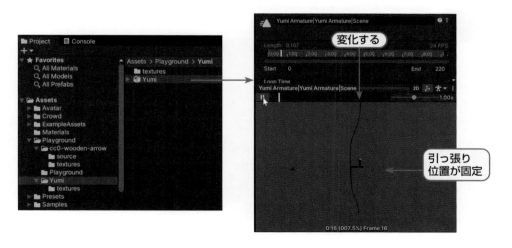

弓を引く力を測定しつつ、弦を引く

弓を引く力を測定して弦を引くため、Scene画面上で引かれていない状態の弦の位置に、新しく球体Game Objectを追加しよう。この球体の移動量を弓を引く力に変換する。球体Game Objectの名前はPull Pointとする。弓と一緒に動くようにしたいので、Pull Point Game Objectは、Yumi Game Objectの子供として追加する。

●手順

❶Hierarchy画面のYumi Game Objectを右クリックし、表示されたメニューから3D Object➡Sphereを選ぶ

❷追加されたGame Objectの名前をSphereからPull Pointに変更する

❸Pull Point Game Objectの位置や大きさを調整する
- ◦ Position = (−1.114, 0, 0)
- ◦ Scale = (0.1, 0.1, 0.1)

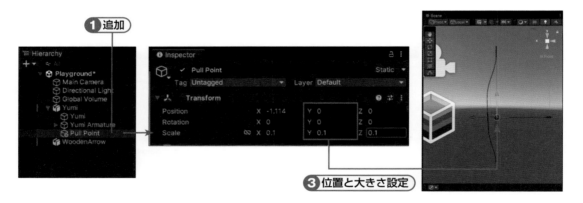

●PullPoseDriver Script

球体の、初期位置からの移動量の計測は、Scriptを用意しておこなう。Scriptの名前はPullPoseDriverとした。このScriptは、Hierarchy画面のYumi Game Objectに取り付けられることを前提とし、球体位置情報であるpullPoint Propertyには、Pull Point Game ObjectのTransform、stringPullPoint Propertyには弓の弦を動かすBoneである、Yumi Game Object➡Yumi Armature➡String Game ObjectのTransformが設定されるものとする。

```
using UnityEngine;
```

```
public class PullPoseDriver : MonoBehaviour
{
    //　引き手位置
    public Transform pullPoint;

    //　引き手の初期位置（Yumi Game Object ローカル座標）
    Vector3 origin;

    //　弓の弦を動かす Bone 位置
    public Transform stringPullPoint;

    //　弓の弦を動かす Bone の初期位置（Yumi Game Object ローカル座標）
    Vector3 stringPullPointOrigin;

    //　牽引力が 1 となるために必要な移動距離
    public float maxDistance = 1.0f;

    //　この値より小さい牽引力の時は、理想方向に牽引できているか確認しない
    public float tolerancePower = 0.2f;

    //　この値より角度が大きい場合は理想方向に牽引できていないとみなす
    public float maxTractionAngle = 20.0f;


    //　Script 起動時に 1 回呼ばれる
    void Start()
    {
        //　引き手の初期位置を記録
        origin = transform.InverseTransformPoint(pullPoint.position);
        stringPullPointOrigin = transform.InverseTransformPoint(stringPullPoi
nt.position);
    }

    //　アプリ動作中、定期的に呼ばれる
    void Update()
    {
        //　牽引ベクトル計算
        Vector3 traction = Traction(pullPoint.position);

        //　牽引力計算
        float power = PowerOf(traction);
        if (power < tolerancePower || ValidTraction(traction))
        {
```

```
                stringPullPoint.position = pullPoint.position;
            }
            else
            {
                stringPullPoint.position = transform.TransformPoint(stringPullPoin
tOrigin);
            }
        }


        //   牽引方向ベクトル計算
        Vector3 Traction(Vector3 position)
        {
            //   現在位置から初期位置を引くことで、方向が求まる
            return transform.InverseTransformPoint(position) - origin;
        }


        //   牽引力計算
        float PowerOf(Vector3 traction)
        {
            return traction.magnitude / maxDistance;
        }


        //   理想方向に牽引できていなければ false を返す
        bool ValidTraction(Vector3 traction)
        {
            //   2 つのベクトルのなす角を計算
            float angle = Vector3.Angle(traction, -Vector3.right);
            return (angle < maxTractionAngle);
        }
    }
}
```

　maxDistanceなど、いくつかのPropertyは、Inspector画面で別の値を設定して調整することもできるようにpublicとした。Start()では、pullPointの初期位置を、originに覚えさせておき、Update()では、牽引ベクトル（origin位置から現在のpullPointの位置に向かうベクトル）をTraction（現在のpullPointのワールド座標位置）で計算しtractionに設定している。

　牽引ベクトルの計算では、pullPointの初期位置も現在位置も、position Propertyが示すワールド座標ではなく、transform.InverseTransformPointで、Yumi Game Objectのローカル座標に変換したものにしている。これは、弓自体が移動や回転をするため、ワールド座標で比較しては、求めたい牽引ベクトルにならないため。

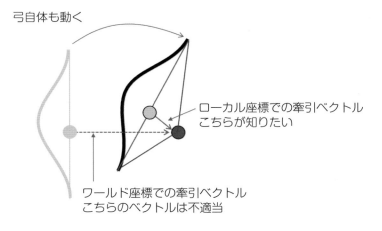

弓自体も動く

ローカル座標での牽引ベクトル
こちらが知りたい

ワールド座標での牽引ベクトル
こちらのベクトルは不適当

```
void Start()
{
    …
    origin = transform.InverseTransformPoint(pullPoint.position);
}
void Update()
{
    Vector3 traction = Traction(pullPoint.position);
    …
}

Vector3 Traction(Vector3 position)
{
    return transform.InverseTransformPoint(position) - origin;
}
```

　powerに設定される牽引力はPowerOf(牽引ベクトル)で計算している。牽引ベクトルの長さ（traction.magnitude）をそのまま牽引力とはせず、maxDistanceとの比率に変換している。
　maxDistanceの値は1mとした。どのくらいの距離で、牽引力＝1にできるかの基準となる。

```
void Update()
{
    …
    float power = PowerOf(traction);
    …
}
```

```
float PowerOf(Vector3 traction)
{
    return traction.magnitude / maxDistance;
}
```

　ValidTraction（牽引ベクトル）で、理想的な方向に向けて弦が引けているかをチェックできるようにしている。理想的な方向に弦を引けていない場合、ValidTraction（牽引ベクトル）はfalseを返すようにしている。

　Vector3.Angle (traction, -Vector3.right) は、牽引ベクトルであるtractionと、理想的な方向ベクトルとがなす角を計算する。ここで、理想的な方向ベクトルとして使っている-Vector3.rightは、X軸のマイナス方向を意味する。

　Yumi Game Objectのローカル座標では、この方向が弦をまっすぐ引く方向になっている。計算される角度は0〜180（度）の値となる。この値が、maxTractionAngleより大きいなら、理想的な方向に向けて弦が引かれていないとみなしている。

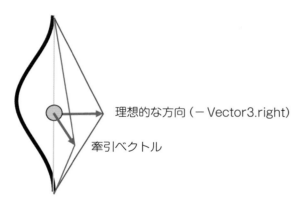

理想的な方向（－Vector3.right）

牽引ベクトル

```
bool ValidTraction(Vector3 traction)
{
    // 2つのベクトルのなす角を計算
    float angle = Vector3.Angle(traction, -Vector3.right);
    return (angle < maxTractionAngle);
}
```

　Update()では、弦が正しい方向に引けているか確認し、正しいときだけ弓の弦を動かすBoneの位置（stringPullPoint Propertyのposition）をpullPoint.positionの位置に設定するようにしている。また、正しくないときは、stringPullPoint Propertyのpositionの位置を初期位置に戻すようにもしている。そのためStart()では、stringPullPoint Propertyから初期位置を取り出し、stringPullPointOriginに記録している。

```
    void Start()
    ...
        stringPullPointOrigin = transform.InverseTransformPoint(stringPullPoi
nt.position);

    void Update()
    {
    ...
        if (power < tolerancePower || ValidTraction(traction))
        {
            stringPullPoint.position = pullPoint.position;
        }
        else
        {
            stringPullPoint.position = transform.TransformPoint(stringPullPoin
tOrigin);
        }
```

こうすることで、最初は簡単に弦を引けるが、ある程度以降は弦を正しい方向でしか引けないように
している。

●PullPoseDriver Scriptの取り付けと設定

　Yumi Game ObjectへPullPoseDriver Scriptを 取 り 付 け、Pull Point PropertyにPull Point
Game ObjectをString Pull Point PropertyにYumi Game Object➡Yumi Armature➡String
Game Objectを設定する。

●手順

先にYumiフォルダ内にPullPoseDriver Scriptを作成し、内容を編集しておく。

❶Hierarchy画面のYumi Game Objectに、YumiフォルダのPullPoseDriver Scriptをドロップ
　する
❷Hierarchy画面のYumi Game Objectを選び、Inspector画面のPull Pose Driver (Script)➡Pull
　Point PropertyにPull Point Game Objectをドロップする

❸同じくPull Pose Driver (Script)➡ String Pull Point PropertyにString Game Objectをド
ロップする

VR化

実際に弦を引いてみよう。

Hierarchy画面のMain Camera Game Objectは削除し、XR Interaction Setup Prefabをドロップする。

> Questにインストールする場合は、Build Settings画面のScreens in Build一覧にPlayground Sceneを加えておく（4章を参照）。

弓と弦をつかめるようにする

● Pull Point Game Objectをつかめるようにする

弦を引くためにPull Point Game Objectをそのまま利用しよう。

Questのコントローラでつかめるよう、Hierarchy画面のPull Point Game Objectを選び、メニューバーからComponent➡XR➡XR Grab Interactableを選ぶ。これで、Rigidbody Componentも自動的に取り付けられるし、Pull Point Game Objectには、最初からSphere Collider Componentが取り付けられているので、つかめる領域も自動的に決定する。

ただし、そのままだとPull Point Game Objectは、落下してしまう。Yumi Game Objectを動かしたときに、一緒に動いてくれない。

その点を対応するため、取り付けられたRigidbody ComponentのUse Gravity Propertyのチェックを外し、Is Kinematic Propertyのチェックを付ける。

1 開発 ／ 2 VR対応 ／ 3 VRアプリ ／ 4 3Dモデル ／ 5 仮想空間 ／ 6 道具 ／ 7 お祭り会場

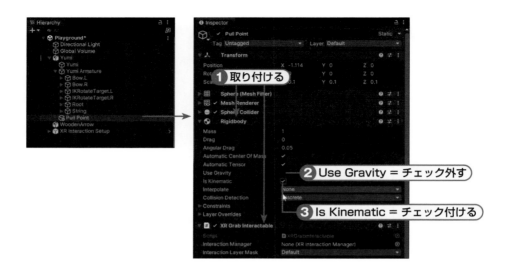

●弓をつかめるようにする

　あとは、弓を持つために、Yumi Game Objectにも、同じようにXR Grab Interactable Component
を取り付ける。こちらも自動的にRigidbody Componentが取り付けられる。

　弓は本来、落下するのが自然だが、作業しやすいように、しばらくUse Gravityを無効にし、Is
Kinematicを有効にしておく。Inspector画面で、取り付けられたRigidbody ComponentのUse
Gravity Propertyのチェックを外し、IsKinematic Propertyのチェックを付ける。

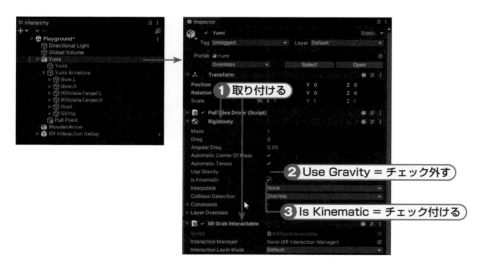

このままでは弓そのものはつかめないのに、弓の弦についた球体（Pull Point Game Object）をつかもうとすると、弓をつかんでしまう点には注意する。

XR Grab Interactable Componentは、初期設定のままだと取り付けられたGame Object、およびその子供の持つCollider Componentの領域をすべて、自分のつかめる領域だと解釈してしまう。今回ならCollider Componentが追加されているのは、球体であるPull Point Game Objectだけなので、Yumi Game Objectをつかむ領域としてもPull PointのCollider Componentの領域が利用されてしまう。球体をつかもうとしても、先にYumi Game Objectが反応してしまい、弓をつかむ形になってしまう。

●弓の持ち手としてのCubeの追加

Yumi Game Object専用のCollider Componentを用意して、それをYumi Game Object側のXR Grab Interactable ComponentのColliders Propertyに設定する必要がある。

まず、Box Collider Componentを持つGame Objectを、Yumi Game Objectの子供として配置しよう。Empty ObjectにBox Collider Componentを取り付けでもいいのだが、しばらく領域自体を確認していたいので、Cube Game Objectを取り付ける。

●手順

❶Hierarchy画面のYumi Game Objectを右クリックし、表示されたメニューから3D Object➡Cubeを選ぶ

❷Yumi Game Objectの子供として追加されたCube Game Objectは、名前をGripに変更し、弓に重なるように配置する

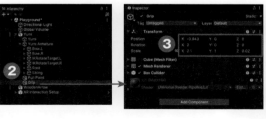

- Position = (−0.943, 0, 0)
- Scale = (0.1, 1, 0.02)

●Colliders Property

Yumi Game Object側のXR Grab Interactable ComponentではColliders Propertyに、この Grip Game ObjectのCollider Componentだけを設定する。Hierarchy画面のYumi Game Object を選び、Inspector画面でColliders Propertyのデスクロージャを開き、一覧右下の＋をクリックして 項目を追加し、そこにGrip Game Objectをドロップする。

＋をクリックせずに、Colliders Propertyタイトルに、Grip Game Objectをドロップしてもよい。

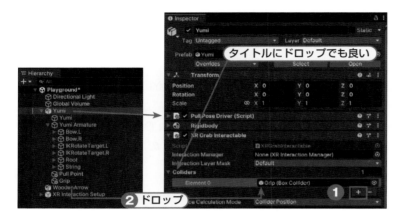

Colliders Property一覧が空でない場合、XR Grab Interactable Componentは、そこに設定され たCollider Componentの領域だけが自分の領域だと解釈する。これで、Grip Game Object周辺で しか弓がつかめなくなり、Pull Point Game Objectが独立してつかめるようになる。

床の追加と弓と矢の配置

自分の仮想体が、左コントローラのサムスティックで動けるように、床を配置しておくことにする。 メニューバーからGame Object➡3D Object➡Planeを選び、床を追加する。

- Position = (0, 0, 0)
- Scale = (10, 1, 10)

アプリ起動直後に、手をのばせば弓や矢がつかめるよう、それぞれの位置関係を調整しておくのもいいだろう。

弓と矢の高さ調整

視線を確認したい時はLocalにする

青矢印がZ軸で視線となる

Questを被り確認すると、弓をつかんで、弦を引っ張れることがわかる。ただ、弓を取ろうとして、Grip Game Objectをつかむと、つかめはするが、弓が離れた位置になる。

球体を掴み、弦をひけるようになる

Gripを掴むと、弓との距離が開く

弓をつかんだときの弓の向き、位置を固定する

Blenderでモデルを切り出す際に、調整していないのでローカル座標の原点が予想外の位置になっているのが原因だろう。Yumi Game Objectの子供にEmpty Objectを追加して、XR Grab Interactableの Attach Transform Propertyに設定し、つかんだときの位置を固定することにした。

●手順

❶ Hierarchy画面のYumi Game Objectを右クリックし、表示されたメニューからCreate Empty を選ぶ

❷ Yumi Game Objectの子供としてGameObject というEmpty Objectが追加されるので、名前をAttach Pointにする

❸ Yumi Game Objectを選び、Inspector画面のXR Grab Interactable➡Attach Transform PropertyにAttach Point Game Objectをドロップする

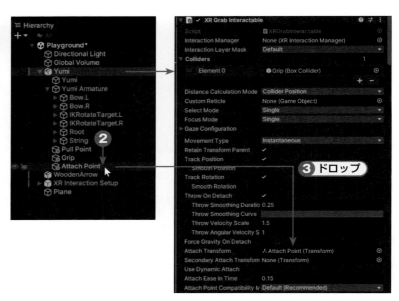

　設定できたら、Scene画面やInspector画面でAttach Point Game Objectの位置と向きを調整する。参考値も示すが、各自の好みで設定してよい。

- Position = (-0.965, 0, 0)
- Rotation = (0, 90, 0)

これで、弓を射る姿勢がとれるようになった。

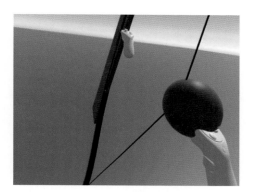

> **⚠️Point　Throw On Detach Property**
>
> 実行すると、次のような注意がコンソールに表示される。
>
>
>
> Rigidbody ComponentでIs Kinematic Propertyを有効にしているのに、XR Grab Interactable➡
> Throw On Detach Propertyが有効なのは矛盾する、と注意されている。
>
> Yumi Game Object、Pull Point Game ObjectのInspector画面で、XR Grab Interactable➡Throw
> On Detach Propertyのチェックを外せば、この注意は消えるが、最終的にKinematic Propertyは無効に戻す
> ので、こちらは、そのままでいいだろう。

矢で弓を引く

　矢で弓を引けるようにしよう。矢をつかんで、矢で押して弦を引く動作を、どのように実現するかを
考えなければならない。

●矢をつかめるようにする

まずは矢をつかめるように、WoodenArrow Game Objectに、XR Grab Interactable Component を取り付ける。つかむ場所は矢の尾（後端部分）にしたいので、WoodenArrow Game Objectの子供として Empty Objectを追加し、矢の尾側に置いて、XR Grab Interactable➡Attach Transform Property に指定する。

矢は落下するのが自然だが、作業しやすいように、しばらくは、自動的に取り付けられたRigidbody ComponentのUse Gravityを無効にし、Is Kinematicを有効にしておく。領域指定用のColliderが ないので、WoodenArrow Game ObjectにBox Collider Componentを取り付ける。Colliderを取 り付けると、XR Grab Interactableに設定したProperty値がリセットされる場合があるので、 Property値を設定する前にColliderを取り付けるのがいいだろう。

●手順

❶Hierarchy画面のWoodenArrow Game Objectを右クリックし、表示されたメニューから Create Emptyを選び、WoodenArrow Game Objectの子供としてEmpty Objectを追加し、 名前をAttach Pointとする

❷追加したAttach Point Game Objectは、WoodenArrow Game Objectの尾側に移動させ、 ローカル座標のZ軸が矢先に向くようにする

- ∘ Position = (0, 0, 0.374)
- ∘ Rotation = (0, 180, 0)

❸Hierarchy画面のWoodenArrow Game Objectを選び、メニューバーからComponent➡XR➡ XR Grab Interactableを選び、XR Grab Interactable Componentを取り付ける

- ∘ XR Grab Interactable Componentを取り付ければ、Rigidbody Componentも一緒に取り 付けられる

❹続けて、メニューバーからComponent➡Physics➡Box Colliderを選び、Box Collider Component を取り付ける

- ∘ 自動的にWoodenArrow Game ObjectのMeshを覆う形でBox Collider Componentの領 域が設定される

Inspector画面で、次のRigidbody ComponentのPropertyを設定する

° Use Gravity ＝ チェックを外す

° Is Kinematic ＝ チェックを付ける

❺ Inspector画面で、XR Grab Interactable ComponentのAttach Transform Propertyに、❶で追加したAttach Pointを設定する

Archer Script

残る課題は、つかんだ矢の尾で弦を引く動作だ。WoodenArrow Game Objectがつかまれている状態なら、矢の尾の位置と、Pull Pointを連動させるようにしようと思う。そのためのScriptを用意した。名前はArcherとする。

このScriptは、PullPoseDriver Scriptが取り付けられたGame Object、今回ならHierarchy画面のYumi Game Objectに取り付けられることを前提としている。

```csharp
using UnityEngine;

public class Archer : MonoBehaviour
{
    // 矢の尾と弓を引く装置の pullPoint の位置が
    // どれくらいの距離（m）なら牽引を開始するか指定
    const float hitRadius = 0.05f;

    // 矢の尾
    Transform arrowTail;

    // 弓を引く装置
    PullPoseDriver pullPoseDriver;

    // 牽引中なら true になる
    bool isTracking = false;
```

```csharp
//    Script 起動時に 1 回呼ばれる
void Start()
{
    //    弓を引く装置を設定
    pullPoseDriver = GetComponent<PullPoseDriver>();
}


//    アプリ動作中、定期的に呼ばれる
void Update()
{
    //    矢の尾が設定されていなければ何もしないで戻る
    if (arrowTail == null)
    {
        return;
    }

    //    矢の尾で牽引中でなければ、まず、牽引するかどうかを決定する
    if (!isTracking)
    {
        //    矢の尾と弓を引く装置の pullPoint の位置が hitRadius 内なら
        //    矢の尾で pullPoint を牽引する
        isTracking = (Vector3.Distance(
            pullPoseDriver.pullPoint.position, arrowTail.position)
            < hitRadius);
    }

    //    牽引中なので弓を引く装置の pullPoint の位置を調整する
    if (isTracking)
    {
        if (!pullPoseDriver.SetPosition(arrowTail.position))
        {
            //    pullPoint の位置を調整できなかったので
            //    pullPoint の位置を初期位置に戻し牽引を中止する
            pullPoseDriver.ResetPosition();
            isTracking = false;
        }
    }
}

//    矢の尾を設定する
public void SetArrowTail(Transform arrowTail)
{
    //    pullPoint の位置を初期位置に戻す
```

```
        pullPoseDriver.ResetPosition();
        this.arrowTail = arrowTail;
    }


    //  矢の尾を未設定にする
    //  牽引中なら牽引を中止する
    public void ClearArrowTail()
    {
        if (isTracking)
        {
            //  pullPoint の位置を初期位置に戻し牽引を中止する
            pullPoseDriver.ResetPosition();
            isTracking = false;
        }
        arrowTail = null;
    }
}
```

ここに出てくる、pullPoseDriverが持つ以下の2つのMethodは、PullPoseDriver Script側に新しく追加する。

- ResetPosition()
- SetPosition(ワールド座標位置)

詳しい処理は後述するが、ResetPosition()では、Pull Point Game Objectの位置をoriginの位置に戻す。SetPosition（ワールド座標位置）では、指定された座標を元に、Pull Point Game Objectを移動させる。

それでは、Archer Scriptの解説に戻ろう。Start()では、GetComponent<PullPoseDriver>()を使ってPullPoseDriver Scriptを取り出し、pullPoseDriver Propertyに設定し利用するようにしている。

Update()では、最初にarrowTail Propertyが設定されていることを確認し、nullなら未設定とし何もせずに戻っている。arrowTail Propertyには、WoodenArrow Game Objectの子供のAttach Point Game Objectが、WoodenArrow Game ObjectがつかまれたタイミングでSetArrowTail（矢の尾のTransform）が呼ばれて設定される。

```
    void Update()
    {
        //  矢の尾が設定されていなければ何もしないで戻る
        if (arrowTail == null)
```

```
        {
            return;
        }
        …
    }
    …
    //   矢の尾を設定する
    public void SetArrowTail(Transform arrowTail)
    {
        //   pullPoint の位置を初期位置に戻す
        pullPoseDriver.ResetPosition();
        this.arrowTail = arrowTail;
    }
```

> 引数名と Property名が同じ場合、判別できるように Property側にはthis.が必要になる。一致しない場合は this.を省略できる。

　Update()でarrowTail Propertyが設定されているなら、現在、牽引中かそうでないかを調べ、牽引中でなければ、牽引中にするかどうかを判断している。牽引中とは次の状態を意味する。

arrowTailの位置を追跡してPull Point Game Objectを動かしている

　isTracking Propertyがtrueなら現在牽引中、falseなら現在牽引中ではない、とした。Pull Point Game ObjectとarrowTailの距離がhitRadius Property値より小さいなら、牽引中としisTracking Propertyをtrueにした。Pull Point Game Objectの位置は、pullPoseDriver.pullPoint.positionで取り出している。

```
    void Update()
    {
        …
        //   矢の尾で牽引中でなければ、まず、牽引するかどうかを決定する
        if (!isTracking)
        {
            //   矢の尾と弓を引く装置の pullPoint の位置が hitRadius 内なら
            //   矢の尾で pullPoint を牽引する
            isTracking = (Vector3.Distance(
                pullPoseDriver.pullPoint.position, arrowTail.position)
                < hitRadius);
```

```
        }
        …
    }
```

そして、あらためて牽引中か判定し、牽引中ならPullPoseDriver ScriptのSetPosition(ワールド座標位置)を呼び出し、Pull Point Game ObjectをarrowTailの位置に変更する。

その際、SetPosition(ワールド座標位置)がfalseを返せば、変更失敗とみなし、PullPoseDriver ScriptのResetPosition()を使ってPull Point Game Objectを初期位置に戻し、isTrackingをfalseにする。

```
void Update()
{
    …
    //  牽引中なので弓を引く装置のpullPointの位置を調整する
    if (isTracking)
    {
        if (!pullPoseDriver.SetPosition(arrowTail.position))
        {
            //  pullPointの位置を調整できなかったので
            //  pullPointの位置を初期位置に戻し牽引を中止する
            pullPoseDriver.ResetPosition();
            isTracking = false;
        }
    }
}
```

また、矢が放されたときに呼び出すMethodとしてClearArrowTail()も用意した。このとき、もし牽引中ならPullPoseDriver ScriptのResetPosition()を使ってPull Point Game Objectを初期位置に戻し、isTrackingをfalseに戻している。

```
public void ClearArrowTail()
{
    if (isTracking)
    {
        //  pullPointの位置を初期位置に戻し牽引を中止する
        pullPoseDriver.ResetPosition();
        isTracking = false;
    }
    arrowTail = null;
}
```

●PullPoseDriver Scriptの更新

PullPoseDriver Script側の変更は、次のようになる。

```
public class PullPoseDriver : MonoBehaviour
{
    ...
    //  pullPoint の位置を初期位置に戻す
    public void ResetPosition()
    {
        pullPoint.position = transform.TransformPoint(origin);
    }

    //  pullPoint の位置を position (ワールド座標) で指定された位置に移動させる
    //  pullPoint を移動させるのは position が正確に弦を引ける位置の時のみ
    //  指定通り位置を移動出来たら true、そうでなければ false を返す
    public bool SetPosition(Vector3 position)
    {
        //  牽引ベクトル計算
        Vector3 traction = Traction(position);

        //  牽引力計算
        float power = PowerOf(traction);

        if (power < tolerancePower || ValidTraction(traction))
        {
            //  正しく引けるので pullPoint の位置調整
            pullPoint.position = position;
            return true;
        }
        return false;
    }
}
```

ResetPosition()では、Pull Point Game Objectの位置をoriginの位置に戻している。その際、originはローカル座標なので、transform.TransformPoint(origin)でワールド座標への変換をおこなっている。

```
    public void ResetPosition()
    {
        pullPoint.position = transform.TransformPoint(origin);
    }
```

SetPosition(ワールド座標位置)では指定された座標を元に、Pull Point Game Objectを移動させる。必ず移動させるわけではなく、移動させたならtrue、移動させなかったならfalseを返すようにしている。移動させるかどうかはUpdate()と同じように判断しているが、いくつか異なる処理がある。

牽引ベクトル(traction)の算出には、pullPoint.positionではなく、受け取った座標(position)を使っている。

```
public bool SetPosition(Vector3 position)
{
    //  牽引ベクトル計算
    Vector3 traction = Traction(position);

    //  牽引力計算
    float power = PowerOf(traction);
    …
}
```

ValidTraction (牽引ベクトル) で、理想的な方向に弦を引けているかをチェックする点は同じだが、有効なときにはpullPointの位置をpositionに変更している。

これで、pullPointがSetPosition(ワールド座標位置)に渡された座標 (position) に移動することになる。移動できたらtrue、そうでなければfalseを返す。

```
public bool SetPosition(Vector3 position)
{
    …
    if (power < tolerancePower || ValidTraction(traction))
    {
        //  正しく引けるのでpullPoint の位置調整
        pullPoint.position = position;
        return true;
    }
    return false;
}
```

●Archer Scriptの取り付け

Yumi Game ObjectにArcher Scriptを取り付け、WoodenArrow Game Objectがつかまれたときに、Archer ScriptのSetArrowTail (矢の尾のTransform) を呼び、放されたときにClearArrowTail()を呼び出すようにする。

●手順

Yumiフォルダ内にArcher Scriptを作成し、編集しておく。PullPoseDriver Scriptを更新しておく。

❶Hierarchy画面のYumi Game Objectに、Yumiフォルダ内のArcherScriptをドロップする

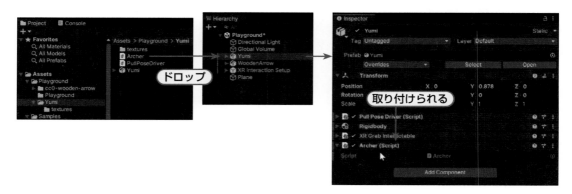

❷Hierarchy画面のWoodenArrow Game Objectを選ぶ

❸Inspector画 面 で、XR Grab Interactable➡Interactable EventsのFirst Select Entered (SelectEnterEventArgs) Property一覧の＋をクリックし、項目を追加する

❹同じようにLast Select Exited (SelectExitEventArgs) Property一覧の＋をクリックし、項目を追加する

❺First Select Entered (SelectEnterEventArgs) Property一覧の追加した項目に、Hierarchy画面のYumi Game Objectをドロップする

❻Last Select Exited (SelectExitEventArgs) Property一覧の追加した項目に、Hierarchy画面のYumi Game Objectをドロップする

❼ First Select Entered (SelectEnterEventArgs) Property一覧側の追加した項目のNo Functionをクリックして、Archer ➡ SetArrowTail(Transform)を選ぶ

　。No FunctionがArcher.SetArrowTailに変わり、その下に項目が追加される

❽ Archer.SetArrowTailの下に追加された項目に、Hierarchy画面のWoodenArrow ➡ Attach Point Game Objectをドロップする

❾ Last Select Exited (SelectExitEventArgs) Property一覧側の追加した項目のNo Functionをクリックして、Archer ➡ ClearArrowTail()を選ぶ

　Questを被って試すと、矢で弦を押したように見え、まっすぐ引けていないと、弦は矢が外れたように元の位置に戻る。手前にも引くことができるが、ある程度手前に行くと弦は離れる。矢で弦を引く動作は、まずまずの動きとなった。

　シミュレータとして作っているわけではないので、それらしく振舞ってくれればよい。ただ、矢が弓をすり抜けてしまう点は改善しよう。

すり抜けてしまう

・矢と弓がぶつかるようにする

WoodenArrow Game ObjectのXR Grab Interactable➡Movement Type Propertyを Velocity Trackingにすれば、矢はYumi Game Objectの子供のGrip Game Objectが持つBox Collider Componentの領域にあたってすり抜けなくなるはずだ。

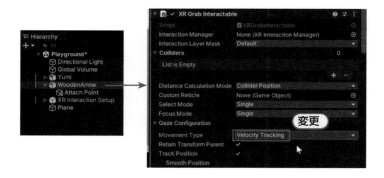

ただ、3Dゲームを作った人は気づいていると思うが、これだけだとWoodenArrow Game Object の矢が、Pull Pointの球体に跳ね返されて押せなくなる。

Movement Type PropertyをVelocity Trackingにしたため、WoodenArrow Game Objectの Box Collider Componentの領域と、Pull Point Game ObjectのSphere Collider Componentの 領域が衝突して接触点まで進めないのだ。

WoodenArrow Game ObjectだけPull Point Game Objectとの衝突を無効にしたい。

●Archer Scriptの更新

Layerを設定するなどのいくつかの回避方法があるが、ここではPhysics.IgnoreCollision (衝突を無 視するCollider A, 衝突を無視するCollider B)を使い、特定のCollider同士の衝突を無効化させよう。 この処理は、Archer ScriptのSetArrowTail (矢の尾のTransform)でおこなうことにする。

SetArrowTailに渡されるのは、WoodenArrow Game Objectではなく、その子供のAttach Point Game ObjectのTransformなので、arrowTail.parent.gameObjectを使って、親側のWoodenArrow Game Objectを取り出している。

IgnoreArrow (矢のGameObject)では、取り出したWoodenArrow Game Objectをarrowとし て受け取り、arrow.GetComponent<Collider>()でWoodenArrow Game Object側のCollider Componentを、pullPoseDriver.pullPoint.GetComponent<Collider>()でPull Point Game Object側のCollider Componentを取り出している。

その2つのCollider ComponentをPhysics.IgnoreCollision (衝突を無視するCollider A, 衝突を 無視するCollider B)に渡し、衝突を無効化させた。

```
public void SetArrowTail(Transform arrowTail)
{
    ...
    //   矢の尾の親（矢）を衝突判定から除外する
    IgnoreArrow(arrowTail.parent.gameObject);
}
...
void IgnoreArrow(GameObject arrow)
{
    Collider arrowCollider = arrow.GetComponent<Collider>();
    Collider pullPointCollider
        = pullPoseDriver.pullPoint.GetComponent <Collider>();
    Physics.IgnoreCollision(arrowCollider, pullPointCollider);
}
```

WoodenArrow Game Objectがつかまれるたびに、Physics.IgnoreCollisionを呼び出している点は改良すべきだろうが、本書ではこのままとする。

矢を放つ

弓を引いた状態で矢を放せば、矢は前方に飛んでいくべきだ。WoodenArrow Game Objectに取り付けられているRigidbody Componentを使えば、この動きが実現できる。

2章で案内したように、Rigidbody Componentは、AddForce(3Dベクトル, 3Dベクトルをどう扱うかの指示)で物理的な力を与えることができる。矢に与えられる力も、2章でやった一瞬与えられる衝撃なので、AddForce(3Dベクトル, 3Dベクトルをどう扱うかの指示)の2番目のパラメータは2章同様、ForceMode.Impulseを指定するといいだろう。どのくらいの力を与えるべきかは、Unityのドキュメントに書かれている。

ForceMode.Impulse

https://docs.unity3d.com/ja/2020.3/ScriptReference/ForceMode.Impulse.html

運動量のようなので、矢の質量を50gとし、一般的な矢の初速をネットで調べ150km/hになるような運動量を計算した。物理量の計算では、速度の単位はkm/hではなくm/s、質量の単位はgではなくkgでおこなうので、単位変換をしながら計算し、約2kgm/sとした。

```
150 [km/h] / 3600 = 41.6 [m/s]
0.050 [kg] * 41.6 [m/s] ≒ 2 [kgm/s]
```

この値は、momentum Propertyに設定しておき、Shoot()で、PullPoseDriver Scriptから取り出した牽引力に掛け合わせて、AddForce(3Dベクトル, 3Dベクトルをどう扱うかの指示)に渡すようにした。pullPoseDriver.Power が PullPoseDriver Scriptから取り出した牽引力で、power に設定している。この PullPoseDriver Scriptの Power Propertyは、あとで追加する。

arrowTail.parent.gameObject.GetComponent<Rigidbody>()で、WoodenArrow Game Objectから Rigidbody Componentを取り出し、bodyに設定して使っている。

```
body.gameObject.transform.position += arrowTail.forward * 1.0f;
```

上記の式で、AddForce(3Dベクトル, 3Dベクトルをどう扱うかの指示)で力を与える前に、WoodenArrow Game Objectの位置を、1m前方に移動させているのは、弓に取り付けたGrip Game ObjectのBox Collider領域との衝突を避けるためだ。

arrowTail.forwardはワールド座標でのarrowTailの前方方向への単位ベクトルとなる。これで、1m前方に進ませて、障害物の何もないところから発射している。

Grip Game Objectとの接触をそのまま残すのも面白いかもしれないが、接触した矢をそれらしく飛ばすには摩擦係数や反発力の設定などを調整する必要があるだろう。そちらは各自で試してほしい。bodyに取り出したRigidbody Componentはbody.isKinematic = falseで自由に動くようにし、body.useGravity = trueで重力に従うようにしている。そしてbody.AddForce(3Dベクトル, 3Dベクトルをどう扱うかの指示)で力を与えて矢を飛び出させている。

```
//    運動量 (kgm/s)
public float momentum = 2.0f;


//    矢を放つ
void Shoot()
{
    //    牽引力を受け取る
    var power = pullPoseDriver.Power;

    //    矢の尾の親 (矢) の Rigidbody を取り出し自由落下するように変更する
    var body = arrowTail.parent.gameObject.GetComponent<Rigidbody>();
    body.isKinematic = false;
    body.useGravity = true;
```

```
    //　弓に当たらないよう、矢の位置を調整
    body.gameObject.transform.position += arrowTail.forward * 1.0f;

    //　矢に撃力を与える
    body.AddForce(arrowTail.forward * power * momentum, ForceMode.
Impulse);
    }
```

Shoot()は、ClearArrowTail()で、牽引中であれば呼び出すようにする。

```
    public void ClearArrowTail()
    {
        if (isTracking)
        {
            Shoot();
            …
        }
        …
    }
```

●PullPoseDriver Scriptの更新

PullPoseDriver ScriptにはPower Propertyを追加した。Traction(pullPoint.position)で計算した移動ベクトルをPowerOfに渡し、牽引力を計算させて、Mathf.Minで1以上にならないようにしている。

```
    //　牽引力を計算して返す
    public float Power
    {
        get
        {
            return PowerOf(Traction(pullPoint.position));
        }
    }
```

C#では、このような記述法で、値を参照されたときに、毎回処理を実行するようなPropertyを記述できる。

●矢の質量変更

　最後に、Hierarchy画面のWoodenArrow Game Objectを選び、Inspector画面でRigidbody➡Mass Propertyの値を0.05に変更する。これで矢の質量は50gに設定される。初期設定は1kgの設定となっているので、そのままだと鉄の棒でも使っているのかといった動きとなる。興味がある人は、1kgのまま試してみるとよい。

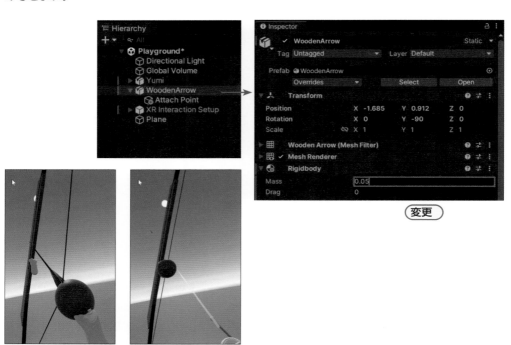

変更

　Questを被って実行すると、ちょっとシビアで弦を引くときに注意が必要だが、うまく弦を引いた状態でコントロールのグリップを放せば、矢が放たれるこを確認できる。ここまでできたら、的を用意し、射的を楽しみたいところだが、それは7章でおこなうことにして次の課題に進もう。

フックを使ってワイヤーを滑り降りる仕組みの追加

張られたワイヤーに、自分がつかんでいるフックをかけて滑り降りる。これはXR Origin (XR Rig) Game Objectの移動ということになる。XR Interaction toolkitでは、XR Origin (XR Rig) Game Objectの移動は、Locomotion System Componentの管理下でおこなうのがいいだろう。

Locomotion System

https://docs.unity3d.com/ja/Packages/com.unity.xr.interaction.toolkit@2.0/manual/locomotion-system.html

Locomotion System ComponentはXR Origin (XR Rig) Game Objectの子供であるLocomotion System Game Objectに取り付けられている。Locomotion System Game Objectの子供には、Questの左コントローラのサムスティックでの連続移動を受け持つ、Move Game Objectや、2章で案内したレーザーポイントした位置へのテレポートを受け持つTeleportation Game Objectなどが存在する。

この中を探したが、ワイヤーを滑り降りる移動を受け持つGame Objectは、いまのところ存在しない。上記Locomotion Systemの説明ページでも、そういったComponentは見つからなかった。そのため、自分で、XR Origin (XR Rig) Game Objectをワイヤー降下させるScriptを作る必要がある。

舞台装置の用意

まずは、フックを使ってワイヤーを滑り降りるための舞台装置を用意しよう。

現在の床である、Plane Game Objectからみて、10mくらい高い位置に、新しい床を追加する。名前をUp Floorとしよう。

上の床から、下の床に向け、斜めにワイヤーを張り、これを滑り降りることにする。ワイヤーには、Unity組み込み3D ObjectのCylinderを使い、名前をWireとしよう。ワイヤーには、フックの留め具も取り付ける。Cubeを使い、名前をLatchとする。

Wire Game Objectと、Latch Game Objectは、Wire and Latchと名付けたEmpty Objectを用意し、その子供としてまとめる。

1 開発

2 VR対応

3 VRアプリ

4 3Dモデル

5 仮想空間

6 道具

7 お祭り会場

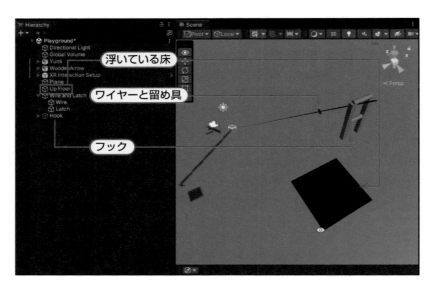

次に示す図と表を参考に各自で組み立ててほしい。手順は省略する。

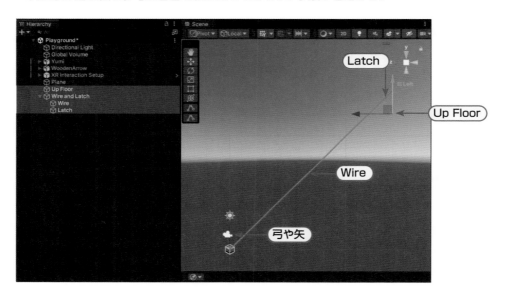

名前	作成時に指定するGame Objectの種類	Location	Rotation	Scale
Up Floor	3D Object ➡ Plane	0,12,-14	0,0,0	0.1,1,0.1
Wire and Latch	Empty Object	0,0,0	−45,0,0	1,1,1
Wire	3D Object ➡ Cylinder	0,10,0	0,0,0	0.01, 10, 0.01
Latch	3D Object ➡ Cube	0,19,0	0,0,0	0.02,0.02,0.07

- Up Floor Game Objectは、滑り降りるときに邪魔にならないよう、小さめにした
- Cylinder作成は、Cubeと同じように、Wire and Latch Game Objectを右クリックして、表示されたメニューから3D Object➡Cylinderを選ぶ
- Wire Game Objectは、このスケール指定で、長さ20m、直径10cmとなる

●フック

ワイヤーにかけるフックも、CubeやCylinderといったUnity組み込み3Dモデルを組み合わせて作り上げる。Hookと名付けたEmpty Objectを用意し、その子供として、2つのCylinderと、2つのCubeを配置して作り上げる。次に示す図と表を参考に各自で組み立ててほしい。手順は省略する。

名前	作成時に指定するGame Objectの種類	Location	Rotation	Scale
Hook	Empty Object	0,14,-14	0,0,0	1,1,1
Top Bar	3D Object➡Cylinder	0, 0.05,0	0,0,90	0.05,0.1,0.05
Right Board	3D Object➡Cube	0.1, −0.2,0	0,0,0	0.05,0.5,0.05
Left Board	3D Object➡Cube	−0.1, −0.2,0	0,0,0	0.05,0.5,0.05
Bottom Bar	3D Object➡Cylinder	0,-0.2,0	0,0,90	0.05,0.1,0.05
Attach Point	Empty Object	0,-0.2,0	−45,0,0	1,1,1

- Attach Point Game Objectは、このあと、XR Grab Interactable Componentで利用する
- Hook Game Objectには、あとで、よりフックらしい3Dモデルを追加する

●金属表現のMaterial

Wire Game Object用には黒、Latch Game Object用には赤の、それぞれ金属っぽいMaterialを用意する。名前はBlack Metal、Red MetalとしてPlaygroundフォルダ内に作成した。各Materialでは、Property値をMetallic Map＝1、Smoothness＝1にし、Base Mapに単色を指定した。

●手順

❶Project画面のPlaygroundフォルダを選び、右画面の空白部を右クリックし、表示されたメニューからCreate➡Materialを選ぶ

❷Playgroundフォルダに追加されたNew Material Materialの名前をBlack Metalにする

❸Black Metalを選び、Inspector画面でSurface Input Propertyを設定する

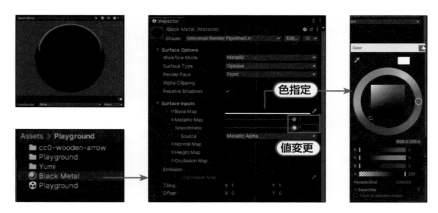

- Base Map ＝ 色表示部をクリックし、表示されたColor選択画面で黒を指定する
- Metallic Map ＝ 1
- Smoothness ＝ 1

❹ Black Metal Materialと同じ要領で、Red Metal Materialを作成する
- Red Metal MaterialのBase Map Propertyの色は赤にする

●各Game ObjectへのMaterial設定

PlaygroundフォルダのBlack Metal Materialは、Hierarchy画面のWire Game Objectに、Red Metal Materialは、Latch Game Objectにドロップして設定する。また、元々の床と識別しやすいように、Up Floor Game ObjectにもBlack Metal Materialを設定する。

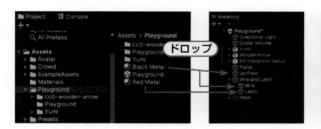

● XR Origin (XR Rig) Game Objectの再配置

すぐに滑り降りることができるように、あらかじめXR Origin (XR Rig) Game Objectを、Up Floor Game Objectの上に立たせておく。Hierarchy画面のXR Origin (XR Rig) Game Objectを選び、Inspector画面で位置と向きを設定する。

- Position=(0, 12, -14)
- Rotation=(0,0,0)

Rigidbodyの適用と確認

　Hook Game Objectの子供やLatch、Wire Game Objectには、最初からCollider Componentが取り付けられている。そのため、Hook Game Objectに物理挙動を受け持つRigidbody Componentを取り付けるだけで、PlayすればHook Game Objectは、Wire Game Objectを滑っていく。そして、Latch Game Objectに当たって止まることになる。

　Hierarchy画面のHook Game Objectを選び、メニューバーからComponent➡Physics➡Rigidbodyを選び、Rigidbody Componentを取り付けたら、Playをクリックしてみてほしい。Questは付けずにPlayさせて、Scene画面やGame画面で確認するとよいだろう。

　Hook Game Objectが、Wire Game Objectを滑り、Latch Game Objectに当たって止まり、しばらくゆらゆらと揺れている。

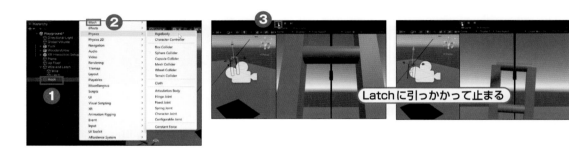

　Playしたまま、Hierarchy画面でLatch Game Objectを選び、Inspector画面で名前左横のチェックを外すとLatch Game Objectの存在が消えるので、Hook Game Objectは、再びWire Game Objectを滑っていく。確認できたらPlayを止める。止めると、Latch Game Objectも自動的に元の状態に戻る。

　観察していると気づくと思うが、ところどころで、つっかえながら滑っていく、かなり、ぎこちない動きとなる。WireやHook Game Objectに取り付けられた、Collider Componentの接触面素材には、ある程度滑りにくい素材が設定されているからだ。

> 興味がある人はWireの傾きを緩やかにして試すとよい。−30度くらいの傾きだと滑らなくなる。

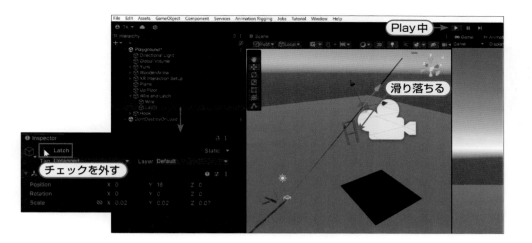

Physics Material

　接触面の滑りやすさといった物理特性は、Collider ComponentのMaterial Propertyで設定される。Hierarchy画面で、Wire Game Objectを選んで、Inspector画面で、Capsule Collider ComponentのMaterial Propertyを確認すると、None(Physics Material)になっているのがわかる。この場合、接触面の素材は未指定となり、未指定時用の素材が使われる。

　こちらのMaterialは、描画用のMaterialと区別するために、Physics Materialと呼ばれている。Material同様、新規に作成できるので、滑りやすいPhysics Materialを用意し、Wire Game Objectに設定してみよう。作成するPhysics Materialでは、Dynamic Friction (ダイナミック・フリクション：動摩擦) Propertyと、Static Friction (スタティック・フリクション：静止摩擦) Propertyを共に0.01にしてみる。新しく作るPhysics Materialの名前はSlipperyとする。

●手順

❶ Project画面のPlaygroundフォルダを選び、右画面の空白部を右クリックし、表示されたメニューからCreate➡Physic Materialを選ぶ

❷ Playgroundフォルダに追加された、New Physic Material Physic Materialの名前をSlipperyにする

❸Slipperyを選び、Inspector画面でProperty値を設定する

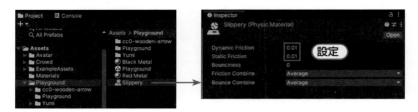

- Dynamic Friction ＝ 0.01
- Static Friction ＝ 0.01

❹Hierarchy画面のWire Game Objectを選び、Inspector画面でCapsule Collider Component のMaterial Propertyに、PlaygroundフォルダのSlippery Physic Materialをドロップする

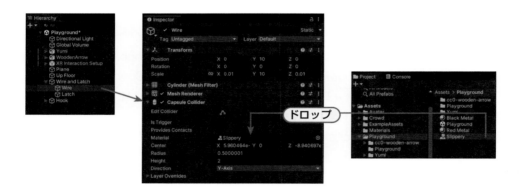

再びPlayして、先ほどと同じようにLatch Game Objectの存在を消してみると、Hook Game Objectがかなりスムーズに滑り落ちるようになったはずだ。

Questでの操作

　次は、Questのコントローラでフックを持てるよう、Hook Game ObjectにXR Grab Interactable Componentを取り付けよう。フックをつかんだときの姿勢を固定するために、取り付けたXR Grab Interactable ComponentのAttach Transform Propertyにフック作成時に用意したAttach Point Game Objectをドロップしておく。そして、Movement Type Propertyには、Velocity Trackingを指定する。

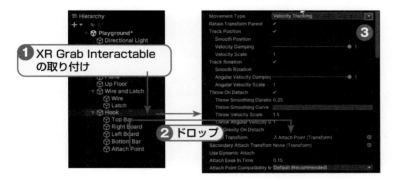

　これで、Questを被ってアプリを実行すれば、コントローラでフックをつかんで、留め具を乗り越えたところに置き直すことができる。そこでコントローラのグリップを放せば、フックは滑り落ちていくだろう。勢いよくフックを引っ張りすぎると、フックがワイヤーを通り抜けてしまう点には注意する。

　気になる人はHook Game ObjectのXR Grab Interactable➡Velocity Scale Propertyを0.2くらいにし、Rigidbody➡Collision Detection PropertyにContinuous Dynamicを指定する。

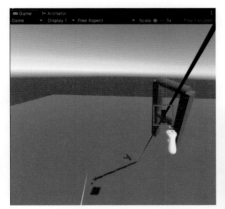

コントローラを素早く動かすと、フックがワイヤーを抜けてしまうときがある

選択する

設定する

一緒に、自分も滑り落ちるための仕組み

ところで、今回はフックであるHook Game Objectと一緒に、自分も滑り落ちたいと思っている。

●問題点

しかしHook Game Objectを、Questのコントローラでつかんでいる限り、Hook Game Objectが滑り落ちることはない。この問題を解決する必要がある。

●解決法

いろいろな解決法があると思うが、今回は次のようにして解決する。

❶ Questコントローラのグリップを握った状態で、つかんでいるHook Game Objectをつかんでいない状態にする
❷ Hook Game Objectがコントローラから放され、滑り始めるので、それにあわせHook Game Objectを追いかけるようにXR Origin (XR Rig) Game Objectを移動させる
❸ XR Origin (XR Rig) Game Objectが地上に着いたら、Hook Game Objectを追いかけるのをやめる

最初の「Questコントローラのグリップを握った状態で、つかんでいるHook Game Objectをつかんでいない状態にする」には、Scriptで次のような処理を書く必要がある。

```
interactable.interactionManager.CancelInteractableSelection(interactable as
IXRSelectInteractable);
```

仮にinteractableが、つかまれているHook Game Objectに取り付けられたXR Grab Interactable Componentだとすると、上述したように、そのinteractionManager Propertyに、CancelInteractableSelection(IXRSelectInteractable)を実行させる。

CancelInteractableSelection(interactable as IXRSelectInteractable)というように、interactableをIXRSelectInteractableとして指定すると、指定したXR Grab Interactable Componentはグリップが握られたままでも、放された状態になる。

残りの2項目もScriptで対応する。共通する「XR Origin (XR Rig) Game Objectを移動させる・させない」という操作をScriptでどう書くかは、XR Origin (XR Rig)➡Locomotion System➡Climb Game Objectが参考になりそうだ。

Climb Game Objectはハシゴや壁を登ったりする移動を受け持っている。実際の担当は、Climb Game Objectに取り付けられたClimbProvider Scriptなので、このScriptを参考にして、今回の仕組みのためのScriptを作り上げればよい。

> ClimbProvider ScriptはProject画面のPackages➡com.unity.xr.interaction.toolkit➡Runtime➡Locomotion➡Climbフォルダに置かれてる。
> Climb Game Objectを選び、Inspector画面で、Climb Provider➡Script PropertyのClimbProviderをクリックすると、ClimbProvider Scriptの場所をハイライトして教えてくれる。

SlideProvider Script

ClimbProvider Scriptは、例えば、ハシゴをつかんだ状態で、コントローラを下に動かすと、コントローラを下に動かさずに、XR Origin (XR Rig) Game Objectの方を上に移動させる。

今回用意するScriptでは、このコントローラの動きの代わりにHook Game Objectの動きを使い、XR Origin (XR Rig) Game Objectを動かすようにすればよい。名前をSlideProviderとしよう。

●継承元class

SlideProvider Scriptを作成するまでの工程は、これまでと変わらない。ただ、継承元classは、これまでのMonoBehaviourから、LocomotionProviderに変更する。

```
public class SlideProvider : LocomotionProvider
```

これまでは

```
public class SlideProvider : MonoBehaviour
```

と書き、継承元classにはMonoBehaviourを指定していた。LocomotionProvider classは、MonoBehaviourを継承したうえで、XR Origin (XR Rig) Game Objectを動かすのに便利な機能が追加されている。そのため、これまでどおりUpdate()を使え、それに加えXR Origin (XR Rig) Game Objectを動かすための機能が使えるようになる。SlideProvider Scriptは次のようになる。

```
using UnityEngine;
using UnityEngine.XR.Interaction.Toolkit;

public class SlideProvider : LocomotionProvider
{
```

```
//   追跡する相手
Transform target;

//   滑走（追跡）中
bool isSliding = false;

//   滑走開始時の target（追跡する相手）から XR Origin（自分自身）までのオフセット
Vector3 offset;

//   アプリ動作中、定期的に呼ばれる
void Update()
{
    //   活動段階が完了段階になったら、活動段階を待ち段階にする
    if (locomotionPhase == LocomotionPhase.Done)
    {
        locomotionPhase = LocomotionPhase.Idle;
        return;
    }

    //   滑走（追跡）中なら
    if (isSliding)
    {
        //   活動段階が移動段階でないなら、移動段階に移行できないか試す
        if (locomotionPhase != LocomotionPhase.Moving)
        {
            //   自分が活動を管理していいか確認
            if (!BeginLocomotion())
            {
                //   許可がおりないなら次の機会まで待つ
                return;
            }
            //   許可されたので活動段階を移動段階に移行する
            locomotionPhase = LocomotionPhase.Moving;
        }
        //   滑走（追跡）処理を実行
        StepSliding();
    }
    else if (locomotionPhase != LocomotionPhase.Idle)
    {
        //   滑走（追跡）中でないのに、活動段階が待ち段階でないので完了段階に移行する
        EndLocomotion();
        locomotionPhase = LocomotionPhase.Done;
    }
```

```
    }

    //　滑走（追跡）処理
    //　XR Origin を、target の位置から offset の位置に移動させる
    void StepSliding()
    {
        //　XR Origin が見つからなければ何もしない
        var xrOrigin = system.xrOrigin;
        if (xrOrigin == null)
        {
            return;
        }

        //　XR Origin を、target の位置から offset の位置に移動させる
        var rigTransform = xrOrigin.transform;
        rigTransform.position = target.position + offset;

        //　地面に到達したなら滑走（追跡）処理を終了
        if (rigTransform.position.y < 0.1)
        {
            StopSliding();
        }
    }

    //　滑走（追跡）開始
    //　受け取った target との位置を保って移動する
    public void StartSliding(Transform target)
    {
        //　XR Origin が見つからなければ何もしない
        var xrOrigin = system.xrOrigin;
        if (xrOrigin == null)
        {
            return;
        }

        //　滑走（追跡する）相手を設定
        this.target = target;

        //　滑走（追跡）中にする
        isSliding = true;

        //　滑走（追跡）相手から xrOrigin までのオフセットを保存
        offset = xrOrigin.transform.position - target.position;
```

```
            //  滑走（追跡）相手の掴みを解除する
            var interactable = target.GetComponent<XRBaseInteractable>();
            interactable.interactionManager
                .CancelInteractableSelection(interactable as
IXRSelectInteractable);

            //  活動段階を移動段階でないなら、活動段階を移動開始段階にする
            if (locomotionPhase != LocomotionPhase.Moving)
            {
                locomotionPhase = LocomotionPhase.Started;
            }
        }

        //  滑走（追跡）停止
        public void StopSliding()
        {
            isSliding = false;
        }
}
```

●LocomotionSystem

まず、XR Interaction toolkitの説明には、XR Origin (XR Rig) Game Objectを動かす場合、他の
Provider（プロバイダー：供給者、ここではXR Origin (XR Rig) Game Objectを動かす者）と競合し
ないように、調整し合えとある。

Locomotion
https://docs.unity3d.com/Packages/com.unity.xr.interaction.toolkit@2.4/manual/
locomotion.html

これらの、他のProviderと競合を割ける調整役は、XR Origin (XR Rig)➡Locomotion System
Game Objectに取り付けられたLocomotionSystemが担当している。

●SlideProvider Scriptでの対応

今回SlideProvider classが継承元にするLocomotionProvider classは、このLocomotionSystem
への排他的なアクセスを要求したり、放棄したりするための機能を提供する。

- LocomotionSystemへの排他的アクセス権を要求するには、BeginLocomotion()を使用する
- LocomotionSystemへの排他的アクセス権を放棄するには、EndLocomotion()を使用する

SlideProviderでは、これらのMethodを適宜呼び出し、LocomotionSystemとやり取りする。

●Update()

Update()では、locomotionPhase Propertyを見ながら、上記のBeginLocomotion()、EndLocomotion()で権限を取ったり、返したりしながらXR Origin (XR Rig) Game Objectを移動させている。

locomotionPhase PropertyはLocomotionProviderから提供されるPropertyで、現在の状態を管理するようになっている。

locomotionPhaseの変更に関しては、ClimbProvider Scriptを参考にした。locomotionPhaseがLocomotionPhase.Doneのときは、自分が権利を手放したことを意味し、その場合、locomotionPhaseをLocomotionPhase.Idleに変更して処理を終わらせている。

isSliding Propertyで、自分が現在、フックによるワイヤー滑走を実行中かどうかを管理している。isSlidingがtrueなら、滑走中なので、可能であれば、XR Origin (XR Rig) Game Objectを移動させる。このとき、LocomotionPhase.Movingでなければ、自分にXR Origin (XR Rig) Game Objectを移動させる権限がないといういことなので、最初にBeginLocomotion()で権限を要求している。権限が得られなかったら、その場でUpdate()の処理を終わる。得られたら、locomotionPhaseをLocomotionPhase.Movingにして、StepSliding()を呼び出し移動処理をおこなっている。

滑走中でなければ、locomotionPhaseがLocomotionPhase.Idleであるかを調べ、LocomotionPhase.IdleでなければEndLocomotion()で権利を放棄し、locomotionPhase にLocomotionPhase.Doneを設定している。

●StepSliding()

実際の移動はStepSliding()でおこない、ここでは最初にXR Origin (XR Rig) Game Objectを取り出せるか確認し、取り出せなかったら何もしない。

取り出せたらtargetの位置を元に、XR Origin (XR Rig) Game Objectを移動させている。また、新しい位置のY座標が0.1より小さくなったら滑走は終わったとみなし、移動処理を停止させてもいる。

●StartSliding(追跡する相手のTransform)

StartSliding(追跡する相手のTransform)は、滑走を始めたいときに呼び出すMethodで、最初にXR Origin (XR Rig) Game Objectが取り出せるか試している。取り出せなかったら、何もおこなわずに終了している。

XR Origin (XR Rig) Game Objectが取り出せたら、呼び出し時に受け取ったtargetを、自分の target Propertyに記録し、isSliding Propertyをtrueにしている。これで、Update()で滑走処理が おこなわれる。

offsetに、XR Origin (XR Rig) Game Objectとの相対位置を記録している。そのあと、つかまれた 状態を解除している。これで、フックがワイヤを滑り出す。

locomotionPhaseはLocomotionPhase.Movingであれば、権利を取れているので何もする必要が ない。そうでない場合はlocomotionPhaseにLocomotionPhase.Startedを設定して、権利を確保す る必要があることを知らせる。

●StopSliding()

isSliding Propertyをfalseにだけして、その他の必要な作業はUpdate()でおこなわせるようにし ている。

●SlideProvider Scriptの取り付け

SlideProvider Scriptの準備ができたら、これをHook Game Objectに取り付ける。

SlideProvider ScriptのStartSliding (追跡する相手のTransform)は、Hook Game Objectがつ かまれているときにトリガーが押されたときに呼び出すようにした。これは2章で案内したようにXR Grab Interactable ComponentのActivated(ActivateEventArgs) Propertyで設定する。

●手順

Playgroundフォルダに、SlideProvider Scriptを作成、編集しておく。

❶Hierarchy画面のHook Game Objectに、PlaygroundフォルダのSlideProvider Scriptをド ロップする

❷Hook Game Objectを選び、Inspector画面のXR Grab Interactable ➡ Interactable Events ➡ Activated(ActivateEventArgs) Property一覧の＋をクリックし、項目を追加する

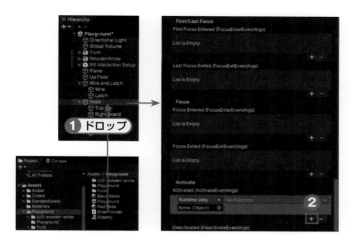

❸追加した項目にHierarchy画面のHook Game Objectをドロップする

❹No Functionをクリックし、表示されたメニューからSlideProvider ➡ StartSliding（Transform）を選ぶ

　　◦ No FunctionがSlideProvider.StartSlidingにかわる

　　◦ SlideProvider.StartSlidingの下に項目が追加される

❺SlideProvider.StartSlidingの下の項目にHierarchy画面のHook Game Objectをドロップする

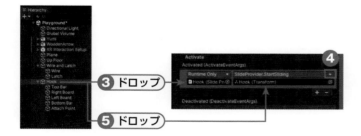

　これで、Questを被り、フックをつかんで、留め具を外してから、グリップを握ったままトリガーを握れば、フックと共に自分の体が滑り落ちるようになる。

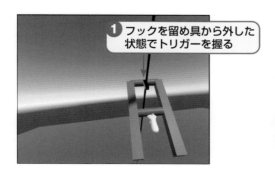

①フックを留め具から外した
状態でトリガーを握る

②フックと一緒に
滑走する

トリガーを使わない

　滑走までを、もう少し自然な流れにしたい。空間にBox Collider領域を配置し、そこに触れたらSlideProvider ScriptのStartSliding（追跡する相手のTransform）を呼び出してみよう。

　Collider ComponentはInspector画面で、Is Trigger Propertyにチェックを付けると、Rigidbody ComponentがCollider領域に跳ね返されることはなくなり、Collider領域に入ったかどうかだけを知ることができる。

●SlidingArea Script

　次のようなOnTriggerEnter（接触したCollider）Methodを持つScriptを用意し、Collider Componentを持つGame Objectに取り付ければ、Colliderに触れたときにOnTriggerEnter（接触したCollider）が呼び出される。Scriptの名前はSlidingAreaとした。

```
using UnityEngine;

public class SlidingArea : MonoBehaviour
{
    //　滑走（追跡）動作提供者
    public SlideProvider provider;

    //　Colliderに触れた時に呼び出される
    void OnTriggerEnter(Collider other)
    {
        //　滑走（追跡）動作提供者に滑走（追跡）動作を要求する
        //　追跡相手としてColliderに触れたRigidbodyが取り付けられている
        //　Game Objectを渡す
        provider.StartSliding(other.attachedRigidbody.gameObject.transform);
    }
}
```

　このScriptでは、あらかじめInspector画面でprovider PropertyにSlideProvider Scriptが設定済みとし、OnTriggerEnter（接触したCollider）の処理として、providerのStartSliding（追跡する相手のTransform）を呼び出すようにしている。

　StartSliding（追跡する相手のTransform）のTransformには、Hook Game ObjectのTransformを渡したい。こちらも、Inspector画面で設定するようにしてもいいのだが、Hook Game ObjectはCollider Componentに触れたGame Objectでもあるので、OnTriggerEnter（接触したCollider）で受け取るCollider Componentから取り出すことができる。

　受け取るCollider Componentは、Hook Game Objectの、子Game Object (Top Bar、Right Board、Left Board、Bottom Bar) が持つCollider Componentのいずれかであり、それらはすべてHook Game Objectに取り付けたRigidbody Componentの領域指定に使われる。その関係で、受け取るCollider ComponentのattachedRigidbody Propertyは、Hook Game Objectに取り付けたRigidbodyを指すことになり、そのgameObjectはHook Game Objectそのもとなる。Scriptでは、そのtransformを渡している。

```
other.attachedRigidbody.gameObject.transform
```

●手順

Playgroundフォルダ内にSlidingArea Scriptを作成し、編集しておく。

❶ Hierarchy画面の、Wire and Latch Game Objectを右クリックし、表示されたメニューから3D Object➡Cubeを選んでCube Game Objectを追加し名前をSlidingAreaとする

❷ SlidingArea Game Objectを、Latch Game Objectの手前に、Wire Game Objectの上部を覆うように配置する

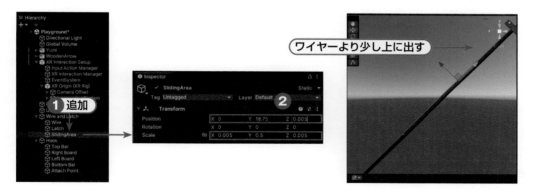

ワイヤーより少し上に出す

　　　◦ Position = (0, 18.75, 0.005)
　　　◦ Scale = (0.005, 0.5, 0.005)

❸ SlidingArea Game Objectに、PlaygroundフォルダのSlidingArea Scriptをドロップする

❹ SlidingArea Game Objectを選び、Inspector画面で、Sliding Area (Script)➡Provider Propertyに、Hierarchy画面のHook Game Objectをドロップする

❺ Inspector画面でBox Collidert➡Is Trigger Propertyにチェックを付ける

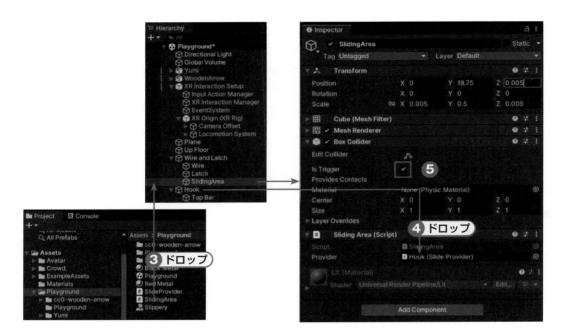

Questを被って試すと、HookをLatchから外して、再びWireに掛けると滑り出すようになる。Hook Game ObjectのXR Grab Interactablet ➡ Interactable Eventst ➡ Activated(ActivateEventArgs) Property一覧に登録した処理は、残しておいても削除してもよい。

フックの3Dモデル設定

仕上げに、フックの3Dモデルを設定しよう。sketchfab.comを探して次のモデルをダウンロードした。

Hook

https://skfb.ly/6WVUr

"Hook" (https://skfb.ly/6WVUr) by Jorada is licensed under Creative Commons Attribution (http://creativecommons.org/licenses/by/4.0/).

FBX形式のファイルをダウンロードし、解凍してできたhookフォルダ内の、sourceフォルダ内にあるChain_2_Lock.fbxを、Playgroundフォルダ内にドロップし、Prefabを作成する。

作成されたChain_2_Lock Prefabを、Hierarchy画面のHook Game Objectにドロップし、作成されたChain_2_Lock Game Objectの位置、スケールを調整する。

　Chain_2_Lock Game Objectに合わせてBottom Bar Game ObjectやAttach Point Game Objectも調整する。

　Chain_2_Lock.fbxからは、Materialがうまく取り出せなかったので、Chain_2_Lock　Game Objectには、Playgroundフォルダ内のBlack Metalをドロップして設定した。

　これで、Top Bar、Right Board、Left Board、Bottom Bar Game Objectの画面表示は不要となるので、Collider Componentだけ利用し、Meshの表示はしないように、Mesh Renderer Componentを無効にした。

●手順

❶解凍してできたhookフォルダ内の、Chain_2_Lock.fbxをPlaygroundフォルダ内にドロップし、Chain_2_Lock Prefabを作成する

❷作成したChain_2_Lock Prefabを、Hierarchy画面のHook Game Objectにドロップし、位置、スケールを調整する

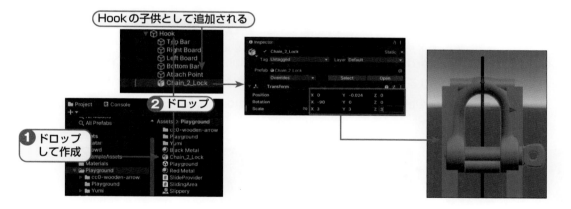

　○ Hook Game Objectの子供としてChain_2_Lock Game Objectが追加される

　○ Position = (0, -0.024, 0)

　○ Rotation = (-90, 0, 0) 注意：これはPrefabの設定そのまま

　○ Scale = (3,3,3)

❸Bottom Bar Game Objectを、Chain_2_Lock Game Objectに合わせて移動する

　　◦ Position = (0, -0.17, 0)

❹Playgroundフォルダ内のBlack Metal Materialを、Hierarchy画面のChain_2_Lock Game
Objectにドロップする

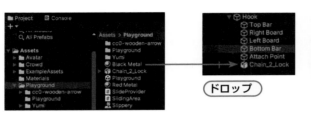

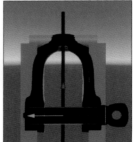

❺Top Bar、Right Board、Left Board、Bottom Bar Game Objectを選択（Controlキーを押し
ながら順にクリックするか、Top Bar Game Objectだけ選択しておき、Shfitキーを押しながら
Bottom Bar Game Objectをクリックする）し、Inspector画面のMesh Renderer Component
のチェックを外す

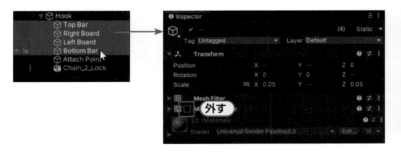

❻ Attach Point Game Objectの位置を、Chain_2_Lock Game Objectに合わせて調整する

- Position = (0, -0.17, 0)

これで、振る舞いは同じで表示だけが切り替わる。

SlidingArea Game ObjectのMesh Renderer Componentのチェックも外すといいだろう。

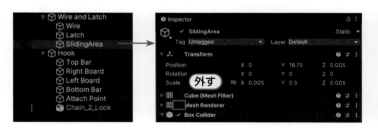

仮想体の強制テレポートとフックの位置再現の仕組み

TeleportDestination Script

　ワイヤでの滑走を何度でも試せるように、何かあったら上の床にテレポートで戻れるようにしよう。フックも元の位置に戻す。

　XR Origin (XR Rig) Game Objectのテレポートには、TeleportationProvider Componentが利用できる。TeleportationProvider Componentは、2章で紹介したTeleportation Area Componentなどが、右サムスティックでポイントされた位置に移動する際に利用しているComponentで、XR Origin (XR Rig)➡Locomotion System➡Teleportation　Game Objectに取り付けられている。
　テレポートさせたい場所を指定するTeleportRequestを作成し、TeleportationProvider ComponentのQueueTeleportRequest (TeleportRequest)に渡せばよい。
　この処理のためのScriptを用意し、名前をTeleportDestinationとする。

```
using UnityEngine;
using UnityEngine.XR.Interaction.Toolkit;

public class TeleportDestination : MonoBehaviour
{
    //  自分の位置、向きにXR Origin (XR Rig) Game Object を移動させる
    public void Summons()
    {
        //  Scene 内の TeleportationProvider Component を検索し
        //  最初に見つかったものを利用する
        var teleportationProvider = FindObjectOfType<TeleportationProvider>();

        //  見つからなければ何もしないで戻る
        if (teleportationProvider == null) return;

        //  テレポート先を作成し設定する
        var teleportRequest = new TeleportRequest
        {
            //  向きを指定方向に合わせるよう指定
            matchOrientation = MatchOrientation.TargetUpAndForward,
```

```
        //　テレポート先として自分の位置、向きを指定する
        destinationPosition = transform.position,
        destinationRotation = transform.rotation,

        //　要求した時間を設定
        requestTime = Time.time,
    };

    //　見つけた TeleportationProvider Component にテレポート要求
    teleportationProvider.QueueTeleportRequest(teleportRequest);
    }
}
```

●Summons()

　Summons()を呼べば、このScriptが取り付けられたGame Objectの位置にテレポートするようにする。TeleportRequest作成時に、matchOrientation PropertyにMatchOrientation.TargetUpAndForwardを指定することで、テレポート後の向きをdestinationRotation Propertyで指定できるようにもなる。向きは、このScriptが取り付けられたGame Objectの向き (transform.rotation) を指定した。テレポート後の位置であるdestinationPosition Propertyには、このScriptが取り付けられたGame Objectのワールド座標 (transform.position) を指定している。

　requestTime PropertyはTeleportationProvider Componentがテレポート依頼の順番待ち管理に利用する。Time.timeで現在の時間を指定した。

　TeleportationProviderは、ScriptにpublicのPropertyとして用意し、Inspector画面で設定してもよいが、今回は

```
        var teleportationProvider = FindObjectOfType<TeleportationProvider>();
```

を使って、Scene内に存在するTeleportationProvider Componentを探して受け取るようにした。TeleportationProviderがScene内に1つだけ存在するなら、この方法が利用できる。

●TeleportDestination Scriptの取り付け

　まずは、Up Floor Game Objectの子供にUp Floor PortというEmpty Objectを追加し、Teleport Destination Scriptを取り付けて、テレポート先の準備をしよう。

●手順

Playgroundフォルダ内にTeleportDestination Scriptを作成し編集しておく。

❶ Hierarchy画面のUp Floor Game Objectの子供としてEmpty Objectを追加し、名前をUp Floor Portにする

❷ 追加したUp Floor Port Game Objectに、PlaygroundフォルダのTeleportDestination Script をドロップする

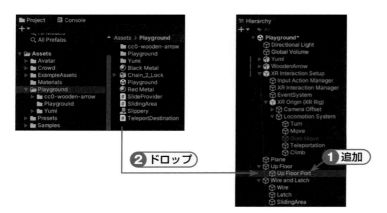

これで、何らかの方法でTeleportDestinationのSummons()を呼び出せば、XR Origin (XR Rig) Game Objectは、Up Floor Port Game Objectの位置に戻る。

1 開発

2 VR対応

3 VRアプリ

4 3Dモデル

5 仮想空間

6 道具

7 お祭り会場

Unity組み込みUI要素を使ったリセットボタン

Chapter 6
6-6

先ほどのように、Is Trigger Propertyを有効にしたCollider Componentを用意すれば、定義領域に触れたらテレポートさせることも可能だろう。そういった仕組みの方が適切だと思うが、ここでは最初に、案内を兼ねて、Unity組み込みUI=User Interface（ユーザーインターフェイス：利用者との接点）要素群を使う方法を示す。

UI
https://docs.unity3d.com/ja/Packages/com.unity.xr.interaction.toolkit@2.0/
manual/ui-setup.html

●XR用Canvas

3Dゲームの得点表示などで見かける、固定位置のテキストといったUI要素は、Game Objectとして単独でSceneに配置することはできない。まずはCanvasと呼ばれる専用Game Objectを作成し、ここにボタンやテキストといったUI要素を配置することになる。Canvas Game ObjectはUI要素を配置するための空間を提供する。

通常、Canvas Game Objectは、プレイヤーの視線が、仮想空間のどこに向いていようと、いつでもディスプレイ画面上の同じ位置にテキストやボタンが表示されるような仕掛けとして設定されている。そのようなCanvas Game Objectの設定を変更し、仮想空間内の特定位置にUI要素が表示されるようにすることで、VRアプリでも利用できるようになる。

メニューバーからGameObject➡XR➡Canvasを選べば、VRアプリ対応済みのCanvas Game Objectを、Hierarchy画面に追加できるようになっているので、そちらを使うといいだろう。Canvasを作ってからのUI要素配置作業は3Dゲームと変わりがない。

●Button

例えば、ボタンUI要素を仮想空間に配置したいなら、まず、Hierarchy画面にXR用のCanvas Game Objectを追加し、Canvas Game Objectの子供としてボタンUI要素を追加する。あとは、XR Grab Interactable Componentで、トリガーが握られたときの処理を設定したように、ボタンがクリックされたときの処理を登録すればよい。

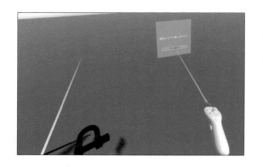

Questの場合、初期設定ではコントローラから出る光線で、ボタンをポイントした状態でグリップを握ると、ボタンをクリックしたことになる。

上側の床に戻るボタンUI

ボタンがクリックされたときは上側の床 (Up Floor Port Game Object) に取り付けたTeleport Destination ScriptのSummons()を呼び出す。これで、仮想空間上に表示されたボタンをレーザーポイントしてグリップを握れば、上側の床に戻れるようになる。

●仮想空間にボタンUI要素を配置

まず、滑走して降りた先の近くにCanvas Game Objectを置き、メッセージを表示してみる。

●手順

❶メニューバーからGameObject ➡ XR ➡ UI Canvasを選ぶ
  ◦ Hierarchy画面にCanvas Game Objectが追加される
❷Hierarchy画面でCanvas Game Objectを選び、Inspector画面でRect Transform Componentの Propertyを設定する

追加される

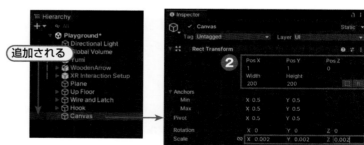

- Pos X = 1, Pos Y = 1, Pos Z = 0
- Width = 200, Height = 200
- Scale = (0.002, 0.002, 0.002)

❸Hierarchy画面でCanvas Game Objectを右クリックし、表示されたメニューからUI➡Image を選ぶ (Raw Imageの方ではない)

- Canvas Game Objectの子供としてImage Game Objectが追加される

❹Hierarchy画面でImage Game Objectを選択し、Inspector画面で各Propertyを調整する

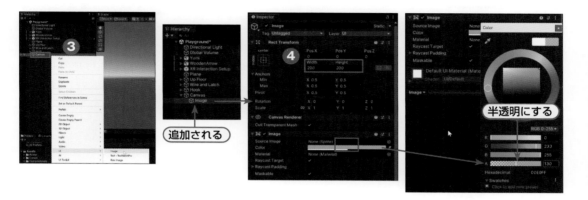

- Rect Transform
- Width = 200, Height = 200
- Image Component
- Color = 半透明の空色

❺Canvas Game Objectを右クリックし、表示されたメニューからUI➡Legacy➡Textを選ぶ

- Canvas Game Objectの子供としてText (Legacy) Game Objectが追加される

❻Hierarchy画面でText (Legacy) Game Objectを選択し、Inspector画面で各Propertyを調整する

✏️Point　UI要素のスケールや矩形について

　UI要素は、文字サイズの単位1を基準にして配置するようになっている。しかし、仮想空間での1は1mを意味するので、例えば、文字サイズ14の文字列は、そのままだと高さ14mで表示される。仮想空間上で表示する際は、この巨大文字をどのくらいの大きさで表示するか考えてScaleを調整する。文字サイズ14の文字を14mmの高さで表示したいなら、Scale=(0.001, 0.001, 0.001)にすればよい。今回の指定なら文字サイズ14の文字を28mmの高さで表示することになる。

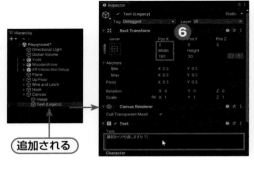

追加される

- Rect Transform
  - Width = 180
- Text Component
  - Text = "最初からやり直しますか？"
  - Alignment = Center
  - Color = 白色

> **📝Point　Textについて**
>
> 　Text - Text Mesh Proの方が美しいが、現在、そのままでは日本語が表示できない。Text Mesh Proを使う場合、Text Mesh Proのインストールも必要となる。また、Text Mesh Proで日本語を使いたいなら日本語のFont Atlasを用意しなければならない。「Font Atlas Text Mesh Pro 日本語」で検索すると見つかるだろう。

●上側の床に戻る処理の追加

　Canvas Game Objectにボタン UI 要素を追加し、ボタンがクリックされたときは、上側の床 (Up Floor Port Game Object) に取り付けた Teleport Destination Script の Summons() を呼び出すようにしよう。

❶Hierarchy画面でCanvas Game Objectを右クリックし、表示されたメニューからUI➡Legacy
　➡Buttonを選ぶ
　◦Canvas Game Objectの子供としてButton (Legacy) Game Objectが追加される
❷Hierarchy画面でButton (Legacy) Game Objectを選択し、Inspector画面で各Propertyを
　調整する

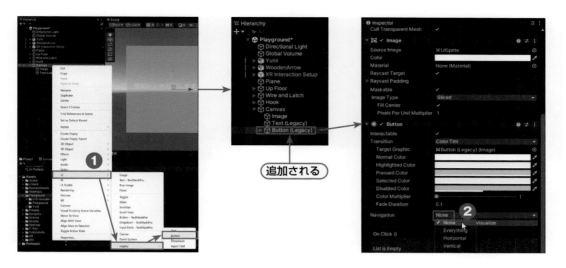

- ○ Button Component
  - ▪ Navigation = None
❸ On Click() Property一覧の＋をクリックする
- ○ 項目が追加される
❹ 追加された項目にUp Floor Port Game Objectをドロップする
❺ 呼び出す機能にTeleportDestination.Summonsを指定する

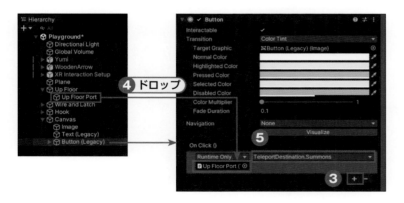

❻ Scene画面で、Button (Legacy) Game Objectの位置を調整する
- ○ "最初からやり直しますか？"というメッセージが見えるように調整する
❼ Hierarchy画面でButton (Legacy)のデスクロージャを開いて内部のText (Legacy) Game Objectを選択し、Inspector画面でText ComponentのPropertyを設定する

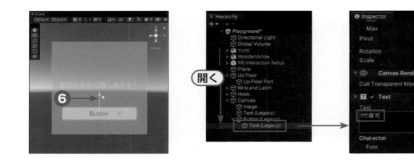

- Text Component
  - Text = やり直す

これで、Questを被り、仮想空間に浮かぶ薄青の看板の"やり直す"というボタンを、コントローラでレーザーポイントしてグリップを握れば、上側の床に転送される。

PlaceHolder Script

ボタンを用意したので上側の床に戻れるが、フックがなければ滑走できない。フックを再配置させるScriptも用意し、TeleportDestinationのSummons()に続けて呼び出すようにする。名前はPlaceHolderとし、呼び出すMethod名はPlacement()とした。

```
using UnityEngine;

public class PlaceHolder : MonoBehaviour
{
    //  Placement() が呼ばれたときに、自分の位置に移動させる Game Object
    public GameObject target;

    //  Script 起動時に 1 回呼ばれる
    void Start()
    {
        //  Script 起動時に呼び出す
        Placement();
    }

    //  target で指定される Game Object を自分の位置に移動させる
    public void Placement()
    {
        //  位置を合わせる
```

```
        target.transform.position = transform.position;

        //　向きを合わせる
        target.transform.rotation = transform.rotation;
    }
}
```

Placement()

Placement()では、target Propertyに設定されたGame Objectの位置と向きを、PlaceHolder Scriptを取り付けたGame Objectの位置や向きに設定している。

Start()でもPlacement()を呼び出し、アプリ起動時もtargetが、PlaceHolder Scriptを取り付けたGame Objectの位置や向きで配置されるようにもした。

● PlaceHolder Scriptの利用

ボタンUI要素で、このPlaceHolder Scriptを使ってみよう。

●手順

Playgroundフォルダ内にPlaceHolder Scriptを作成し編集しておく。

❶ Hierarchy画面のWire and Latch Game Objectを右クリックし、表示されたメニューから Create Empty Objectを選ぶ

❷ Wire and Latch Game Objectの子供として、GameObjectという名前のEmpty Objectが追加されるので、名前をHook Holderとする

❸ Hierarchy画面のHook Holder Game Objectに、PlaygroundフォルダのPlaceHolder Script をドロップする

❹ Hierarchy画面でHook Holder Game Objectを選び、Scene画面やInspector画面でHook Game Object近くに配置する
   ◦ Position = (0, 19.8, 0.01)
   ◦ Rotation = (45, 0, 0)

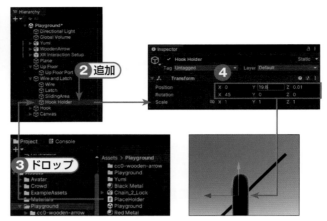

❺ Place Holder (Script)➡Target Propertyに、Hook Game Objectをドロップする

❻ Hierarchy画面でButton Game Objectを選び、Inspector画面でButton➡On Click()
Property一覧の＋をクリックする

　。項目が追加される

❼ 追加された項目にHook Holder Game Objectをドロップする

❽ 呼び出す機能にPlaceHolder.Placementを指定する

これで、ボタンをクリックすれば、何度でも繰り返し滑走できるようになった。

3D Game Objectを使ったリセットボタン

1 開発

2 VR対応

3 VRアプリ

4 3Dモデル

5 仮想空間

6 道具

7 お祭り会場

これまでボタンUI要素を使う案内をしてきたが、可能ならボタンは、弓矢やフックのような実在する物体として用意したい。仮想空間で実際に押せるボタンを、順を追って作ってみよう。

Unity組み込みの立方体をボタンにする

●XR Simple Interactable

コントローラでレーザーポイントできたり、グラブやトリガーに反応させたいが、持っても動かさないGame Objectを用意したいというのであれば、4章で案内したXR Simple Interactable Componentを使えばよい。

領域指定にCollider Componentを必要とする点は、XR Grab Interactable Componentと同じだが、Rigidbody Componentは必要としない。

●コントローラに反応する3D Game Object

仮想空間にCubeを1つ追加し、XR Simple Interactable Componentを取り付け、先ほどのUI要素ButtonのOn Click() Propertyと同じように、TeleportDestination ScriptのSummons()とPlaceHolder ScriptのPlacement()を呼び出すようにしてみよう。

●手順

❶メニューバーからGame Object➡3D Object➡Cubeを選ぶ
　◦Hierarchy画面にCube Game Objectが追加される
❷追加されたCube Game Objectの名前をReset Buttonとする
❸Hierarchy画面のReset Button Game Objectを選び、Inspector画面やScene画面で、Canvas Game Objectの近くに置かれ、大きさが1辺10cmとなるように調整する

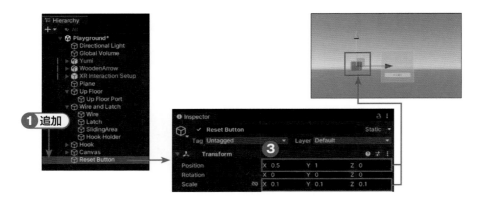

- Position = (0.5, 1, 0)　自分で好きに決めてよい
- Scale = (0.1, 0.1, 0.1)

❹Hierarchy画面のReset Button Game Objectを選択し、メニューバーからComponent➡XR➡
XR Simple Interactableを選ぶ

❺Inspector画面で、XR Simple Interactable➡Interactable Events➡Select Entered (Select
EnterEventArgs) Property一覧の＋をクリックして、2つ分項目を追加する

❻それぞれの項目にUp Floor Port Game ObjectとHook Holder Game Objectをドロップする

❼各項目の呼び出し機能を選択する

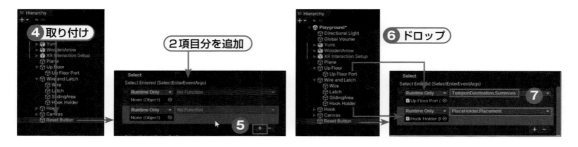

- Up Floor Port側：TeleportDestination.Summons
- Hook Holder側：PlaceHolder.Placement

　こうすると、Questを被り、コントローラでReset Button Game Objectをレーザーポイントして
グリップを握れば、ボタンUI要素をクリックしたときと同じことが起こる。

XR Poke Filter

今回のReset Buttonのような XR Simple Interactable Componentを持つGame Objectに、XR Poke Filter Componentを加えると、コントローラでポイントしてグリップを握る操作を、Poke（ポーク：押す）というジェスチャでも代行できるようになる。

押す方向には、対象のGame Objectが持つローカル座標のX、Y、Z軸に平行で原点に向かう6種類が用意されていて、そのうちの1つを指定しておく。

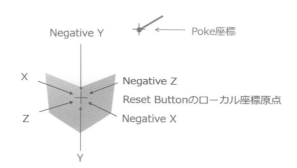

いずれの方向でも、Poke座標が、原点からPoke Interaction Offset分手前に到達すると、XR Simple Interactable ComponentのSelect Eventが発生する。

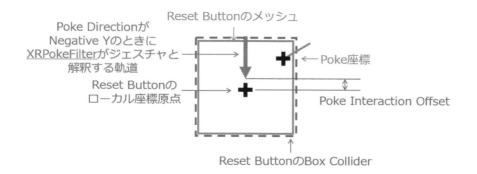

Poke座標やジェスチャーの認識はXR Poke Interactor Componentによって管理される。

そのため、XR Poke Filter Componentを有効にしたい場合は、XR Poke Interactor Componentが取り付けられたGame Objectが、Scene内に存在し動作している必要がある。

XR Origin (XR Rig) Game Objectには、左右それぞれのコントローラに対応したPoke Interactorといううゲームオブジェクトが内包済みなので、あとはInteractable系 Componentを持つGame Object側に、

XR Poke Filter Componentを加えるだけでよい。

　今回はローカルY軸を負の方向に押すジェスチャで、XR Simple Interactable Componentの Select Eventを発生させたいので、XR Poke Filter ComponentのPoke Direction Propertyには Negative Yを指定する。

●手順

❶Hierarchy画面のReset Button Game Objectを選択し、メニューバーからComponent ➡ XR ➡ XR Poke Filterを選ぶ
　　○ Reset Button Game ObjectにXR Poke Filter Componentが取り付けられる

❷Inspector画面でXR Poke Filter ➡ Poke Configurationのデスクロージャを開き、中のPoke Direction PropertyにNegative Yを指定する

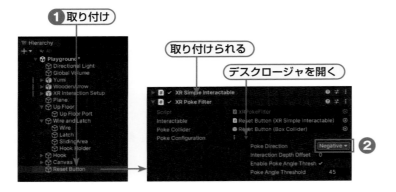

　これでReset Button Game Objectに対し、上から下に向けてコントローラの先端を通過させると、コントローラでレーザーポイントしてグリップを握ったときと同じことが起こる。

XR Poke Follow Affordance

　XR Poke Filterを加えただけでは、ジェスチャ認識機能が付くだけで、画面上の変化は何もない。本来のボタンなら、押された方向に一緒に動かしたいところだ。押すジェスチャに連動した仮想空間上の変化を用意したいなら、XR Poke Follow Affordance Componentを使う。

　XR Poke Follow Affordance Componentは、指定されたGame Objectの中心位置をPoke位置と連動させる。Poke位置が、Colliderの表面から原点までの間にあるときだけ連動する。

　例えば、今回のReset Button Game Objectの子供に、小さめのCube Game Objectを追加して、これをXR Poke Follow Affordance Componentが連動させるGame Objectに指定すれば、次のような動きをするようになる。

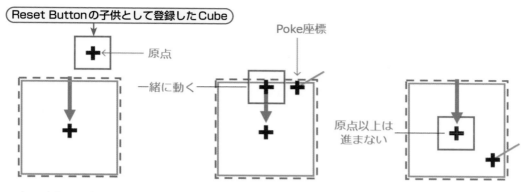

次のように、小さめの Cube Game Object の、Reset Button Game Object へのめり込みを、表面で止めたいなら、Reset Button の Box Collider や、それぞれの原点位置を次のような位置にする必要がある。

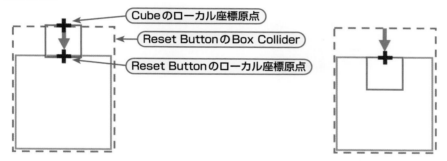

組み込みの Cube は原点が中央固定なので、次のように Empty Object などを使って配置するようにした。

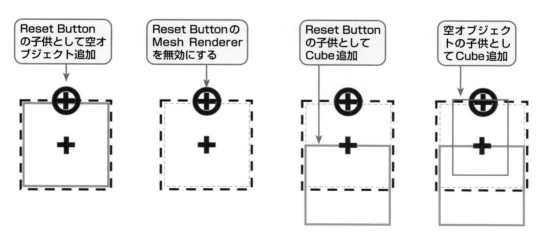

この手順を次に示す。

●手順

❶Hierarchy画面のReset Button Game Objectを右クリックし、表示されたメニューから
Create Empty Objectを選ぶ

　◦ Reset Button Game Objectの子供にGame ObjectというEmpty Objectが追加される

❷識別しやすいよう、追加されたEmpty Objectの名前をInner Cube Holderにする

❸Hierarchy画面のInner Cube Holder Game Objectを選び、Inspector画面でTransform
PositionのY値を0.5にする

　◦ Position= (0,0.5,0)

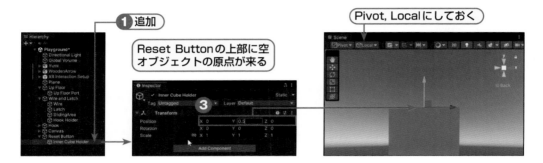

❹Hierarchy画面のReset Button Game Objectを選択し、Inspector画面でMesh Renderer
Componentのチェックを外す

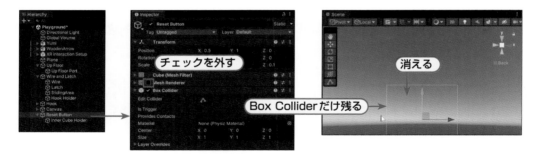

❺Hierarchy画面のReset Button Game Objectを右クリックし、表示されたメニューから3D
Object➡Cubeを選ぶ

　◦ Reset Button Game Objectの子供にCubeというGame Objectが追加される

❻Hierarchy画面で、追加されたCubeを選択し、Inspector画面でBox Collider Componentの
MoreメニューからRemove Componentを選ぶ

　◦ Box Collider Componentが削除される

❼PositionのY値を－0.5にする

　◦ Position = (0, －0.5, 0)

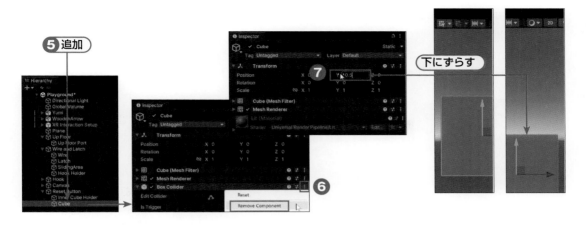

❽Hierarchy画面のInner Cube Holder Game Objectを右クリックし、表示されたメニューから
3D Object ➡ Cubeを選ぶ

　◦ Inner Cube Holder Game Objectの子供にCubeというGame Objectが追加される

❾Hierarchy画面で、追加されたCube Game Objectを選択し、Inspector画面でBox Collider
ComponentのMoreメニューからRemove Componentを選ぶ

　◦ Box Collider Componentが削除される

❿Position、Scale Propertyを調整する

　◦ Position = (0, − 0.5, 0)

　◦ Scale = (0.8, 1, 0.8)

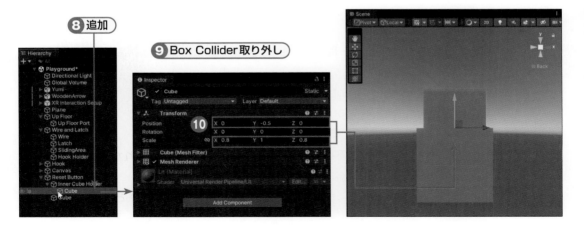

⓫Hierarchy画面のReset Button Game Objectを選び、メニューバーからComponent➡XR➡XR Poke Follow Affordanceを選ぶ

⓬Inspector画面でXR Poke Follow Affordance➡Poke Follow Transform Propertyに、Inner Cube Holder Game Objectをドロップする

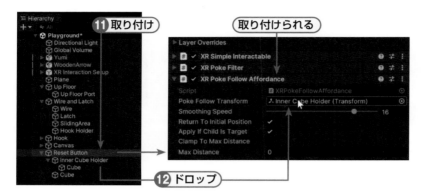

これで、押せるボタンが完成した。

●足の追加

必要はないが、見た目を考え、細長い足を追加し、色付けもしておく。

●手順

❶Hierarchy画面のReset Button Game Objectを右クリックし、表示されたメニューから3D Object➡Cubeを選ぶ
　◦Reset Button Game Objectの子供にCube (1) というGame Objectが追加される
❷追加されたCube (1) Game Objectの名前をBarに変更する
❸Hierarchy画面のBar Game Objectを選択し、Inspector画面でBox Collider Componentの Moreメニューから Remove Componentを選ぶ
　◦Box Collider Componentが削除される
❹Inspector画面でTransformの各Propertyを調整する

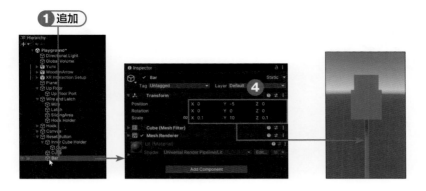

- ○ Position = (0,-5,0)
- ○ Scale = (0.1,10, 0.1)

外側のCube Game ObjectとBar Game Objectには、Black Metal Material、内側のCube Game ObjectにはRed Metal Materialを設定した。

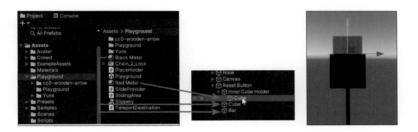

弓の置き場を用意する

同じように、弓も矢を射ったあとに、元に戻せるようにしよう。いまのまま、空中に固定するのもいいが、実世界に近づけたいので、弓の置き場、矢の置き場を用意する。

XR Socket Interactor

現在、弓や矢はIs Kinematic Propertyを有効にし、Use Gravity Propertyを無効にして、空中に留まるようになっている。これを、より実世界に近づけ、弓矢は床に落下するようにしたい。その場合、弓矢を立てかけ、固定できるような設備を用意したい。

XR Grab Interactable Componentが取り付けられたGame Objectを、特定の位置で固定するためにはXR Socket Interactor Componentが利用できる。

XR Socket Interactor Componentは、取り付けられたGame ObjectのCollider Componentを領域判定に使い、その領域にXR Grab Interactable側のCollider Componentの領域が触れると、受け入れ体制に入る。そして、Game Objectがコントローラから放されたら、そのままGame Objectを保持するようになっている。また、XR Grab InteractableのようにAttach Transform Propertyも持っているので、設定すれば、置くときの姿勢も指定できる。

●**手順**

❶メニューバーからGameObject➡Create Emptyを選んで、Hierarchy画面にEmpty Objectを追加する

❷追加されたGame Object Empty Objectの名前をBow and Arrow Holderとする

❸Hierarchy画面のBow and Arrow Holder Game Objectを選択し、Inspector画面でTransformの各Propertyを調整する

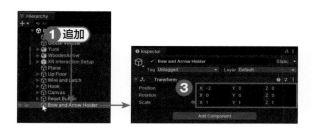

◦ Position = (-2, 0, 0) 各自の好きな位置でよい

❹Hierarchy画面のBow and Arrow Holder Game Objectを右クリックし、表示されたメニューから3D Object➡Cubeを選ぶ

　◦ Bow and Arrow Holder Game Objectの子供として、Cube Game Objectが追加される

❺Hierarchy画面で、追加されたCube Game Objectの名前をBarとし、選択して、Inspector画面でTransformの各Propertyを調整する

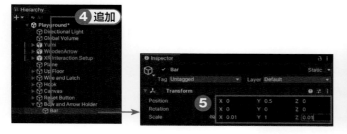 

◦ Position = (0, 0.5, 0)

◦ Scale = (0.01, 1, 0.01)

❻再びHierarchy画面のBow and Arrow Holder Game Objectを右クリックし、表示されたメニューから3D Object➡Cubeを選ぶ

　◦ Bow and Arrow Holder Game Objectの子供として、Cube Game Objectが追加される

❼Hierarchy画面で、追加されたCube Game Objectの名前をBow Holderとして選択して、Inspector画面でTransformの各Propertyを調整する

◦ Position = (0.1, 0.9, 0)

◦ Scale = (0.2, 0.01, 0.01)

❽Hierarchy画面のBow Holder Game Objectを右クリックし、表示されたメニューからEmpty Objectを選ぶ

　◦ Bow Holder Game Objectの子供としてGameObjectという名前のEmpty Objectが追加される

❾Hierarchy画面で、追加されたGameObject Empty Objectの名前をAttach Pointとする

⓾Hierarchy画面のBow Holder Game Objectを選択し、メニューバーからComponent➡XR➡
XR Socket Interactorを選ぶ

  ◦ Bow Holder Game ObjectにXR Socket Interactor Componentが追加される

⓫Inspector画面で、各Propertyを調整する

  ◦ Box Collider Component

    ▪ Is Trigger Propertyにチェックを付ける

  ◦ XR Socket Interactor Component

    ▪ Attach Transform Property = Attach Point Game Objectをドロップする

⓬Hierarchy画面のBow Holder Game Objectを選択し、メニューバーからEdit➡Duplicateを
選ぶ

⓭複製されたBow Holder (1) Game Objectの名前をArrow Holderに変更する

⓮Hierarchy画面のArrow Holder Game Objectを選択し、Inspector画面でTransformの各
Propertyを調整する

　　　・Position = (-0.1, 0.5, 0)

⓯Hierarchy画面のBar,Bow Holder,Arrow Holder Game Objectに、Playgroundフォルダの
Black Metal Materialを、それぞれドロップする

　Questを被って、弓や矢をつかんでBow Holder Game ObjectやArrow Holder Game Object
に近づけると、取り付けられ位置に青色の影として弓や矢が表示される。

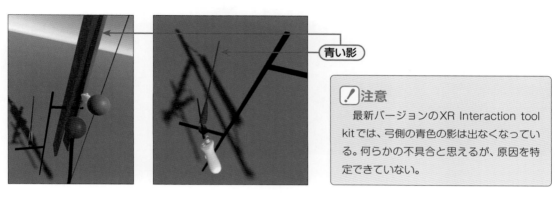

青い影

> **注意**
>
> 　最新バージョンのXR Interaction tool
> kitでは、弓側の青色の影は出なくなってい
> る。何らかの不具合と思えるが、原因を特
> 定できていない。

　その状態でコントローラのグリップを放すと、弓や矢は青い影が表示された位置に取り付けられる。
Attach Point Game Objectの位置や向きを調整すると、より置き場らしい位置に弓や矢がおさまる
ようになる。

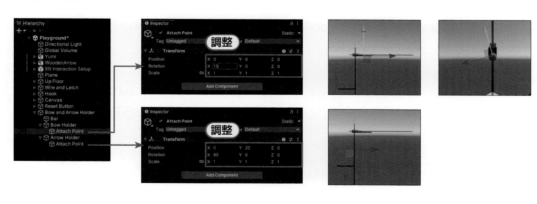

- Bow Holder ➡ Attach PointのTransform
  - Position = (0, 0, 0)
  - Rotation = (15, 0, 0)
- Arrow Holder ➡ Attach PointのTransform
  - Position = (0, 20, 0)
  - Rotation = (90, 0, 0)

● NameSpecificSocket

　厄介なのはPull Point Game Objectも取りつけられてしまう点だ。また、Yumi Game Object用に調整したBow Holder Game ObjectにWoodenArrow Game Objectを置くと横置きになる。

NameSpecificSocket Script

　Arrow Holder Game ObjectはWoodenArrow Game Objectだけ、Bow Holder Game ObjectはYumi Game Objectだけ置けるようにしよう。XR Socket Interactor Componentを継承元にしたclassを用意し、XR Socket Interactor Componentを拡張する。名前をNameSpecificSocketとする。

```
using UnityEngine.XR.Interaction.Toolkit;
public class NameSpecificSocket : XRSocketInteractor
{
    // ここで設定された名前のIXRHoverInteractableだけ受け入れる
    public string interactableName;

    // 引数で渡されたIXRHoverInteractableを受け付けるならtrue、
    // 受け付けないならfalseを返す
    public override bool CanHover(IXRHoverInteractable interactable)
    {
        // 継承元がOKしてもinteractableNameの名前でないなら受け入れない
        return base.CanHover(interactable)
            && interactable.transform.name == interactableName;
    }
    // 引数で渡されたIXRSelectInteractableを受け付けるならtrue、
    // 受け付けないならfalseを返す
```

```
public override bool CanSelect(IXRSelectInteractable interactable)
{
    //   継承元が OK しても interactableName の名前でないなら受け入れない
    return base.CanSelect(interactable)
        && interactable.transform.name == interactableName;
}
}
```

XR Socket Interactor Componentは、CanHover(IXRHoverInteractable)がtrueを返さない限り、Game Objectの青い影を表示しない。また、CanSelect(IXRSelectInteractable)がtrueを返さない限りGame Objectは固定されることがない。NameSpecificSocket Script側で、CanHover(IXRHoverInteractable)、CanSelect(IXRSelectInteractable)を、override（オーバーライド：上乗り）し、XR Socket Interactor Component側のチェックに加えて、interactableName Propertyと名前が一致するIXRHoverInteractableやIXRSelectInteractableだけ受け入れるようにした。IXRHoverInteractableは、近づいているGame Object、IXRSelectInteractableは固定しようとしているGame Objectを示す。どちらもtransform Propertyのname Propertyで、取り付け先のGame Objectの名前がわかる。

interactableName Propertyをpublicのstring型としておき、Inspector画面で"WoodenArrow"を設定すれば、"WoodenArrow"という名前のGame Objectにだけ反応するようになる。

Arrow Holder、Bow Holder Game Objectが持つXR Socket Interactor Componentを、NameSpecificSocket Scriptに差し替え、それぞれのInteractable Name Propertyに"WoodenArrow"と"Yumi"を設定しよう。

●手順

Playgroundフォルダに NameSpecificSocket Scriptを作成し、編集しておく。

❶ Hierarchy画面のBow Holder Game Objectを選ぶ

❷ Inspector画面でXR Socket Interactor ComponentのMoreメニューからRemove Componentを選ぶ

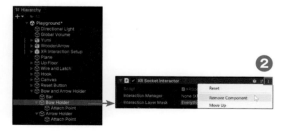

　　◦ XR Socket Interactor Componentが取り外される

❸ PlaygroundフォルダのNameSpecificSocket Scriptを、Hierarchy画面のBow Holder Game Object

にドロップする

❹Hierarchy画面のBow Holder Game Objectを選び、Inspector画面でName Specific Socket (Script)➡Interactable Name Propertyに"Yumi"と記入する

❺Attach Transform Propertyに、自分の子供のAttach Point Game Objectをドロップする

❻Hierarchy画面のArrow Holder Game Objectを選ぶ

❼Bow Holder Game Objectと同じようにXR Socket Interactor Componentを取り外し、NameSpecificSocket Scriptを取り付ける

❽Interactable Name Propertyには"WoodenArrow"と記入する

❾Attach Transform Propertyには、自分の子供のAttach Point Game Objectをドロップする

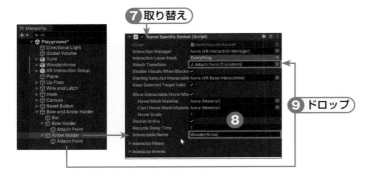

これで、Arrow Holder、Bow Holder Game Objectが、それぞれWoodenArrow、Yumi Game Object専用となった。

弓矢の初期配置

NameSpecificSocket Scriptに置き換える予定だったので省略していたが、XR Socket Interactor ComponentのStarting Selected Interactable PropertyにWoodenArrowやYumi Game Objectを指定すると、アプリ起動時に指定したGame Objectを取り付けてくれる。NameSpecificSocket

Scriptでも利用できるので、こちらも設定しておこう。

　ただし、現在のバージョンのStarting Selected Interactableは期待どおりの動きをしてくれない。弓や矢は、Bow HolderやArrow HolderのAttach Pointに移動されず、その場で保持されてしまう。開発者フォーラムでも同じ症状がレポートされているようだ（参照：https://forum.unity.com/threads/starting-selected-interactable-xri-2-51.1495958/）。そのため、代替案としてPlaceHolder Scriptを使うことにした。

　PlaceHolder Scriptを持たせたEmpty Objectを、Arrow Holder Game Object、Bow Holder Game Object それぞれの頭上に配置し、PlaceHolder ScriptのTarget Propertyに弓や矢を設定しておく。こうすることで、アプリ起動時に弓矢はPlaceHolder Scriptを取り付けたEmpty Objectに移動してから自由落下して、下にあるArrow Holder Game Object、Bow Holder Game Objectと接触して保持される。

●手順

❶Hierarchy画面のArrow Holder Game Objectを右クリックし、表示されたメニューから Create Emptyを選ぶ
- Arrow Holder Game Objectの子供としてGameObject というEmpty Objectが追加されるので、名前をDrop Pointとする

❷追加したDrop Point Game Objectに、PlaygroundフォルダのPlaceHolder Scriptをドロップする

❸Hierarchy画面でDrop Point Game Objectを選び、Scene画面やInspector画面でArrow Holder Game Objectの頭上に配置する
- Position = (0, 50, 0)
- Rotation = (90, 0, 0)

❹Hierarchy画面でDrop Point Game Objectを選び、Inspector画面のPlace Holder (Script)
　➡ Target Propertyに、Wooden Arrow Game Objectをドロップする

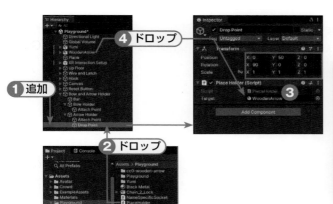

同じ手順をBow Holder Game Objectにも行い、こちらのDrop Point Game ObjectはPosition=(5, 75, 0)、Rotaion=(0, 0, 0)とし、Place Holder (Script)➡Target PropertyにはYumi Game Objectをドロップする。弓の原点が仮想空間での弓の位置からかなり離れているために、Positionをおかしな位置に指定しなければならない。このあとの弓と矢に重力を適用後に、弓や矢がうまく置き場に落ちないようなら、Playで確認しつつ、各自で位置を調整して欲しい。

Archer Scriptの更新

今回、Starting Selected Interactable Propertyは使わなかったので今すぐ必要ではないが、将来のため、Archer ScriptのSetArrowTail(矢の尾 のTransform)も修正しておこう。

Starting Selected Interactable PropertyにYumi Game Objectを設定すると、Yumi Game Objectに取り付けたArcher ScriptのSetArrowTail(矢の尾 のTransform)が、Start()が実行される前に呼ばれてしまうようだ。pullPoseDriver Propertyが nullのときは、何もしないように修正した。

```
public void SetArrowTail(Transform arrowTail)
{
    //  pullPoseDriver が設定されていないときは何もしない
    if (pullPoseDriver == null) return;
    pullPoseDriver.ResetPosition();
    this.arrowTail = arrowTail;
    IgnoreArrow(arrowTail.parent.gameObject);
}
```

見えなくてよいMeshを非表示にする

そろそろ弓の握りや、Pull Point Game Objectは見えなくしよう。Hierarchy画面で、それぞれのGame Objectを選び、Inspector画面でMesh Renderer Componentのチェックを外す。

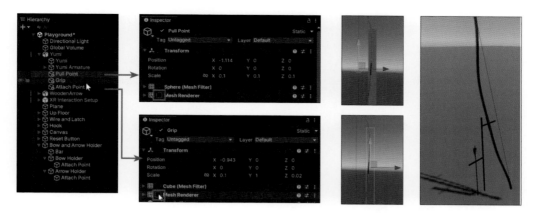

これでかなりすっきりした。

弓と矢に重力を適用する

YumiやWoodenArrowのRigidbody Componentの設定も戻しておく。どちらもInspector画面で次のように設定する。

- Use Gravity = チェックを付ける
- Is Kinematic = チェックを外す
- Collision Detection = Continuous Dynamic

Collision Detection PropertyをContinuous Dynamicにしておかないと、床が抜けてしまうときがある。

常時、Is Kinematic Propertyは無効で、Use Gravity Propertyは有効となったので、Archer ScriptのShoot()での次の処理は不要となるが、7章であらためて、的（まと）に当たったら矢を止めるようにするつもりなので、いまはそのままにしておく。

```
void Shoot()
{
    ...
    body.isKinematic = false;
    body.useGravity = true;
    ...
}
```

Archer.csより

矢の位置のリセット

　矢の位置のリセットには、先の弓矢の再配置で追加したArrow HolderのDrop Point Game Objectを利用しよう。Reset Button Game ObjectのXR Simple Interactable ➡ Select ➡ Select Entered(SelectEventArgs)Property一覧にDrop Point Game Objectに取り付けたPlaceHolder ScriptのPlacement()を呼び出す処理を追加する。

●手順
❶Hierarchy画面のReset Button Game Objectを選択する
❷Inspector画面でXR Simple Interactable ➡ Select ➡ Select Entered(SelectEventArgs)Property 一覧の+をクリックする
　◦項目が追加される
❸追加された項目にHierarchy画面のArrow Holder ➡ Drop Point Game Objectをドロップする
❹No Functionをクリックし、表示されたメニューからPlaceHolder ➡ Placement()を選ぶ

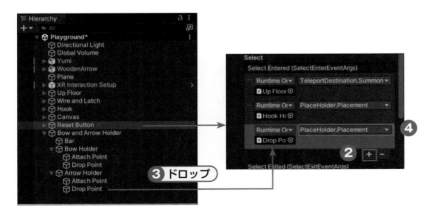

　これで矢を放ったあとに、Reset Button Game Objectを押すと、矢も元の場所に戻るようになる。

6-9 まとめ

1 開発

2 VR対応

3 VRアプリ

4 3Dモデル

5 仮想空間

6 道具

7 お祭り会場

この章では、次のような知識について簡単に案内した。

- 物体をつかんだあとの操作を行うためのScript連携
- XR Origin (XR Rig) Game Objectを独自に動かすためのLocomotionProviderの派生クラスの作成
- XR用Canvasを使ったUnity組み込みUI要素の利用
- 押す動作に反応するためのXR Poke Filter、XR Poke Follow Affordance
- つかめるようにしたGame Objectをはめ込むXR Socket Interactor

　物体同士を相互作用させるところでは、VRアプリ開発が3Dアプリ開発の延長であることを実感できただろうか。開発を進めていくと内積、外積、行列といった線形代数学の知識や力積、撃力といった物理学の知識も必要になってくる。例えば、正しい弦の引き方向との角度計算では、呼び出したMethodの内部で内積が用いられている。独自な動作を作り上げるときには、このような知識が必ず役立つだろう。LocomotionSystemに対応してXR Origin (XR Rig) Game Objectを動かす独自Providerを作ってみたり、XR Socket Interactor Componentを拡張したりと、Scriptについての知識も身につけたい。その他、UI要素の利用法などの案内もしたが、やはりVRアプリの世界では、実世界の装置を模倣したい場合の方が多いだろう。

　弓を引いているときは、触覚フィードバックも行いたいところだ。Questで試した人は体感したと思うが、弓や矢をつかんだときや、プッシュボタンを押したときにコントローラが一瞬振動している。こういった振動も、Scriptでコントロールできるので、各自で調査し拡張してみてほしい。弦を引いている間振動していた方が、確実に弓を引いている気分になれる。

　次に示すUnity提供のXR Interaction Toolkit作例では、プッシュボタンだけでなく、レバーやハンドルなど、様々な実世界の装置の模倣サンプルが公開されているので参考にするとよい。

XR-Interaction-Toolkit-Examples
https://github.com/Unity-Technologies/XR-Interaction-Toolkit-Examples

お祭り会場の設営と
VRアプリ

屋台の電灯が灯り始めた夕暮れどき、参詣者でにぎわう
T-Rex神社にフルダイブしよう。

本当は群衆のモデルを複数用意する方がいいのだが、その
点は各自にお任せする。ここでは同じ体と同じ服装の趣味を
持つT-Rex星人達による架空の例大祭とした。

7-1 この章の目的

　4章〜6章で作ったSceneのGame Object群を組み合わせつつ、夕暮れの遠景や、屋台の電灯をどう扱うかといった照明関係について案内する。その他、ハシゴの上り下りに使うXR Interaction ToolkitのClimb Interactableや、Particle Systemを使った花火、Shader Graphを使った独自Shaderの作成なども紹介程度に案内する。

- 各SceneからのPrefabの作成
- 各機能の融合
- VR化
- 夕暮れどきの背景や電灯
- 的、的中時のエフェクト、移動先エフェクトの用意

　それでは、これまでの章の集大成として、専用のフォルダとSceneを用意しよう。名前はフォルダ、SceneともにFestivalとする。SceneはStandard (URP)を指定し、Main Camera Game Objectはそのまま残しておく。まだVR対応は必要ない。

　また、今回のSceneでは、各章の成果物であるHierarchy画面のGame Object群を、Prefabにして持ってくることになる。これらのPrefab群を格納する専用のフォルダも用意しよう。名前をPrefabsとする。

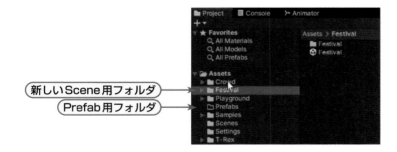

Chapter 7
7-2
各Sceneからの Prefabの作成

1 開発

2 VR対応

3 VRアプリ

4 3Dモデル

5 仮想空間

6 道具

7 お祭り会場

　Hierarchy画面のGame Objectは、Project画面のAssetフォルダ下にドロップすればPrefabになる。4章のT-Rexのように、元々Prefabだったものを、Hierarchy画面にドロップして加工したようなものは、元のPrefabからのVariant（バリアント：変異体）扱いとなる。PrefabからのVariantがどういう扱いになるかなどは各自で調査してほしい。いずれの場合も、作成したPrefabは、他のPrefab同様、Hierarchy画面やScene画面にドロップしてGame Object化できるようになる。

　それぞれの章のPrefab対象Game Objectを次に示す。

章	PrefabにするGame Object群
4	T-Rex, T-Rex-Bone
5	初期配置されていた、Main Camera、Directional Light、Global Volume以外すべて
6	Yumi、WoodenArrow、Bow and Arrow Holder、Up Floor、Wire and Latch、Hook、Reset Button

4章のT-Rex SceneからのPrefab作成

　T-Rex Sceneからは、T-Rex, T-Rex-Bone Game ObjectをPrefabにする。T-Rex Sceneを開き、Hierarchy画面のT-RexやT-Rex-Bone Game Objectを、Project画面のPrefabsフォルダにドロップすれば、Prefabsフォルダ内にそれぞれのPrefabが作成される。そして、Festival Sceneを開いて、Hierarchy画面に作成したT-RexやT-Rex-Bone Prefabをドロップすれば、視線に反応して吠えるT-RexやT-Rexの骨格が出現する。

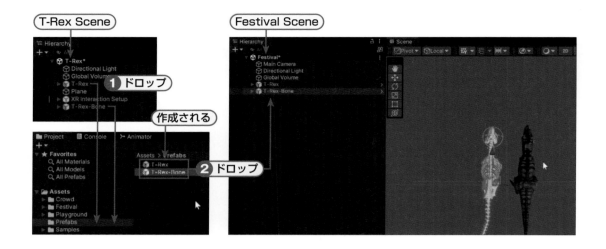

XR Interaction Setupの準備やGaze Interactorの有効化作業は別途必要となる。

5章のCrowd SceneからのPrefab作成

Crowd Sceneからは、Main Camera、Directional Light、Global Volume Game Object以外を、1つにまとめたPrefabをこちら側で用意した。

メニューバーからAssets➡Import package➡Custom Package…を選び、本書のダウンロードページで提供するCrowd-Prefab.unitypackageを読み込むと、PrefabsフォルダにCrowd prefabが現れるようにしている。

このCrowd prefabでは、5章で省略したlost shrine 3 PrefabのMaterialへのTexture割り当てや、使わないGame Objectの削除、鳥居の再配置、屋台主Game Objectやモーションの追加もしている。

いずれも4章、5章で案内した作業の応用なので誌面での案内は省略する。

Crowd prefabに追加した作業については、PDFにまとめたものをダウンロードページに置いている。興味がある人は参照してほしい。

Crowd-Prefab.package を指定

開かれたときに設定されたチェック状態でよい

追加される

Crowd Scene も更新される

6章のPlayground SceneからのPrefab作成

　Playground Sceneでは、ワールド座標原点(0, 0, 0)に配置したEmpty Objectに、必要なGame Object群をまとめ、Prefabsフォルダにドロップする。Empty Objectの名前はPlaygroundとする。SceneをPlayground Sceneに切り替えて、次の手順でおこなう。

●手順

❶メニューバーからGame Object➡Create Emptyを選び、Hierarchy画面にEmpty Objectを1つ追加する

❷追加したEmpty Objectの名前をPlaygroundとし、Inspector画面で、Transform➡Position Propertyを(0, 0, 0)にする

❸Hierarchy画面の必要なGame Object群を選択する

　◦ Yumi

　◦ WoodenArrow

　◦ Up Floor

　◦ Wire and Latch

　◦ Hook

　◦ Reset Button

　◦ Bow and Arrow Holder

❹選択したGame Object群をPlayground Empty Objectにドロップする

❺Playground Game Objectを、Project画面のPrefabsフォルダにドロップする

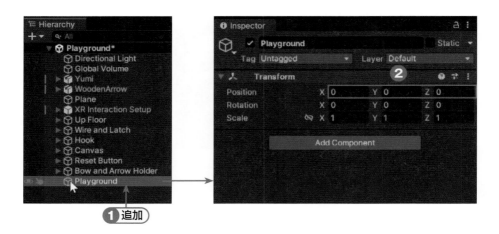

1 追加

4 ドロップ

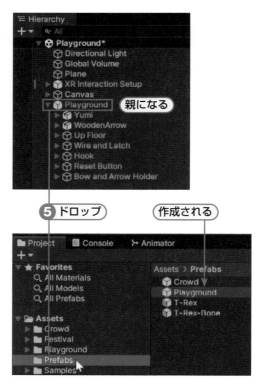

5 ドロップ 　 作成される

7-3 各機能の融合

Festival Sceneでは、PrefabsフォルダのPrefab群をドロップして、位置調整や設定の調整、追加処理をおこなっていく。

Prefabのドロップ

SceneをFestival Sceneに切り替え、Prefabsフォルダの各PrefabをドロップするHierarchy画面に追加された、各Game ObjectのTransform➡Position Propertyを次に示しておくので、参考にして配置してほしい。

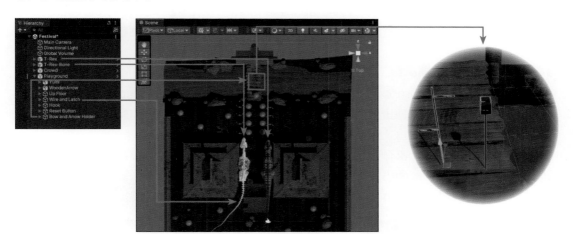

Game Object名	Position
T-Rex	0, 0, −2
T-Rex-Bone	−4, 0, −2
Crowd	0, 0, 0
Playground	0, 0, 0
Playground ➡ Wire and Latch	−5, 0, −6
Playground ➡ Reset Button	−1.5, 1.3, 13
Playground ➡ Bow and Arrow Holder	−2, 0.5, 13

Bow and Arrow Holderは長さが足りなくて橋から少し浮いてしまっているが、取りやすい高さを優先させた。これ以外のGame Objectは、このあと必要になってから位置を調整する。

裏山の追加

PlaygroundのUp Floor Game Objectが、空中に浮かんでいるのも面白いと思うが、当初の予定通り裏山を追加しよう。次のモデルをsketchfab.comから調達した。

japanese forest
https://skfb.ly/owDNU
"japanese forest" (https://skfb.ly/owDNU) by Jesus aponza is licensed under Creative Commons Attribution (http://creativecommons.org/licenses/by/4.0/).

ダウンロードしたあと、解凍してできたjapanese-forestフォルダを、Project画面のFestivalフォルダにドロップする。Festivalフォルダ内にjapanese-forestフォルダが作られ、内部のsourceフォルダ内にshrine_01 Prefabができている。こちらは、Textureも自動的に認識されたようだ。

●裏山やワイヤー位置調整

shrine_01 PrefabをHierarchy画面にドロップし、作成されたshrine_01 Game Objectの位置を調整する。ワイヤーは、この裏山から神社に向けて張るので、WireやUp Floor Game Objectの調整もおこなう。

まず、ワイヤーを裏山頂上まで伸ばすために、Wire Game Objectの大きさを調整する。ワイヤーの延長に合わせ、LatchやSlidingArea、Hook Holder Game Objectも位置を調整する。ワイヤの傾き自体は、Wire and Latch Game Objectで調整する。

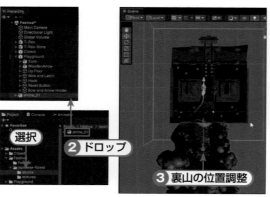

Game Object名	Position	Rotation	Scale
shrine_01	−4, 1, −23	0, 0, 0	1, 1, 1
Playground➡Up Floor	−5, 11, −42	0, 0, 0	0.1, 1, 0.1
Playground➡Wire and Latch	−5, 0, −6	−70, 0, 0	1, 1, 1
Playground➡Wire and Latch➡Wire	0, 20, 0	0, 0, 0	0.01, 20, 0.01
Playground➡Wire and Latch➡Latch	0, 38, 0	0, 0, 0	0.02, 0.02, 0.07
Playground➡Wire and Latch➡SlidingArea	0, 37.75, 0.005	0, 0, 0	0.005, 0.5, 0.005
Playground➡Wire and Latch➡Hook Holder	0, 39.2, 0.01	45, 0, 0	1, 1, 1

Wire and Latch 調整

Up Floor 調整

Latch、SlidingArea、Hook Holder 調整

●leaves01b Materialの調整

追加したshrine_01 Game Objectは、木々の葉のTextureが板に張り付けられている絵であることがわかる。本来なら、黒くなっている部分は透明で透けるようになっていて、もう少し葉っぱらしく表示できるはずだ。自動でのMaterial設定の限界のようなので、Project画面でFestival ➡ japanese-forest ➡ source ➡ shrine_01 Prefabを選択し、Inspector画面のMaterialタブ画面でMaterialを外部に取り出し調整する。取り出したMaterialの置き場はFestival➡japanese-forest➡sourceフォルダを指定した。

本来、黒い部分は透明

取り出されたMaterialの中のleaves_01b Materialを選び、Inspector画面で次のように各Property
を調整する。

- Surface Type = Transparent
- Alpha Clipping = チェックを付ける
- Smoothness = 0

　Surface Type PropertyをTransparentにすることで、半透明を指定し、Alpha Clipping Propertyに
チェックを付けることで、Alpha値に閾値をもうけて、閾値以下は透明になるようにしている。Smoothness
Propertyはテカリの調整で、個人の好みで設定したらよい。

VR化

1 開発

2 VR対応

3 VRアプリ

4 3Dモデル

5 仮想空間

6 道具

7 お祭り会場

これでQuestを被って没入してみよう。

Hierarchy画面のMain Camera Game Objectを削除し、XR Interaction Setup Prefabをドロップする。

> Questにインストールする場合は、Build Settings画面のScreens in Build一覧にFestival Sceneを加えておく（4章参照）。

XR Origin (XR Rig)の設定

作成されたXR Interaction Setup➡XR Origin (XR Rig) Game ObjectをUp Floor Game Objectの上に配置する。

- Position=(-5, 11, -42)

合わせて、XR Interaction Setup➡XR Origin (XR Rig)➡Camera Offsetの子供であるGaze InteractorとGaze Stabilized Game Objectを有効にしている（4章参照）。

Playground ➡ Hook ➡ Top Bar Game Objectの Capsule Collider ➡ Material Propertyの設定

　Questを被って試すと、フックの滑りが悪いことに気づく。途中で止まってしまう。傾斜が45度から20度へと緩くなったせいだろう。Playground➡Hook➡Top Bar Game ObjectのCapsule Collider➡Material PropertyにもPlaygroundフォルダのSlippy Physics Materialを設定する（6章参照）。これで、無事、滑走が始まる。

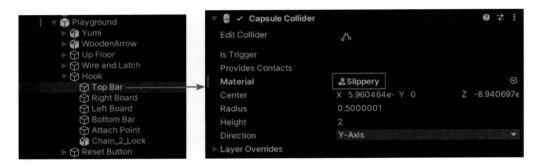

XR Origin (XR Rig) Game Object用地面の追加

　無事、神社に着地して歩き出そうと、左コントローラのサムスティックを操作すると落下した。神社にはXR Origin (XR Rig) Game Objectを支えるCollider Componentがない。

　Hierarchy画面のCrowd Game Objectを右クリックし、表示されたメニューから3D Object➡Planeを選んで、神社の敷地いっぱいにPlane Game Objectを配置する。少し大きめにして鳥居の外も歩けるようにした。

　配置が終わったら、追加したPlane Game ObjectのMesh Renderer Componentのチェックを外して見えなくする。

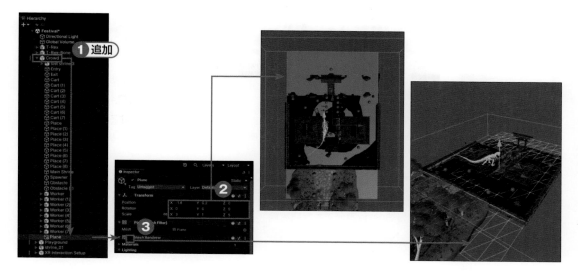

- Position = (-1.8, 0.2, 0)
- Scale = (3, 1, 5)

Teleportation Area Componentの取り付け

　追加したPlane Game Objectには、Teleportation Area Componentも取り付ける。Teleportation Area Componentでは、Interaction Layer Mask PropertyをTeleportにし、Teleportation Configuration➡Match Direction Input Propertyにチェックを付けておく（2章参照）。

　これで、裏山から張られたワイヤーをフックで滑り降り、降りた先で弓は引け、ボタンを押すと裏山に戻れるようになった。

7-5 夕暮れどきの背景や電灯

夕暮れどきの祭りにしたいので、Hierarchy画面のDirectional Light Game Objectの向きを調整する。

Scene画面でも状態を見たかったので有効にした

- Rotation = (0, -72, 0)

背景用の素材

夕暮れの斜光が雰囲気を盛り上げるが、背景が少し寂しい。polyhaven.comから調達したものに差し替えよう。

Cape Hill

https://polyhaven.com/a/cape_hill

"Cape Hill" (https://polyhaven.com/a/cape_hill) by Greg Zaal is licensed under Creative Commons Attribution (https://creativecommons.org/publicdomain/zero/1.0/).

　画像の大きさが選べるので、2Kを選んでダウンロードすると、cape_hill_2k.hdrというファイルがダウンロードされる。この画像は、Equirectangular（エクイレクタングラー：正距円筒図法）と呼ばれる投影法で、撮影者の全周光景を1枚の矩形に写しこんだものだ。

　全周を画像として提供する方式は他にもいろいろあり、CubeMap（キューブマップ：全周囲を立方体の内側の面に割り付ける）と呼ばれる、立方体を構成する6つの面ごとに正方形画像を提供するといったものもある。

　Unityでは、このような画像を使用して全周囲背景を表示している。CubeMapに比べてEquirectangularは、上下と中央で画像の密度が大きく異なる点で情報源としては不均等だが、RICOH THETAやInsta360といった全周囲カメラを使い、手軽に撮影することもできるので使い勝手がよい。ネットからも調達しやすい。

Lighting画面

　背景の変更はLighting画面でおこなう。Lighting画面はメニューバーからWindow➡Rendering➡Lightingを選べば表示される。このあとしばらくは頻繁に使うので、Inspector画面と同じ場所に置くことにした。Lighting画面のタイトル部をドラッグしてInspector画面タイトル横にドロップする。

●Skybox Material

　背景は、Lighting画面のEnvironmentタブ画面にある、Environment➡Skybox Material Property
を変更することで変更できる。

> ### ✏Point　**Skybox Materialのバリエーション**
>
> 　初期値として設定されるDefault-Skyboxの他にも、いくつか用意されているので、興味がある人は右端のラ
> ジオボタンをクリックして一覧から選んで試してみるとよい。
> 　表示されたMaterialのうちで、名前に"Skybox"と付いているものが背景として利用できるようだ。
>
>

　今回は、Skybox Material Property用のMaterialを新しく作成し設定することになる。作成した
MaterialのShader PropertyにSkybox/Panoramicを指定し、Spherical (HDR) Propertyに、調
達したEquirectangularの画像を設定することで、新しい全周囲背景となる。

●手順

❶調達した画像ファイルcape_hill_2k.hdrをFestivalフォルダ内にドロップする
　　◦ cape_hill_2kというTextureが作成される
❷Festivalフォルダ内に、新しいMaterialを作成し、名前をSkyboxとする
❸作成したSkybox Materialを選択し、Inspector画面のShader Property横のUniversal Render
　Pipeline/Litをクリックする
❹表示されたShader分類一覧からSkyboxを選び、次に表示される一覧からPanoramicを選ぶ

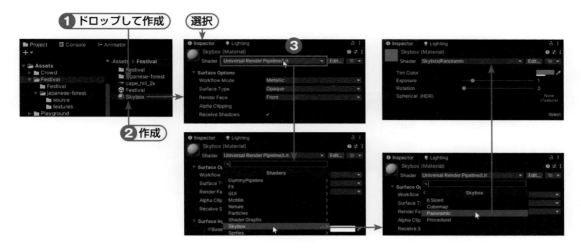

　∘ Inspector画面の内容が、選んだSkybox/Panoramic Shader用のものに変わる

❺ Festivalフォルダのcape_hill_2k Textureを、Inspector画面のSpherical (HDR) Propertyにドロップする

❻ Lighting画面で、EnvironmentタブのEnvironment➡Skybox Material Propertyに、FestivalフォルダのSkybox Materialをドロップする

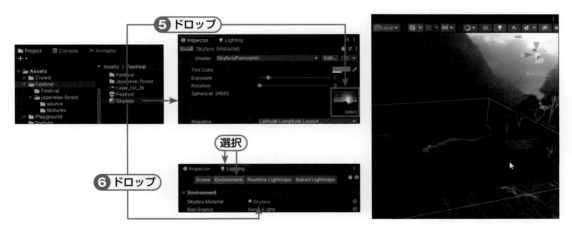

　∘ Scene画面の背景が更新される

❼ FestivalフォルダのSkyboxを選択し、Inspector画面で各Property値を変更し、画像を調整する

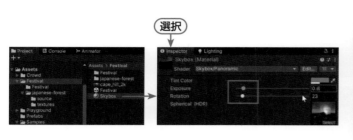

選択

- Exposure = 0.6　少し暗めにした
- Rotation = 23　Directional Light Game Objectで設定した光の向きに、画像の太陽の位置を合わせた

📝 Point　**背景に入る縫い目について**

　背景の画像の右と左の接合部に縫い目が出る場合、cape_hill_2kを選び、Inspector画面で、Generate Mipmaps Propertyのチェックを外してApplyをクリックすると消せる。Generate Mipmaps Propertyは、Meshを持つGame Objectの、ディスプレイ画面上での表示サイズに合わせて、利用するTextureを高解像度、低解像度と使い分ける機能に対し、その使い分け用のTextureを自動生成するかの指定となっている。自動生成では、画像の両端が綺麗につながらない場合がある。

　他に、Wrap Mode Propertyも表示に影響するが、今回はRepeatで問題なさそうだった。

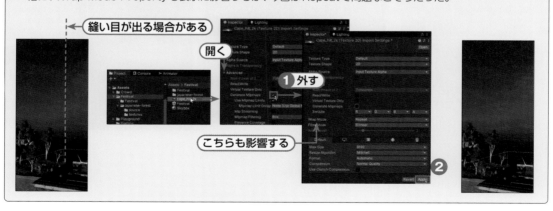

設定できたら、Questを被り、夕暮れどきの例大祭を楽しもう。

屋台

屋台を追加して、雰囲気を盛り上げてみよう。次のモデルをsketchfab.comから調達した。

Avika Street Food Cart

https://skfb.ly/oBTu8

"Avika Street Food Cart" (https://skfb.ly/oBTu8) by AVIKA is licensed under
Creative Commons Attribution (http://creativecommons.org/licenses/by/4.0/).

●屋台のPrefab作成とSceneへの組み込み

FBX形式をダウンロード後、解凍してできたフォルダには、FBX形式以外のファイルも入っていた。他のファイルは不要なので、texturesフォルダとAvika_Streetfood_Cart.fbxをまとめた、Avika_Streetfood_Cart-unityというフォルダを作り、これをProject画面のFestivalフォルダにドロップする。

- Avika_Streetfood_Cart-unity
  - textures
  - Avika_Streetfood_Cart.fbx

　Project画面のFestivalフォルダの中にAvika_Streetfood_Cart-unityフォルダができ、その中にAvika_Streetfood_Cart Prefabが作成されている。

　Avika_Streetfood_Cart Prefabを、Hierarchy画面にドロップして、Avika_Streetfood_Cart Game Objectを作成し、Scene画面でドラッグして橋の手前に持ってくる。

　今回のモデルのTextureも自動で設定されるようだ。

　夕暮れどきの光源設定で暗く、Scene画面が見づらい場合は上部の横バーにある電球のアイコンをクリックして、Scene側光源の反映をやめるとよい。もう一度クリックすれば元に戻る。

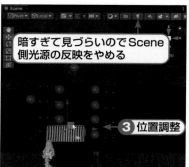

●屋台の複製と配置

　Hierarchy画面のAvika_Streetfood_Cart Game Objectを選び、メニューバーからEdit➡Duplicateを選んで複製する。複製を繰り返して屋台を4つにして、図を参考にScene画面で屋台主達の前に配置していってほしい。

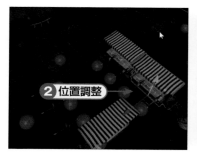
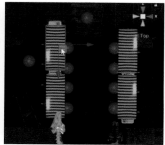

ライティングとパフォーマンス

夕暮れどきなので、屋台の電球は点灯させたい。

●点光源の追加

Point Light（ポイントライト：点光源）を配置して照らしてみよう。メニューバーからGameObject
➡Light➡Point Lightを選んで、Hierarchy画面にPoint Light Game Objectを追加し、Scene画
面で、屋台の電球の中に配置してみる。電球の中であれば、だいたいの配置でよい。

Scene側光源の反映を無効にしていた人は、有効に戻しておく。

Scene画面でPoint Light Game Objectを移動中に気づくと思うが、電球の中入れると電球が光っ
ているようには見えなくなる。Point Light Game Objectを、電球のちょっと外くらいの位置に置く
のが、一番電球らしく光る。

実際、Questを被って確認しても同様だ。並べられた料理自体は明るく照らしだされているので光源
としては機能しているが、電球が光っているように見えない。

この点はあとで対応するとして、先にPoint Light Game Objectを選んでメニューバーからEdit➡
Duplicateを選び複製していき、屋台の残りの電球11個にも、内部にPoint Light Game Objectの複
製を配置していこう。全12個配置すると、少し明るすぎた。Hierarchy画面でPoint Light Game
Object群をすべて選択し、Inspector画面で、Light➡Emission➡Intensity Propertyを調整し、少
し光量を落とそう。

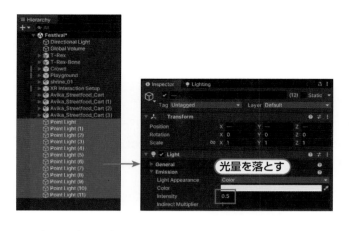

- Intensity = 0.5

光源数の制限

電球が電球らしく見えない点も対処が必要だが、その前に光源数の制限について案内しておく。光源数の増加は3Dモデルの描画スピードに影響を及ぼすので、設定で調整するようになっている。

●Quality Levels

この設定は、Project Settings画面のQualityタブ画面で確認できる。一番上にあるQuality Levelsの一覧表で、薄くハイライトされている行が、現在Scene画面用に適用されているQuality Levelとなる。初期状態では、開発機PlatformのQualityであるHigh Fidelityが選択され、その詳細がその下に表示されている。

　Quality Levelsの一覧表で、Balanced行の、Android Platform列のチェックが緑色なので、QuestのPlatformであるAndroidでは、Balancedの設定が利用されることもわかる。

　Scene画面で、Questでの表示QualityであるBalancedを確認できるよう、Quality Levelsの一覧表でBalanced行を選択する。

●Quality Level別Assetと光源数Property

　Quality設定のうち、追加光源数の制限といったRender pipelineについての設定は、Assetとして提供されている。詳細部のRender pipeline Asset PropertyのAsset名をクリックすると、Project画面内の対応するAssetが強調表示されて、配置場所を教えてもらえる。

　教えられたRenderer pipeline AssetのURP-Balancedを選んで、Inspector画面を見ると、Lighting➡Additional Lights➡Per Object Limit Propertyが2であることがわかる。これが制限数となっている。0にすれば球体に映り込む光は0になる。

左から順に、Per Object Limit Property値を0～8まで変化させたものを示す。

　1つのGame Objectを描画する際に、考慮できる光源数が多いほど、より正確な光のシミュレートができるが、計算負荷は高くなる。その他、考慮する光源数を無制限にできるDeferred(デファード:遅延) Renderingと呼ばれるRenderingも選べるが、こちらも計算負荷が高い。

　ちなみに、現在使っているRenderingはForward(フォワード:順送り)Renderingと呼ばれている。

Light Probe

　光源処理については、光源数の制限を受け入れるか、もしくはLight Probe (プローブ:探査装置) の利用を考えてみるのもいいだろう。

　Light Probeは、光源が配置された空間に設置した複数のProbeの情報から、Game Objectに当たる光の強さや色、向きを決定する。現時点では、Light Probeは最大2048個まで配置できるようだ。

　アプリ実行中は光源を必要としないので、Forward Renderingでも複数の光源を利用できるようになり、描画速度もさほど低下しない。ただし、実際の光源のように影を作ることができないなどの制限がある。

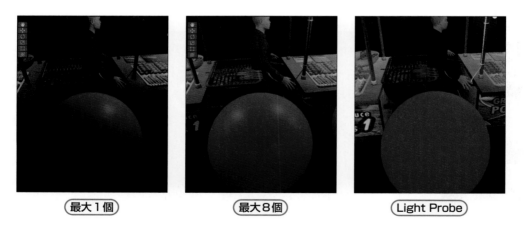

| 最大1個 | 最大8個 | Light Probe |

　Light Probeでは光源がないのでハイライトはなくなってしまっている。Reflection (リフレクション:反射) Probeまで組み合わせれば、この点も改善できると思うが、本書では扱わない。

Light Probeの利用

　Light Probeを利用するには、Scene内にLight Probe Group Componentを取り付けたGame Objectを用意し、Light Probe群を仮想空間内に配置する必要がある。配置された場所の光を探査するので、光の変化が激しいところでは、Light Probeの配置間隔を狭める配慮が必要となる。

●手順

❶メニューバーからGame Object➡Light➡Light Probe Groupを選ぶ

❷Hierarchy画面に追加されたLight Probe Group Game Objectを選ぶと、Scene画面にLight Probe群が表示される

❸Inspector画面でEdit Light Probe Positionsをクリックし、Light Probe編集モードにする

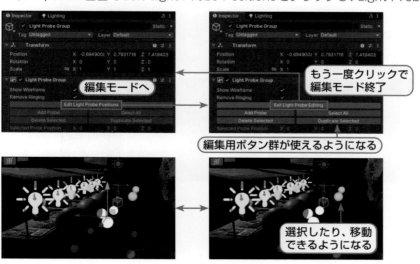

❹Scene画面上のLight Probeを選択したり、ドラッグしたりできるので、Inspector画面の編集用の各種ボタンをクリックしながら配置していけばよい

選択矩形で選択もできる

複製

ドラッグ

Inspector画面の編集用の各種ボタン	用途
Add Probe	Probe追加
Select All	すべてのProbeを選択
Delete Selected	選択中のProbeを削除
Duplicate Selected	選択中のProbeを複製

　Light Probeは、壁や土中に埋もれさせず、空間中に配置することを気にかけながら、自由に配置してみてほしい。筆者は、上下3段にLight Probe群を配置をしたあとは、Scene画面を上からの俯瞰図にして、端のLight Probe群を矩形選択で選んで複製してドラッグを繰り返していった。

　筆者の配置例を次に示すが、実践する人は、配置例にとらわれず適当に試して操作を体感するとよいだろう。

　最初に用意された8個のLight Probe群をそのまま、このあと案内する作業で使うというのでも構わない。

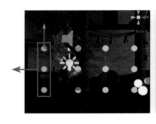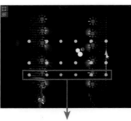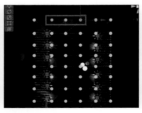

●光源のMode

　Light Probeを利用するときは、事前に光源からの光を測定する必要がある。Light Probeの測定対象にするかどうかは、光源ごとに、Inspector画面でLight ➡ General ➡ Mode Propertyを設定する。

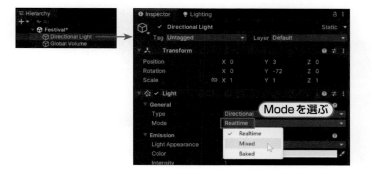

　Realtime、Mixed, Bakeが選べ、Mixed, BakeがLight Probeの測定対象となる。

- Realtime：Light Probeの測定で利用されず、アプリ実行時の光源としてのみ利用される
- Mixed：Light Probeの測定でも利用され、アプリ実行時の光源としても利用される
- Bake：Light Probeの測定で利用されるが、アプリ実行時の光源としては無視される

　今回なら、仮想太陽光であるDirection Light Game Objectは、Light Probeの測定対象に加えたうえで、アプリ実行時も利用するようMixedに設定する。Bakeにしてしまうと、T-Rexにかかる影が表示されなくなってしまう。

　電灯に配置したPoint Light Game Object群はBakeにすることで、アプリ実行時には使わないようにした。

● Light Explorer

どの光源がBake、Mixedで、どの光源がRealtimeかは、メニューバーからWindow ➡ Rendering ➡ Light Explorerを選ぶと表示されるLight Explorer画面で確認できる。

この画面でBake、Mixedなどを切り替えることもできる。

直接変更できる

光源一覧

● Generate Lighting

光源の設定ができたら、Lighting画面のGenerate Lightingをクリックする。これで、Light Probe群での測定がおこなわれ、アプリ実行時に測定値が利用されるようになる。

選択

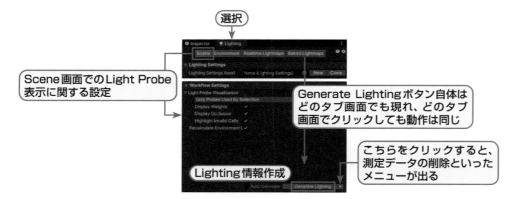

Scene画面でのLight Probe表示に関する設定

Generate Lightingボタン自体はどのタブ画面でも現れ、どのタブ画面でクリックしても動作は同じ

Lighting情報作成

こちらをクリックすると、測定データの削除といったメニューが出る

　Generate Lightingボタン自体は、Light Probeの測定データだけではなく、それ以外のデータも、指定があれば作り上げる。そのため、どのタブ画面でも表示される。

● **Lightmap**

　今回は使わないが、Generate Lightning時には、指定次第ではLight Probeでの光源測定以外に、Lightmap（ライトマップ：光の地図）と呼ばれるTextureも生成される。Lightmapは、位置や向きが変化しないGame Object専用に、事前にMeshへの光の当たり具合を記録したもの。

　アプリ実行時は、Lightmapを利用することで、精度の高い陰影が高速に描画できる。設定次第では非常に効果的だが、いろいろな要素がからみ逆効果になる場合もある。今回のモデルは、調整なしでは良好な結果が得られないようだ。

ライトマップの設定
https://learn.unity.com/project/creative-core-lighting

　今回はLight Probeのみ使用することにした。

Frame rate測定結果

　参考のために実際の動作画像と、Frame rate測定値を次に示す。上から、最大数を8個にした場合、1個にした場合、そして、一番下がLight Probeを利用した場合となる。

最大8個
FPS：25

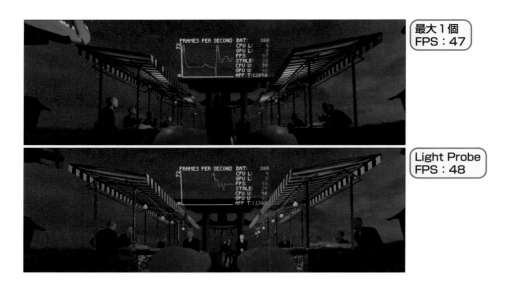

最大1個
FPS：47

Light Probe
FPS：48

　今回の場合なら、追加光源最大数＝1での利用もいいかもしれない。何百とある光源に、様々な色がついて溶け合うような空間ではLight Probeが効果的だろう。

　Frame rateの測定には、OVR Metrics Toolを利用した。本書では、Frame rateの下限維持のための描画速度の向上までは扱わないが、測定法の1つとしてQuest本体で表示できるOVR Metrics Toolというものがあり、Meta Quest Developer Hubを使ってインストールできるということだけ紹介しておく。

●Meta Quest Developer Hub

　OVR Metrics ToolはMeta Quest Developer Hubからインストールできる。

　ここに示すWebページの案内に従い、Meta Quest Developer Hub自体をインストールし起動し、OVR Metrics Toolを試してみたらよいだろう。

Meta Quest Developer Hub(Oculus開発者ハブ)

https://developer.oculus.com/documentation/unity/ts-odh/

Emission & Bloom

　それでは保留にしていた電球の問題に対応しよう。

　実世界では、電球の中に発光体があるのだから、電球の中に光源を置く発想は間違いとはいえない。しかし、アプリの実行画面での電球は、発光しているようには感じられないだろう。

　3Dグラフィックスの世界では、光源はあくまでMesh表面を描く際の情報に過ぎず、直接目にできるようにはなっていない。Point Lightを電球の中ではなく、電球の近くに配置した方が、電球らしくなったのは、光源からの光を電球表面が強く反射した状態を見たためだ。

　この特性を考慮し、光源の近くに光を受けて輝くMeshを用意するのも悪くない考えだ。ただ、もう少し直接的な解決策として、MaterialのUniversal Render Pipeline/Lit Shaderが持つEmission（エミッション：放出）Propertyを設定する方法がある。これはMesh自体を発光させる設定となる。

●電球部分に使われているMaterialの再設定

　幸いなことに、屋台の電球部分は分離されたGame Objectのようだ。設定されているMaterialを自ら発光するよう変更しよう。まずは変更可能にするためにAvika_Streetfood_Cart-unityフォルダ内のAvika_Streetfood_Cart Prefabを選択し、Inspector画面でExtract Materials…をクリックし、MaterialをPrefabの外に取り出す。取り出し先はAvika_Streetfood_Cart Prefabと同階層にした。

●電球部分に使われているMaterialの特定

　そのあとは、取り出したMaterialのうちから、電球部分に使われているMaterialを見つけなければならない。

　Scene画面で、電球周囲を何回かクリックしていれば、電球部分のGame Objectを選択できる。もしくは、直接Hierarchy画面のAvika_Streetfood_Cart Game Objectのデスクロージャを開き、子Game Objectを1つずつクリックして、Scene画面で、電球がハイライトされるGame Objectを見つけるのでもよい。

その作業でlight Game Objectが見つかるので、選ぶとInspector画面で設定されているMaterialが確認できる。Material #371というMaterialであることを覚えておく。

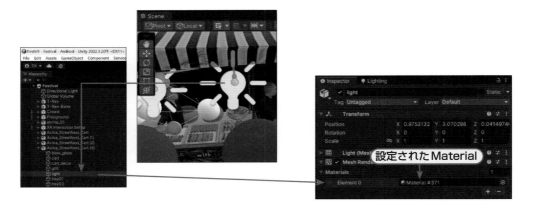

設定されたMaterial

●Shaderの変更

Avika_Streetfood_Cart-unityフォルダ内に取り出されたMaterialから、該当のMaterial #371 Materialを選び、Inspector画面を見ると該当Materialは、ShaderがUniversal Render Pipeline/Litではないことがわかる。

Shaderを変更することになるが、変更すると、現在設定されているTextureを見失う場合がある。見失っても再設定できるよう、現在設定されているTextureの場所を確認しておこう。

Inspector画面のSurface Inputs➡BaseColorMap Propertyに設定されているサムネイル画像をクリックすると、Project画面で、そのTextureを表示するようになっているので、利用するとよい。

変更する必要がある

クリックすると
表示される

これで、Material #371 Materialで使われているTextureが、Festival➡Avika_Streetfood_Cart-unity➡textablesフォルダ内のlightというTextureであることがわかる。

準備ができたので、次に示す手順でMaterialを再設定する

●手順

まず、Material #371 Materialを選んでInspector画面を表示している状態にしておく。

❶Shader Propertyの名前部分をクリックし、Shader一覧からUniversal Render Pipeline/Litを選ぶ

　◦ Universal Render Pipeline、Litの順に選ぶことになるだろう

　◦ Inspector画面の内容がUniversal Render Pipeline/Lit用に変わる

❷Surface Inputs➡Base Map PropertyとEmission➡Emission Map Propertyに、先ほど確認しておいたlight Textureをドロップする

　◦ Emission Propertyにチェックが付いていないならチェックを付ける

❸Emission Map Property横の、HDR Colorインジケータをクリックし、HDR Color画面を表示し、電球の光らしい色を設定する

　◦ Intensityに2を設定しておく

　◦ 1より大きい値を設定すると、画面上で光がにじみ出るようになる

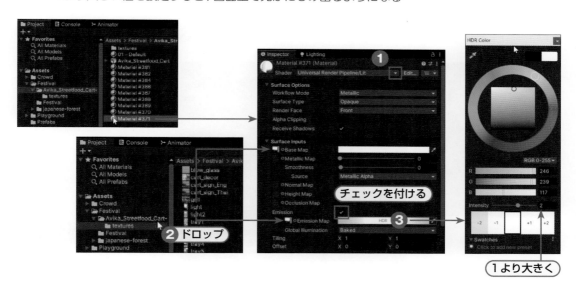

これで、light Game Objectが持つMesh自体を発光させることになる。Project Settings画面のQualityタブ画面での指定によっては、この時点で電球が輝くのを確認できるだろう。電球が明るくなったのは確認できるが、輝くというほどではない場合もある。この違いは、画面上の光のにじみ具合の差からきている。

Bloom効果

画面上の光のにじみ効果は、Hierarchy画面のGlobal Volume Game Objectに取り付けられた、Volume ComponentのBloomと呼ばれるPost Processing（ポストプロセッシング：後処理）によって実現される。このPost Processingについては、Quest実行時に2つの注意点がある。

❶XR Interaction Toolkitが使用するCameraのPost Processingを有効にする
❷Quality設定で指定されているAssetのHDRを有効にする

Questでは、この2点に対応してようやく電球が輝くことになる。❶については、次の手順で対応する。

●手順

❶Hierarchy画面のXR Interaction Setup➡XR Origin (XR Rig)➡Camera Offset➡Main Camera Game Objectを選ぶ
❷Inspector画面でCamera➡Rendering➡Post Processing Propertyにチェックを付ける

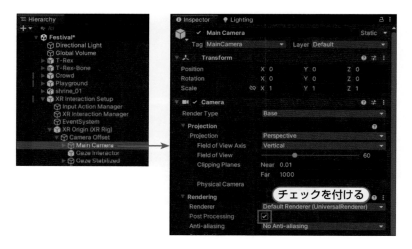

❷については、光源数Propertyを設定した時のようにProject画面のAssets➡Settings➡URP-Balancedを選び、Inspector画面でQualiy➡HDR Propertyのチェックを付ける。

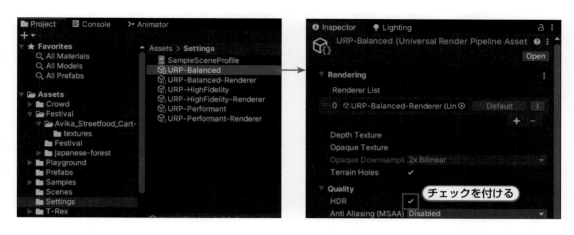

これでBalanced設定のScene画面でも確認できるし、Questを被っても、電球が輝いて見えるだろう。

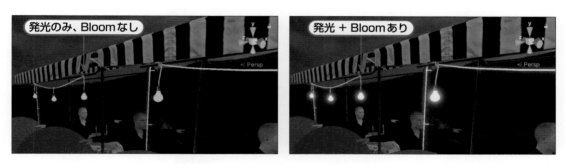

配電用の線も光ってしまっているが、対応するにはMeshの分離が必要なのであきらめる。

余談だが、Emission Propertyを有効にしたGame Objectは、Static指定すると、Light ProbeやLightmapで光源として利用できるようにもなる。

的(まと)、的中時のエフェクト、移動先エフェクトの用意

　仕上げとして、本殿手前に10mのハシゴを用意し、7～8mのところに的（まと）を掲げることにしよう。この的に矢が当たれば、花火を打ち上げる。

　花火の表示にはParticle Systemを使う。それと、矢のリセットについても少し変更しよう。現状、Reset Button Game Objectを押してやり直せるが、同時に裏山の頂上に飛ばされてしまう。Reset Button Game Objectは、矢が再配置されるだけにしよう。代わりに、ハシゴを登りきると、Reset Button Game Objectを押したとき同様、裏山の頂上に飛ばされるようにする。

　ハシゴの上に、いかにも転送装置といった雰囲気を出すために、ちょっとした動きのある模様をまとった球体を用意する。このようなMaterialは存在しないので、URPやHDRPが提供するShader Graphを使って自作する。

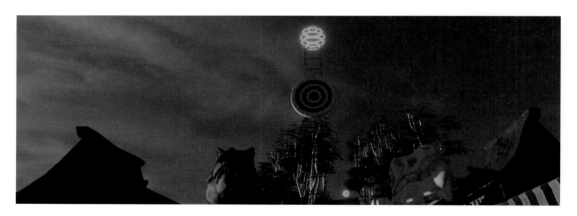

ハシゴ

　10mのハシゴのモデルはCube Game Objectを組み合わせて自作した。最初にEmpty Objectを作り、その子供として、ハシゴの両端や横棒をCube Game Objectで作った。Empty Objectの名前はLadderとした。

　Cube Game Objectの名前やサイズは各自で好きに決めてよい。参考用にLadder Game Objectに内包させる、Cube Game Object群の各設定を示す。いずれもRotation ＝ (0, 0, 0)とした。

名前	Position	Scale
V Left	−0.3,5,0	0.02, 10, 0.02
V Right	0.3,5,0	0.02, 10, 0.02
H Bar	0, 0.5, 0	0.6, 0.02, 0.02

　H Bar Game Objectは複製し、Y座標を0.5mずつ増やしながらH Bar(18)まで作った。

　LadderのすべてのCube Game Objectを選択し、Inspector画面のMesh Renderer➡Materials
Property一覧の項目に、PlaygroundフォルダのBlack Metal Materialをドロップした。

　Ladder Game Objectの位置はだいたいでかまわない。参考値を示しておく。

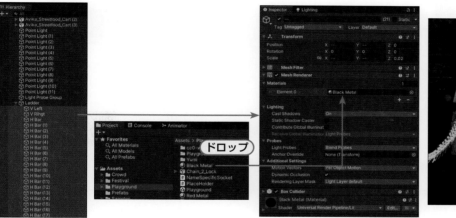

- Position=(−2,0,0)

Climb Interactable

　ハシゴができたらHierarchy画面のLadder Game Objectを選んで、メニューバーから
Component➡XR➡Climb Interactableを選び、Climb Interactable Componentを取り付ける。
自動的にRigidbody Componentも取り付けられるので、ハシゴが動かないように、Inspector画面で
Rigidbody ComponentのUse Gravity Propertyのチェックは外し、Is Kinematic Propertyに
チェックを付ける。

　Climb Interactable➡Distance Calculation Mode PropertyはCollider Volumeを選択してい
た方が、ハシゴをつかみやすい。

これで、ハシゴをつかんで登れるようになる。

的（まと）

的のモデルはsketchfab.comから調達した。

PBR Target

https://skfb.ly/6ssqz

"PBR Target" (https://skfb.ly/6ssqz) by zulubo is licensed under Creative Commons Attribution (http://creativecommons.org/licenses/by/4.0/).

　ダウンロード後、解凍してできたpbr-targetフォルダ内のsourceフォルダ内にあるmodel.zipを解凍するとmodelフォルダができる。そのまた中にある、親フォルダと同名のmodelフォルダの名前を、Arrow Targetに変更してからFestivalフォルダにドロップした。

　中に入っているモデルのファイルmodel.daeは、FBX形式ではなく、拡張子.daeのCOLLADA形式だが、こちらの形式もPrefabになる。

●Textureの貼り付け

　Arrow Targetフォルダ内に作成されたmodel Prefabの名前もArrow Targetに変更する。Arrow Target Prefabは、Material自体がURPに対応していなかったので、Materialを取り出して手動で設定することにした。Arrow Target Prefabを選び、Inspector画面で、MaterialをArrow Target Prefab同階層に取り出す。

　取り出されたtarget Materialを選び、Inspector画面でShader PropertyをUniversal Render Pipeline/Litに変更してから、各Textureを設定する。TextureはArrow Targetフォルダ内のtexturesフォルダにまとめられている。Normal用Textureはドロップして設定後、Fix NowをクリックしてNormalとしての利用を確定させる。

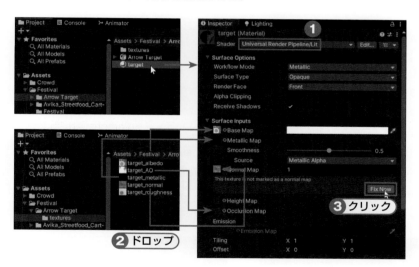

- Base Map = target_albedo
- Metallic Map = target_metallic
- Normal Map = target_normal
- Occlusion Map = target_AO

　設定できたらArrow Target PrefabをHierarchy画面にドロップし、作成されたArrow Target

Game Objectの姿勢をハシゴに合わせ、位置を調整する。こちらもだいたいでかまわない。参考値を
示しておく。

- Position = (-2, 7, 0)
- Rotation = (30, 0, 0)

●的に付けるCollider

　矢の的には、Arrow Target Game Objectの子供としてCylinder Game Objectを追加（Arrow Target
GameObjectを右クリックし、表示されたメニューから3D Object ➡ Cylinderを選ぶ）し、Cylinder Game
Objectが持つCapsule Collider Componentで、矢が当たったかを判定させる。

　追加するCylinder Game Objectの名前はArrow Target Areaとする。Capsule Collider Component
の利用だけが目的なので、Arrow Target Area Game Objectは、位置や向き、スケールを調整して、
Arrow Target Game Objectの的に被せたあと、Inspector画面で、Mesh Renderer Componentの
チェックを外して見えなくする。位置や向き、スケールはだいたいでかまわない。参考値を示しておく。

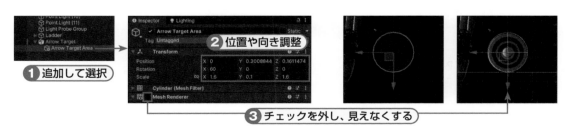

- Position = (0, 0.3008844, 0.1611474)
- Rotation = (60, 0, 0)

- Scale = (1.6, 0.1, 1.6)

●Fire Script

当たったときに花火を打ち上げるためのScriptは、このArrow Target Area Game Objectに追加する。名前はFireとする。

```
using UnityEngine;

public class Fire : MonoBehaviour
{
    //  inspector画面で設定されるParticleSystem
    public ParticleSystem fireWork;

    //  花火の音源
    AudioSource explosionSound;

    //  Script起動時に1回呼ばれる
    void Start()
    {
        //  花火の音源を取り出しておく
        explosionSound = GetComponent<AudioSource>();

        //  ゲーム開始時に打ち上げる
        Play();
    }

    //  ParticleSystemを開始させ、同時に音を鳴らす
    void Play()
    {
        fireWork.Play();

        //  花火の音を合わせるために1秒ほど動作を遅らせた
        explosionSound.PlayDelayed(1.0f);
    }

    //  矢が当たった時にも花火を打ち上げる
    void OnTriggerEnter(Collider other)
    {
        Play();
    }
}
```

Fire Scriptを取り付けるArrow Target Area Game Objectには、花火の音を鳴らすAudio Source Componentも追加しておき、Play()で、花火の表示と一緒に鳴らすようにした。Start()で

```
explosionSound = GetComponent<AudioSource>();
```

としてexplosionSound PropertyにAudio Source Componentを取り出しておき、Play()でAudioSourceのPlayDelayed（何秒後に音を鳴らすか）を使って、花火の表示1秒後に鳴らすようにした。

```
explosionSound.PlayDelayed(1.0f);
```

花火の表示はInspector画面で設定するfireWork Propertyを使う。fireWork PropertyはParticleSystem Componentで

```
fireWork.Play();
```

によって、Particle Systemによる花火のアニメーションが実行される。Start()、OnTriggerEnter（接触したCollider）で、Play()を呼んでいるので、アプリ起動時に1回と、Arrow Target Area Game Objectの持つCollider領域に、別のCollider領域が接触するたびに花火が打ち上げられる。

●Audio Sourceの取り付け

花火の音は freesound.org から調達した。

Fireworks Single Shots

https://freesound.org/s/209316/

"Fireworks Single Shots" (https://freesound.org/s/209316/) by unfa is licensed under Creative Commons Attribution (https://creativecommons.org/publicdomain/zero/1.0/).

ダウンロードしたサウンドファイル209316__unfa__fireworks-single-shots.flacはFestivalフォルダにドロップしておく。次に、Hierarchy画面のArrow Target Area Game Objectを選択し、メニューバーからComponent➡Audio➡Audio Sourceを選んでAudio Source Componentを取り付け、Inspector画面のAudio Source➡Audio Clip PropertyにFestivalフォルダの209316__unfa__fireworks-single-shotsをドロップする。

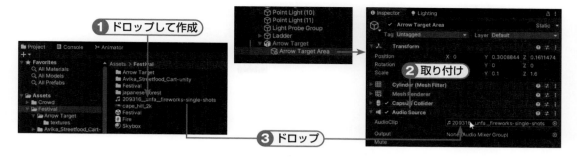

● Particle System

Particle Systemは、Unityが提供する、複数のParticle（パーティクル：粒子）の生成や破棄および挙動を制御する仕組みで、アプリ開発者はParticle System Componentで提示されるProperty群を調整して、粒子群の挙動を制御する。

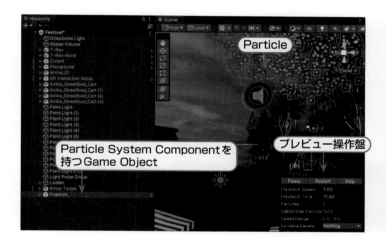 

- Scene画面には、Hierarchy画面で選んでいるParticle Systemの動作をプレビューするための操作盤も表示される
- プレビューは、Hierarchy画面でParticle System Componentを取り付けたGame Objectを選ぶと動き出し、選択を外すと停止する

また、Particle System Component同士は、親子関係を構成でき、親側のParticle Systemが子側の実行を制御できたりもする。

本書では、親側のParticle Systemで1秒ごとに1発の花火が打ちあがる挙動を表現し、その挙動の最後に、子側Particle Systemで花火の開花の挙動を構成する。開花については、大きめの花、小さめの花、2つのParticle Systemを用意する。

Hierarchy画面に追加した、Particle Systemを持つGame Object群の名前を、打ち上げ用を
Firework、開花用をExplosion、Explosion smallとし、次のような階層にした。

- Firework
  - Explosion
  - Explosion small

Particle System Componentの各種Propertyを設定し終えたFirework Prefabを用意した。

本書のダウンロードページで提供するFirework.prefabをPrefabsフォルダにドロップしてできた
Firework PrefabをHierarchy画面にドロップして使ってほしい。

Particle System Componentの各種Propertyの設定についても、本書のダウンロードページに
PDFとして置いてあるので興味が湧いた人は参照してほしい。

Firework Game Objectの配置

PrefabsフォルダのFirework PrefabをHierarchy画面にドロップして作成したFirework Game
Objectは裏山のふもとに設置した。

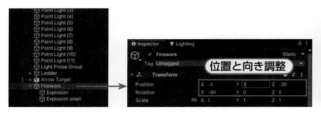

- Position=(−5, 1, −20)
- Rotation=(−90, 0, 0)

Fire Scriptの取り付けと設定

FestivalフォルダにFire Scriptを作成し、Hierarchy画面のArrow Target Area Game Object
にドロップして取り付けておく。そのあと、Hierarchy画面でArrow Target Area Game Objectを
選び、Inspector画面のFire (Script)➡Fire work PropertyにFirework Game Objectをドロップ
しておく。これでアプリ開始時に花火が上がる。

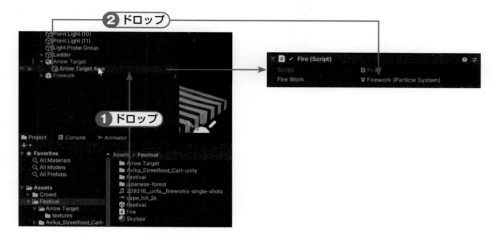

　的に矢が当たって花火が上がるようにするには、Arrow Target Area Game Objectに取り付けた、Fire ScriptのOnTriggerEnter（接触したCollider）が呼び出される必要があるので、同じArrow Target Area Game Objectに取り付けられているCapsule Collider ComponentのIs Trigger Propertyにチェックを付ける必要がある。この設定は、このあとの、矢を止めるためのScript取り付けあとに行おう。

ArrowStopper Script

　Arrow Target Area Game Objectに当たると、そこで矢が止まるようにもしたいので、そのためのScriptも用意する。名前はArrowStopperとした。

```
using UnityEngine;

public class ArrowStopper : MonoBehaviour
{
    // 矢を止めたら、その矢のRigidbodyを記録
    Rigidbody holdingArrow;

    // Colliderが衝突した
    void OnTriggerEnter(Collider other)
    {
        // 矢が当たった場合、矢のRigidbodyを取り出し自由落下を止める
        if (other.gameObject.name == "WoodenArrow")
        {
            // 矢のRigidbodyを記憶
            holdingArrow = other.gameObject.GetComponent<Rigidbody>();
```

```
            holdingArrow.isKinematic = true;
            holdingArrow.useGravity = false;
        }
    }

    //  もし矢のRigidbodyを記憶していれば、自由落下を再開させる
    public void ReleaseArrow()
    {
        if (holdingArrow != null)
        {
            holdingArrow.isKinematic = false;
            holdingArrow.useGravity = true;

            //  矢は放したのでRigidbodyの記録を無効にする
            holdingArrow = null;
        }
    }
}
---
```

こちらもOnTriggerEnter（接触したCollider）で対応し、当たった瞬間に矢側のRigidbody
ComponentのisKinematicにtrue、useGravityにfalseを設定する。OnTriggerEnter（接触した
Collider）で渡されるotherを使い、other.gameObjectで、Colliderに触れたGame Objectが取り
出せる。矢が触れたときだけ反応するように

```
            if (other.gameObject.name == "WoodenArrow")
```

として、"WoodenArrow"という名前のGame Objectだけに反応させるようにした。名前で判断す
るより、Arrowといったタグを用意し、それで判断した方が適切だとは思うが、今回は割愛する。
　加えて、リセットボタンで矢を置き場に戻すときにisKinematicやuseGravityを元に戻すメソッド
ReleaseArrow()も用意した。
　OnTriggerEnterで変更したとき、そのRigidbodyをholdingArrow Propertyに記録するように
し、ReleaseArrow()が呼ばれたとき、もしholdingArrow Propertyがnullでなければ、isKinematic
やuseGravityを元に戻す。

ArrowStopper Scriptの取り付け

　Festivalフォルダに ArrowStopper Scriptを作成し、Hierarchy画面の Arrow Target Area Game Objectにドロップして取り付ける。また、Arrow Target Area Game Objectを選び、Inspector画面で、Capsule Collider ➡ Is Triggerにチェックを付けておく。

Reset Buttonの修正

　Hierarchy画面の Reset Button Game Objectは、押されても矢を戻すだけにする。そのために Reset Button Game Objectを選択し、Inspector画面で、XR Grab Interactable ➡ Interactable Eventsの Select Entered (SelectEnterEventARgs) Property一覧で、Drop Point Game Objectの PlaceHolder.Placement以外の項目を選択して「-」をクリックして削除しておく。

　そして「+」をクリックし、新たに項目を追加して、ArrowStopper Scriptを取り付けた Arrow Target Area Game Objectをドロップし、ArrowStopperの ReleaseArrow()を呼び出すようにする。

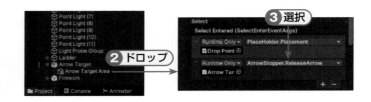

転送装置

最後に、転送装置をハシゴの頂上に取り付け、それに触れると裏山頂上に転送されるようにしよう。

●転送装置のエフェクト

転送装置には、いかにもな雰囲気を出すために、ちょっとした動きのある模様をまとった球体を用意する。そのようなMaterialは、存在しないので自分で作成する必要がある。ここで、URPを選んだメリットが出てくる。

● Shader Graph

動きのある模様をまとった特殊なMaterialというようなものは、Materialが使うShaderから作る必要がある。その場合、従来なら、Scriptのように、Shader専用言語によるテキストでの処理記述が必要だった。URPではShader Graphを使うことで、記述抜きで動きのあるMaterialが作成できる。入力値を加工して出力値にするNode（ノード：節点）と呼ばれるブロックをつなぎ合わせ、表示方法を編集する。

●転送装置用Materialを利用するGame ObjectとShader Graphの用意

この作業を、Scene画面で確認できるように、Sphereを1つ用意し、そのMaterialとして、新規作成したShader GraphのMaterialを設定しておこう。

●手順

❶メニューバーからGame Object➡3D Object➡Sphereを選び、Hierarchy画面にSphere Game Objectを追加する

❷追加したSphere Game Objectは、どこでもいいので、Scene画面で見える位置に配置しておく

❸Festivalフォルダを右クリックし、表示されたメニューからCreate➡Shader Graph➡URP➡
UnLit Shader Graphを選ぶ

　◦ FestivalフォルダにNew Shader Graph Shader Graphが作成される

❹New Shader Graph Shader graphの名前をTeleportとする

❺Teleport Shader Graphのデスクロージャを開き、中にあるTeleport Materialを、Hierarchy
画面のSphere Game Objectにドロップする

　作成直後のTeleport Materialが設定されたSphere Game Objectは、陰影のない灰色となって表
示される。この状態からShader Editorを使って、Teleport Materialを独自のMaterialにしていく。

●Shader Graphの編集

　FestivalフォルダのTeleport Shader Graphを選び、Inspector画面でOpen Shader Editorを
クリックすると、Teleportというタブ名のShader Editorが、Scene画面と同じ場所に表示される。

この画面がShader Graph Editor画面で、この中で独自Shaderを作り上げていくことになる。作業をしやすいようにTeleportタブをダブルクリックして、画面を拡大する。もう一度Teleportタブをダブルクリックすれば元に戻る。

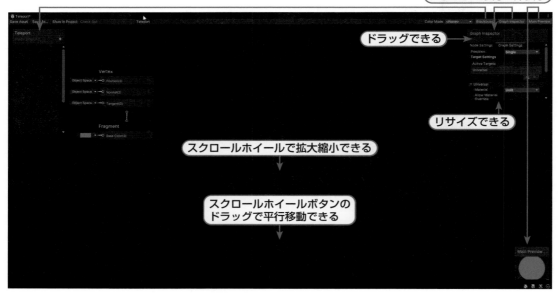

Blackboard、Graph Inspector、Main Previewは、ヘッダー部のボタンで表示/非表示が切り替わる。また、Shader Graph Editor画面内部は、Scene画面のように拡大縮小やドラッグができる。表示されているそれぞれの枠のほとんどは、ドラッグでの位置移動やリサイズができるようになっている。

●Vertex、Fragment Node

初期状態ではVertex、Fragmentという2つのNodeが作成されている。この2つは必須Nodeで、この2つにどのような値を与えるかで、ディスプレイ上のMesh表示がどのようになるかが決まる。

今回は、このうちのFragment側だけを編集する。Fragmentは、2Dディスプレイ上のMesh Fragment（フラグメント：断片）の色を決定するNodeで、例えば、Base Color(3)に赤を指定すれば、Main Preview内に表示されている参考用のMeshは赤一色になる。

一般的なShaderは、視点とMesh、光源の位置関係から、それぞれのFragmentがどのように暗くなったり明るくなったりするかを計算して表示させているのだが、その計算を省略して、どのFragmentも赤としたので赤一色になった。

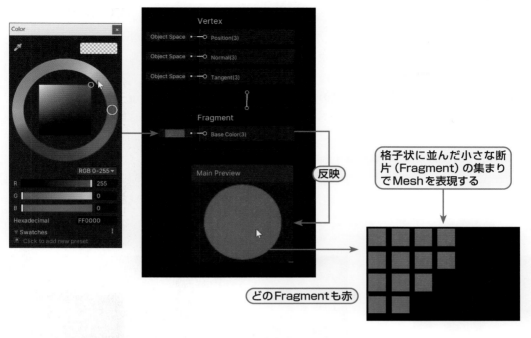

格子状に並んだ小さな断片（Fragment）の集まりでMeshを表現する

反映

Main Preview

どのFragmentも赤

　このように、編集によってどのような表示になるかは、Main Previewで確認できるようにもなっている。また、Main Previewは、右クリックで適用先のMeshを変更でき、ドラッグやスクロールホイールで視点を変更もできる。

　いったんMain Previewで使うMeshはCubeにしておこう。

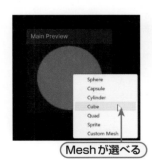

Meshが選べる

スクロールホイールで拡大縮小できる

左ボタンドラッグで向きが変えられる

1 開発

2 VR対応

3 VRアプリ

4 3Dモデル

5 仮想空間

6 道具

7 お祭り会場

●UV座標を使った表示

Teleport Shader Graphを、のっぺりした赤一色の表示用のShader Graphにするつもりはない。では、どうやってFragment Nodeの色を決めるかだが、今回はUV座標を使う。

4章で話したように、Meshの表面は、UV座標という0〜1の範囲に調整された2D座標を持っている。例えば、このUV座標を元に、2D画像の特定位置の色を取り出してFragmentに渡せば、Mesh表面に2D画像が表示される。

●Sample Texture 2D Node

実際にやってみよう。次のように、現在のFragmentへ入力している固定色Nodeを、2D画像の特定位置の色を取り出して渡すNodeに切り替える。2D画像の特定位置の色を取り出して渡すNodeは、Sample Texture 2Dと呼ばれている。

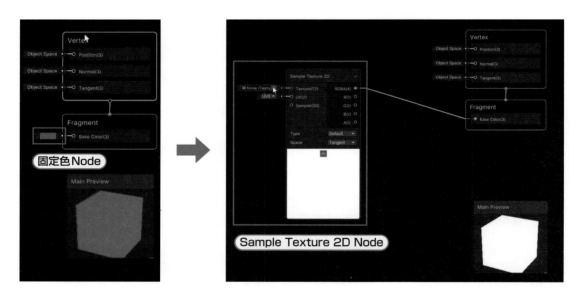

2D画像が未指定で白一色なので、あまり変わり映えしないが、この点はあとで変更する。

●Nodeの切り替え

Sample Texture 2D Nodeへの切り替えは次の手順でおこなう。他のNodeへの切り替えも、この手順でおこなえる。

●手順

❶FragmentのBase Color(3)横のラジオボタンを、外にドラッグする

❷線が伸びるので適当な空間でマウスボタンを放す

　◦Create Nodeという各種Nodeをカテゴリ別にまとめた画面が表示される

❸Create Node画面で、項目のデスクロージャを開いていきInput ➡ Texture ➡ Sample Texture 2D RGBA(4)を、ダブルクリックする

　◦ FragmentのBase Color(3)につながる Sample Texture 2D Nodeが作成される

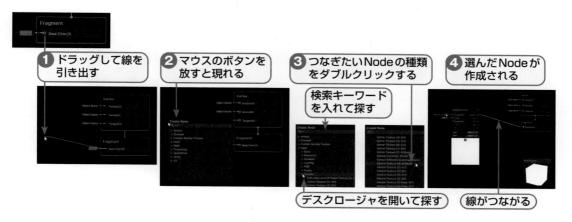

●Sample Texture 2D NodeへのUV座標とTextureの指定

　Sample Texture 2D Nodeは、Meshが持つUV座標を元に、Texture（2D画像）の色を抽出する。そのため、入力側にTextureとUV座標を必要とする。すでにSample Texture 2D NodeのTexture入力には、参照するTextureを指定するためのNodeがつながっていて、UV入力には、Meshが持つUV座標を渡すNodeがつながっている。

　試しに、参照するTextureを指定するNodeのラジオボタンをクリックし、2D画像を指定してみよう。grillあたりがわかりやすくていいだろう。

CubeのMeshにどのようにUV座標が貼られているか、確認してみるといい。

●UV座標を色として表示

UV座標そのものを色にして表示もできる。先ほどと同じようにFragmentのBase Color(3)をドラッグし、Create Node画面からInput➡Geometry➡UV:Out(4)を選んでダブルクリックする。

Main Previewでは、CubeのMeshのUV座標が色として表現されている。この場合、UV座標のU軸値はRed値、V軸値はGreen値として供給されるので、Cubeの表面が赤と緑がブレンドされたグラデーションになる。

興味がある人は色々なMeshで確認してみるとよい。ちなみに、結果を見てわかると思うが、色についても、3原色である赤、青、緑を0〜1の値で明るさを指定して作りあげるようになっている。

　ここまで確認できたら、Save Assetをクリックして、この内容を保存し、Teleportタブをダブルクリックして元の表示サイズに戻す。

　このようなNodeの連結によって、Shader Graphは独自のMaterialを作成することができる。紙面の都合でTeleport Zone用のMaterialのNode作成ステップすべては案内できない。

　アプリ作成を実践中の人は、いま作成したTeleport Shader Graphを右クリックで表示されたメニューからDeleteを選んで削除し、本書のダウンロードページで提供する完成版のTeleport Shader GraphであるTeleport.shadergraphファイルをFestivalフォルダにドロップして使用してほしい。

元のTeleport Shader Graphを削除すると、参照していたMaterialが失われるのでピンク色の表示になる

① 元のTeleport Shader Graphを削除後、ファイルをドロップ

② ドロップ

表示が変わる

作成される

> **／注意**
>
> 　ファイルをドロップしても、Scene画面の球体の表示がピンク色のままなら、あらためてSphere Game ObjectへTeleport Materialをドロップする。

　ここでは、完成版Teleport Shader GraphのNode構成図だけ示しておく。

　こちらが提供するTeleport.shadergraphファイルは使わずに、この構成図を参考に自力で作ってみるのも面白いと思う。Teleport.shadergraphの制作工程をPDFにまとめたものを本書のダウンロードページに置いているので参考にしてほしい。

UV
UV 座標➡Out(4)　4 つの要素のうち、0 番目の要素が U 座標値、1 番目の要素が V 座標値

Split
In(4)➡4 つの要素を、R(1)、G(1)、B(1)、A(1) に分解➡G(1) が V 座標値

Multiply
A(1)、B(1)➡掛け算 A(1)×B(1)➡Out(1)

ユーザー指定 1 Color
外部指定の色 RGB＋透明度➡Color(4)
Inspector 画面で色を設定できる

Fragment
Base Color(3) で色 RGB、Alpha(1) で
透明度を決定して画面に表示

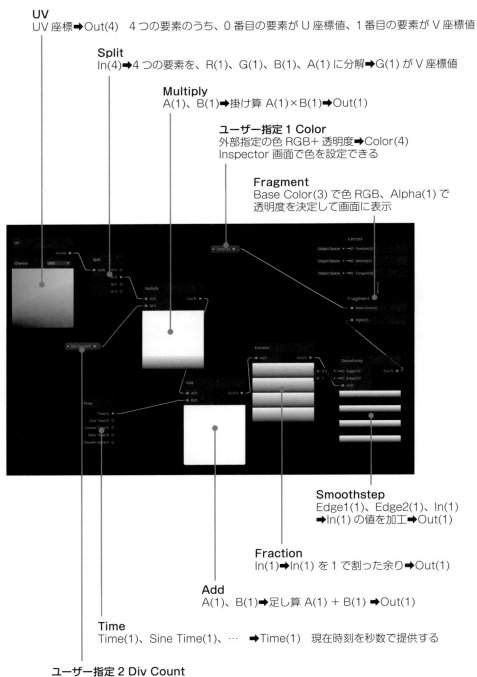

Smoothstep
Edge1(1)、Edge2(1)、In(1)
➡In(1) の値を加工➡Out(1)

Fraction
In(1)➡In(1) を 1 で割った余り➡Out(1)

Add
A(1)、B(1)➡足し算 A(1) ＋ B(1) ➡Out(1)

Time
Time(1)、Sine Time(1)、… ➡Time(1)　現在時刻を秒数で提供する

ユーザー指定 2 Div Count
外部指定の分割数➡Div Count(1)　Inspector 画面で数値を設定できる

配置

　今回作ったSphere Game Objectは名前をTeleportZone Inとして、ハシゴのてっぺんに配置した。複製してTeleportZone Out Game Objectとし、テレポート先である裏山頂上、Up Floor Game Objectの上にも設置した。TeleportZone In Game Objectがハシゴに触れていると、このあとで紹介するTeleportZone ScriptのOnTriggerEnter(Collider other)が、アプリ起動時にも呼び出されるので、触れさせないようにした方がいいだろう。ハシゴが触れても無視するようにもできるが、それは各自にお任せする。

● TeleportZone Script

　ハシゴを登ってTeleportZone In Game Objectに触れると転送されるように、TeleportZone In Game Objectには転送用Scriptを取り付ける。Scriptの名前はTeleportZoneとした。

```
using UnityEngine;
using UnityEngine.XR.Interaction.Toolkit;

public class TeleportZone : MonoBehaviour
{
    // insector 画面から設定するテレポート先
    public TeleportDestination teleportDestination;

    // insector 画面から設定するフックの置き場所
    public PlaceHolder hookHolder;

    // insector 画面から設定する梯子に取り付けられた ClimbInteractable
    public ClimbInteractable ladder;

    // Collider が衝突した
    void OnTriggerEnter(Collider other)
    {
```

```
        // 梯子登りをやめる
        ladder.interactionManager.CancelInteractableSelection(ladder as
IXRSelectInteractable);

        // テレポート先に召喚
        teleportDestination.Summons();

        // フックの置き場所にフックも移動させる
        hookHolder.Placement();
    }
}
```

OnTriggerEnter(接触したCollider)で、Inspector画面で設定されたteleportDestination
PropertyのSummons()、hookHolder PropertyのPlacement()を呼び出すことで転送させてい
る。このとき、ハシゴをつかんだままでは移動しても、すぐにハシゴに引き戻されてしまう。6章でやっ
たように、Inspector画面で設定されたladder PropertyのCancelInteractableSelection(IXRSele
ctInteractable)を呼び出し解除している。

●TeleportZone Scriptの取り付けとIs Triggerの設定

FestivalフォルダにTeleportZone Scriptを作成、Hierarchy画面のTeleportZone In Game Object
にドロップし、Inspector画面でTeleport Zone (Script)のTeleport Destination、Hook Holder、
Ladder Propertyを設定している。合わせて、Sphere Collider➡Is Trigger Propertyのチェックも付け
た。

- Teleport Destination：
  Up Floor Port Game Object
- Hook Holder：
  Hook Holder Game Object
- Ladder：Ladder Game Object

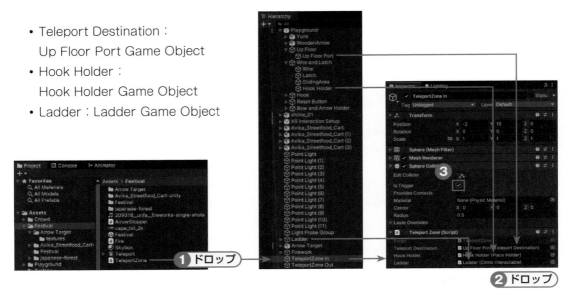

418

1 開発

2 VR対応

3 VRアプリ

4 3Dモデル

5 仮想空間

6 道具

7 お祭り会場

フルダイブしよう！

EntryやExit、Cart、Placeといった移動先指定ポイントGame ObjectのMesh Rendererは無効にして、実際の没入感を確認しながら調整していこう。

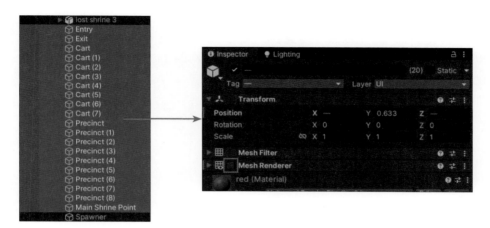

仕上げの調整は各自でやってほしい。筆者は次のような調整をした。

- Bow and Arrow Holder Game Objectの向きは、逆の方が、弓を構えやすいので180度回転させた
- 弓が引きにくかったので、Yumi Game ObjectのPull Pose Driver (Script)➡Max Traction Angle Propertyは45に変更した
- 屋台の位置を調整し道幅を少し狭め、屋台主を、屋台に極力めり込まない位置に配置し、NavMeshを再構築した

NavMeshを再構築する際は、次のようなことをしている。

- CrowdのObstacle、Obstacle (1) Game Objectの大きさや位置を調整した
- lost shrine 3の灯篭 (lamp,lamp001) や大八車 (cart) Game Objectの位置を調整し、渋滞が発生しないようにした
- T-Rexや屋台の配置によって、NavMeshの地面に高低差ができてしまい、調整がやっかいだったのでlost shrine 3 Game Object以下のGame ObjectのみでNavMeshを構築するように、

NavMeshSurface ComponentのCollect Objects PropertyをCurrent Object Hierarchy
に変更した

- Collect Objects Propertyの変更に合わせ、Nav Mesh Obstacle Componentを持つEmpty
  Objectを追加して、参詣者に屋台を通過させないようにした

●Questを被って没入しよう

　T-Rex星人の例大祭で花火が上がっているのを、裏山から眺めているところから始まる。ワイヤを滑り降りて、神社に着いたら橋まで移動して、弓で的を射てみよう。

　うまく当たれば、また花火が上がる。外れたら横のボタンを押して再チャレンジ。

　屋台の照明が輝いて、両脇にいるT-Rexは、目を見つめていると吠えついてくる。

　的をかかげたハシゴを登って頂上の球体の奥の方まで体を入れれば、裏山に転送され、またワイヤを滑り降りる遊びができる。

7-8 ここからの作業

Questでの画質はもう少し上げることができる。Questが使うRenderer pipeline AssetであるURP-BalancedのQuality➡Render Scale Property値を1より大きくするとよい。最大2まで大きくでき、Questの最高画質で楽しめる。

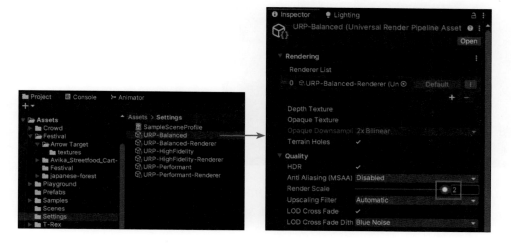

しかし、現在作成中のアプリで最大値2を使うと、かなり低いFrame rateになってしまう。

Frame rateは度外視するといったが、遅いときは20 FPSの値を切るような状態はあまり好ましくない。例えば、Meta Questストアにアプリを並べてもらいたい場合は、「Meta Quest 2のインタラクティブアプリのリフレッシュレートは、72 Hz、80 Hz、90 Hzのいずれかでなければなりません。」というガイドラインまである。

VRC.Quest.Performance.1

https://developer.oculus.com/resources/vrc-quest-performance-1/

Profiling

　どこが障害になっているかを調べるツールは、様々なものが提供されている。Quest専用では先に紹介したMeta Quest Developer Hubが有用だ。Unityで作るアプリ全般ならProfilerが役立つだろう。ProfilerでQuest実機の状態を探るには、Build Settings画面でDevelopment BuildとAutoconnect Profiler Propertyにチェックを付けて実行させればよい。

　実機とQuestをUSBケーブルにつないで（QuestLinkは起動しない）、自動起動にしておけばProfilerが起動される。専門的な知識を増やせば、どの処理で時間を取っているか確認できるようになるだろう。

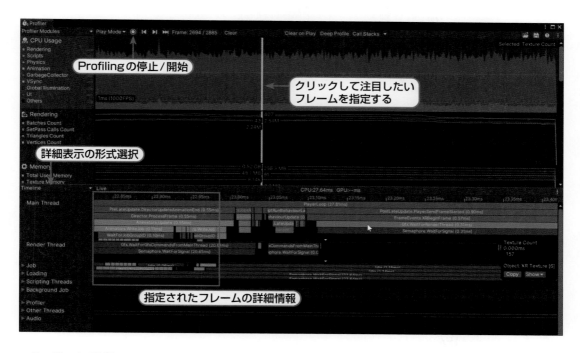

Profilerに記録できるFrame数はメニューバーからEdit➡Preferencesを選ぶと表示される Preferences画面で設定できる。Analysis➡Profilerタブ画面のFrame Count Propertyで最大 2000 Frameまで調整できる。あまり大きな数を指定すると、Profiler自体がシステムに負荷をかけて しまう点は注意しないといけない。

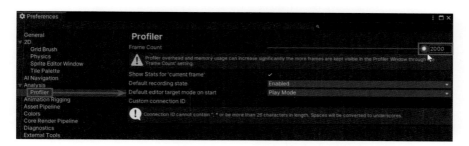

詳しい使い方は次のようなサイトを見てほしい。

プロファイラー概要
https://docs.unity3d.com/ja/2022.3/Manual/Profiler.html

Unity 2021 LTS におけるプロファイリング：何を、いつ、どのように行うか

https://blog.unity.com/ja/engine-platform/profiling-in-unity-2021-lts-what-when-and-how

プロファイリング

https://learning.unity3d.jp/tag/profiling/

　最適化についてのページもあげておく。距離に応じて利用するMeshを切り替えるLevel of Detail（実は2章のサンプルでも使われている）や、後ろに隠れたMeshは描かないocclusion cullingなど、いろいろな手法が開発されている。GPU Instancingなども調べてみるといいだろう。

VR/AR 体験の最適化

https://learn.unity.com/tutorial/optimizing-your-vr-ar-experiences-jp

LOD の使い方、設定方法

https://learn.unity.com/tutorial/working-with-lods-2019-3-jp

Chapter 7

7-9　まとめ

1 開発

2 VR対応

3 VRアプリ

4 3Dモデル

5 仮想空間

6 道具

7 お祭り会場

この章では、次のような知識について簡単に案内した。

- 各SceneからのPrefabの作成と利用
- 360度全周背景を描画するためのSkybox Shader
- Skybox Shaderで利用するEquirectangular形式画像
- 自ら光を放つMaterial
- 空間の光量を測定して適用するLight Probe
- 光源をLight Probeの測定対象にするための設定
- 画面上の光のにじみ効果を作るBloom
- Climb Interactableによるハシゴの上り下り
- 多数の粒子を生成し、破棄するなどの挙動を制御するParticle System
- Shader Graphによるカスタム Shader 作成
- Profilerを使った性能測定

　Skybox ShaderのMaterialにはムービーを設定することも可能で、RICOHのTHETAなどで撮影したEquirectangular形式のムービーを割り付けると、Questのアプリである「YouTube VR」で360度ムービーを見るのと同じ状態を再現できる。

　Particle Systemは、ゲームなら剣と剣がぶつかったときに火花を散らしたり、魔術師が必殺技を出すときに湧き上がってくる光の粒子の表現などによく使われている。焚き火の炎やその煙などにも使えて応用範囲が広い。本書で作った花火は簡易的なものだ。パラメータを調整したり、Textureを利用したりすることで、より実際の花火に近づけることができるだろう。独自のParticle Systemを作成するにしても、Shaderの知識は必須になる。

　最後に少し触れた最適化については、地味な作業であるのにShaderを含めて、あらゆる知識についてもう一段階深い理解が必要となるので本書では取り上げてはいない。本書で作った作例アプリは、けして快適な動作とはいえない。やりたいことができるかを確認したというレベルだ。
　最適化をするにも、何をするにも、VRアプリではどのような知識が必要になるかを知る第一歩が本書となる。

さいごに

お疲れ様でした。
この作例を用意している最中も、筆者の頭には色々と要求がわきあがっていました。

屋台にバリエーションを持たせたい、提灯で飾りつけたい、神社の周りも用意したい。
祭りばやしや雑踏の音を加えたい。
木々を風で揺らしたり、屋台主に挨拶できるようにして、綿菓子を買い、金魚すくいをしたい。

神社の周りに背景画像どおり、広い草原を用意するためにTerrainを使うことを検討してはどうだろう。
金魚すくいで水の反射を表現するにはどうすればいいのか。Shader Graph以外にも直接Shader
を記述する方法もあるだろうし、Unity Asset Storeをあさってみるのもいいだろう。
アルゴリズムを、いちから考えなければいけないものもありそうだ。
いろいろ調べて、自分の欲望を満たしていこうと思っています。

皆さんはどうでしたか？
作例の実践中に、自分の取り掛かり先が見つかっていれば幸いです。

謝辞

　私事ではありますが、膨大なキャプチャ画像と操作手順の修正に辛抱強くつき合ってくださった秀和
システムの制作スタッフの方々と、冗長な節の削減提案やソースリストへのコメント追加の助言、本文
内容のチェックをしていただいたSTUDIO SHIN様に、心より感謝申し上げます。

Index　索引

■著者紹介

國居 貴浩（くにい たかひろ）

学位：情報学博士
専門：手術ナビゲーション、ビジュアライゼーション
病院外来患者受付システムやApple Watchを使った体調管理アプリ、
せん妄患者VRシミュレータの開発などに携わる。
CT・MRIからの3Dモデル生成と自動セグメンテーション、脳神経外科
のVRを使ったナレッジナビゲータなどを研究中。
解像度、計算速度の向上したVRゴーグルで、アイバン・エドワード・サ
ザランド先生が「究極のディスプレイ（The Ultimate Display）」で
述べられた「デジタルコンピューターに接続されたディスプレイは、物
理的な世界では実現不可能な概念に親しむ機会を与えてくれる。それは、
数学のワンダーランドを覗き見る鏡である」を日々体感している。

Xアカウント：@reborn_xcc

Unity ユーザーのための VR アプリ開発

発行日	2024年 7月 1日	第1版第1刷

著　者　國居　貴浩

発行者　斉藤　和邦
発行所　株式会社　秀和システム
　　　　〒135-0016
　　　　東京都江東区東陽2-4-2　新宮ビル2F
　　　　Tel 03-6264-3105（販売）Fax 03-6264-3094
印刷所　株式会社シナノ　　　　　　　　　Printed in Japan

ISBN978-4-7980-7068-1 C3055